工业和信息化精品系列教材

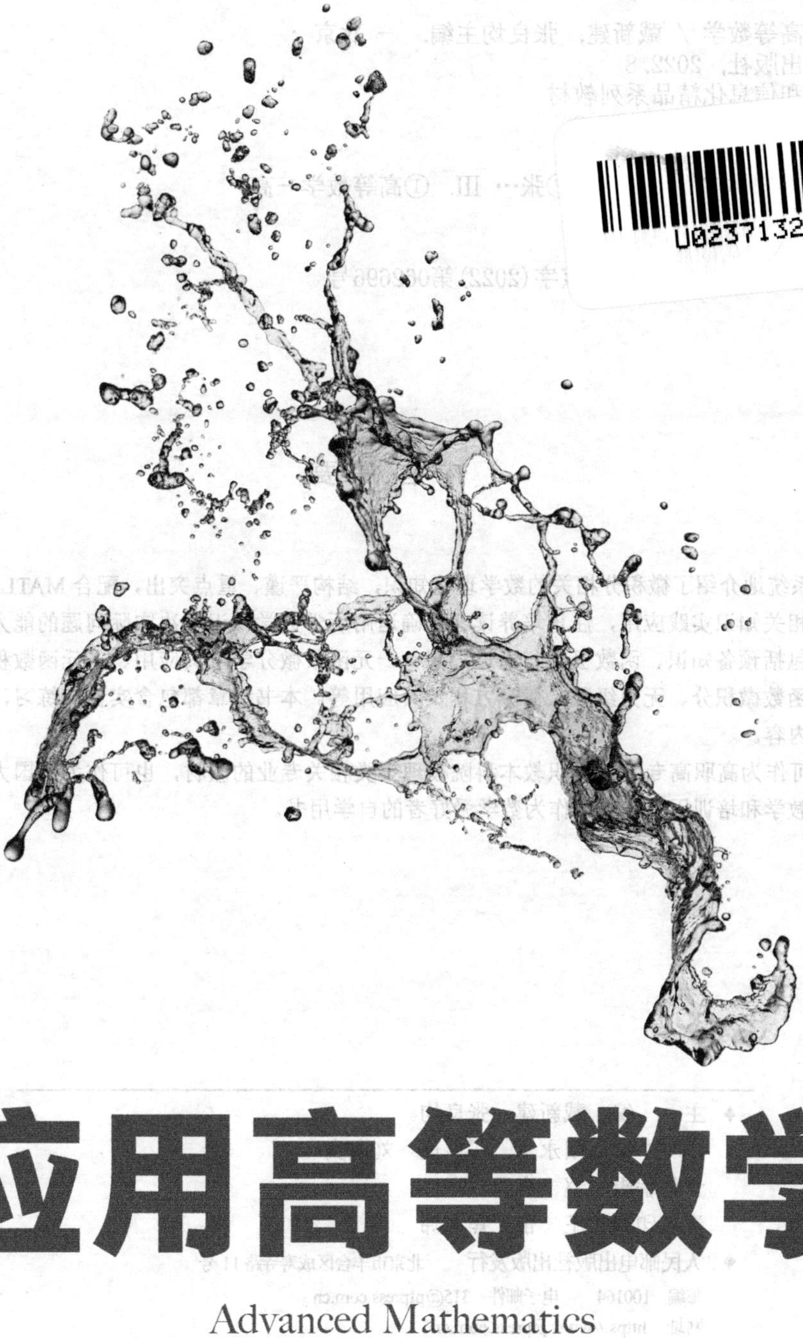

应用高等数学

Advanced Mathematics

戴新建 张良均 ◉ 主编

阳永生 邓瑾 刘淑贞 ◉ 副主编

人民邮电出版社

北京

图书在版编目（CIP）数据

应用高等数学 / 戴新建，张良均主编. -- 北京 ：
人民邮电出版社，2022.8
工业和信息化精品系列教材
ISBN 978-7-115-59157-9

Ⅰ. ①应… Ⅱ. ①戴… ②张… Ⅲ. ①高等数学－高
等职业教育－教材 Ⅳ. ①O13

中国版本图书馆CIP数据核字(2022)第062696号

内容提要

本书系统地介绍了微积分相关的数学理论知识，结构严谨、重点突出，配合 MATLAB 软件的使用，强化相关知识实践应用，注重培养读者正确运用所学数学知识解决实际问题的能力。全书共 7 章，内容包括预备知识、函数极限与逼近思想、一元函数微分学及其应用、一元函数积分学及其应用、多元函数微积分、无穷级数、微分方程及其应用等。本书每章都包含实训和练习，帮助读者巩固所学的内容。

本书可作为高职高专院校、职教本科院校理工类相关专业的教材，也可作为全国大学生数学建模竞赛的教学和培训用书，还可作为数学爱好者的自学用书。

◆ 主　　编　戴新建　张良均
　副 主 编　阳永生　邓　瑾　刘淑贞
　责任编辑　赵　亮
　责任印制　王　郁　焦志炜

◆ 人民邮电出版社出版发行　　北京市丰台区成寿寺路 11 号
　邮编　100164　　电子邮件　315@ptpress.com.cn
　网址　https://www.ptpress.com.cn
　固安县铭成印刷有限公司印刷

◆ 开本：787×1092　1/16
　印张：14.5　　　　2022 年 8 月第 1 版
　字数：352 千字　　2024 年 9 月河北第 4 次印刷

定价：58.00 元

读者服务热线：(010)81055256　印装质量热线：(010)81055316
反盗版热线：(010)81055315
广告经营许可证：京东市监广登字 20170147 号

前言 PREFACE

高等数学是高等职业教育中一门重要的基础课程，对学生后续课程的学习和数学思维的培养起着重要的作用。青年强，则国家强。本书针对高职数学教育的现状、高职学生的学习基础和学习特点，以遵循培养学生的数学应用能力和数学应用意识的原则进行内容的介绍，既注重数学知识体系的严谨性，又突出数学的实用性，并注重实践运用，为学生今后的专业课程的学习夯实基础。

本书特色

本书将中华优秀传统文化、大国工匠精神、团队协作精神等课程思政元素融入教材，贯彻文化自信自强、高质量发展等精神，加快推进党的二十大精神进教材、进课堂，在保证基础知识逻辑和结构完整的前提下，以“够用、实用”为原则，弱化一些复杂定理的推理和公式推演，以掌握概念、强化应用、培养技能为重点，重视思想方法的介绍。全书将理论知识介绍与 MATLAB 软件运用有机融合，变抽象为具象、变枯燥为有趣，激发学生的学习兴趣，从而培养学生借助计算机解决实际问题的意识并提高其相应的能力。

此外，本书的每一章均设置了一个贴近生活实际、有较强的趣味性和灵活性的数学建模问题，以进一步巩固学生对核心概念、定义等的理解程度，激发学生学习的热情，使其真正理解并能应用所学知识解决实际问题，从而培养学生创新和应用的能力。

本书适用对象

- 高职高专院校、职教本科院校理工类专业的学生。
- 高职高专院校、职教本科院校的数学教师。
- 全国大学生数学建模竞赛的参赛学生。
- 软件开发相关方面的科研人员。

代码下载及问题反馈

为了帮助读者更好地使用本书，本书配备了原始数据文件和 MATLAB R2014a 程序代码，以及 PPT 课件等教学资源，读者可以从泰迪云教材网站免费下载，也可登录人民邮电出版社教育社区（www.ryjiaoyu.com）下载。同时欢迎教师加入 QQ 交流群“人邮大数据教师服务群”（669819871）进行交流探讨。

由于编者水平有限，书中难免出现一些疏漏和不足之处。如果读者有宝贵的意见，欢迎在泰迪学社微信公众号（TipDataMining）回复“图书反馈”进行反馈。更多关于本系列图书的信息可以在泰迪云教材网站查阅。

编　者

2023 年 5 月

泰迪云教材

目录 CONTENTS

第 1 章 预备知识

本章讲解微积分的预备知识，主要介绍映射与函数的相关概念、函数思想及其简单应用、数学软件 MATLAB 的简单使用等。熟练掌握这些知识，理解映射和函数思想，是后续进行微积分学习的基础。

第一节 映射与函数

映射与函数均有 3 个要素，它们分别是原像集、像集、对应法则与定义域、值域、对应法则。

一、映射

映射是数学和计算机科学中常用的概念。

定义 1.1 设 X 、Y 是两个非空集合，如果存在某个对应法则 f ，使得对 X 中每个元素 x，按对应法则 f，在 Y 中有唯一确定的元素 y 与之对应，那么称 f 为从 X 到 Y 的**映射**，记作 $f:X\to Y$ 。其中 y 称为元素 x（在映射 f 下）的**像**，并记作 $f(x)$，即

$$y=f(x),$$

而元素 x 称为元素 y（在映射 f 下）的一个**原像**；集合 X 称为映射 f 的**定义域**，记作 D_f，X 中所有元素的像所组成的集合称为映射 f 的**值域**，记作 R_f，即

$$R_f=f(X)=\{f(x)\mid x\in X\}。$$

注意：

（1）对于映射 $f:X\to Y$ 来说，有：

① 集合 X 中每一个元素，在集合 Y 中必有唯一的像；

② 集合 X 中的不同元素，在集合 Y 中可以有相同的像；

③ 允许集合 Y 中的元素没有原像，即 $R_f\subseteq Y$；

④ 集合 X 中的元素与集合 Y 中的元素的对应关系，可以是“一对一”“多对一”，但不能是“一对多”。

（2）集合 X 、Y 及对应法则 f 称为映射的三要素，三者构成一个系统。

（3）对应法则 f 有“方向性”，即强调从集合 X 到集合 Y 的对应关系，它与从 Y 到 X 的对应关系一般不同。

提示：

高等数学中常用数集及其记法如下：

（1）全体非负整数组成的集合称为非负整数集或自然数集，记为 $\mathbf{N}$;

（2）全体整数组成的集合称为整数集，记为 $\mathbf{Z}$;

（3）全体有理数组成的集合称为有理数集，记为 $\mathbf{Q}$；

（4）全体实数组成的集合称为实数集，记为 $\mathbf{R}$。

【例 1】 下列从集合 X 到集合 Y 的各对应法则中，哪些是映射？为什么？

（1）$X=\{$直线 $Ax+By+C=0\}$，$Y=\mathbf{R}$，f_1：求直线 $Ax+By+C=0$ 的斜率；

（2）$X=\{$直线 $Ax+By+C=0\}$，$Y=\{\alpha \mid 0 \leqslant \alpha < \pi\}$，$f_2$：求直线 $Ax+By+C=0$ 的倾斜角；

（3）$X=Y=\mathbf{R}_+$，f_3：求 X 中每一个元素的算术平方根。

解 （1）当 $B=0$ 时，直线 $Ax+C=0$ 的斜率不存在，此时 Y 中不存在与之对应的元素，故 f_1 不是从 X 到 Y 的映射。

（2）对于 X 中的任一元素 $Ax+By+C=0$，该直线都有唯一确定的倾斜角 α，且 $\alpha \in [0,\pi)$，故 f_2 是从 X 到 Y 的映射。

（3）对于 X 中的任一正实数，其算术平方根也是正实数，且唯一，故 f_3 是从 X 到 Y 的映射。

【例 2】 设 f：$A \to B$ 是从 A 到 B 的一个映射，其中 $A=B=\{(x,y), x,y\in\mathbf{R}\}$，$f$：$(x,y) \to (x+y,xy)$。

（1）求 A 中元素 $(1,-2)$ 在 f 的作用下，对应 B 中的像；

（2）若 A 中的某个元素在 f 的作用下，在 B 中的像为 $(1,-2)$，求 A 中的原像。

解 （1）因为 f：$(x,y)\to(x+y,xy)$，又 $x=1$、$y=-2$，所以

$$x+y=-1,\quad xy=-2。$$

所以，所求的 B 中的像为 $(-1,-2)$。

（2）由 $\begin{cases} x+y=1 \\ xy=-2 \end{cases}$，解得 $\begin{cases} x=2 \\ y=-1 \end{cases}$ 或 $\begin{cases} x=-1 \\ y=2 \end{cases}$，所以，所求的 A 中的原像为 $(2,-1)$ 或 $(-1,2)$。

【例 3】 已知 $A=\{a,b,c\}$，$B=\{d,e\}$，问：A 到 B 能构成多少个映射？

解 根据映射的定义，此处映射可以分为“三对一”和“三对二”2 种。“三对一”型，有 2 个映射，如图 1-1 所示。“三对二”型，有 6 个映射，如图 1-2 所示。

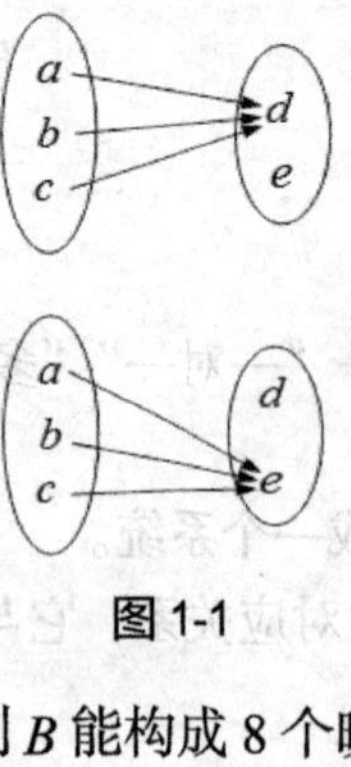

图 1-1

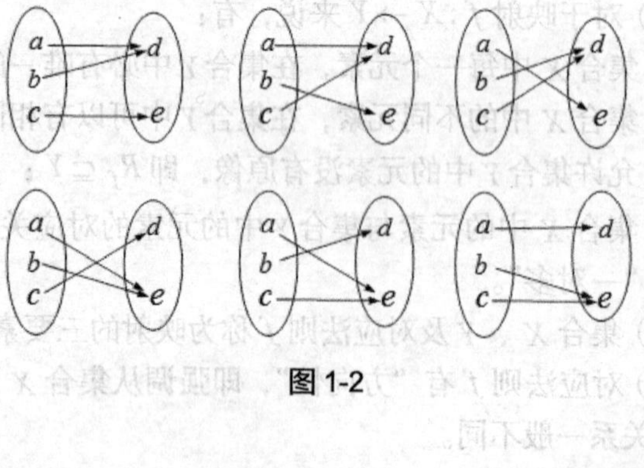

图 1-2

所以，A 到 B 能构成 8 个映射。

根据定义 1.1 可知，对于任意的集合，都可以考虑映射。

例如，设 X 表示 2020 年 6 月的日期，Y 表示日、月、火、水、木、金、土 7 个曜日。如果使 X 的各个元素，按照“日期对应该天的曜日”的规则与 Y 的元素对应，则有

1	2	3	4	5	6	7	…	29	30
月	火	水	木	金	土	日	…	月	火

这是从日期到7个曜日的映射，这个映射可以用f来表示。

进一步，如果使土曜日对应蓝色，日曜日对应红色，其余曜日对应黑色，则可得到从7个曜日到由蓝、红、黑所构成的颜色集合的映射，如果用g表示这个映射，则根据

f: 日期→7曜，

g:7曜→蓝、红、黑三色集合，

可使各日期对应蓝、红、黑中的一种颜色。从而可确定从日期到蓝、红、黑所构成的颜色集合的映射，这个映射叫作f和g的复合映射，用$g\circ f$表示。例如，

由$f(1)=$月，$g($月$)=$黑，得$(g\circ f)(1)=$黑；

由$f(6)=$土，$g($土$)=$蓝，得$(g\circ f)(6)=$蓝。

定义 1.2 设有两个映射$f:X\to Y_1$，$g:Y_2\to Z$，其中$Y_1\subseteq Y_2$，则由映射g和f可以确定一个从X到Z的对应法则，它将每个$x\in X$，映射成$g[f(x)]\in Z$。这个映射称为映射f和g构成的**复合映射**，记作$g\circ f$，即

$$g\circ f:X\to Z \text{ 或} (g\circ f)(x)=g(f(x)),\ x\in X\text{。}$$

由复合映射的定义可知,映射f和g构成复合映射的条件是：f的值域必须包含在g的定义域内，即$R_f\subseteq D_g$，否则，不能构成复合映射。由此可以知道，映射f和g的复合是有顺序的，$g\circ f$有意义并不表示$f\circ g$也有意义，即使$g\circ f$和$f\circ g$都有意义，复合映射$g\circ f$和$f\circ g$也未必相同。

【例4】 设$\mathbf{R}$到$\mathbf{R}$有两个映射f和g，定义为$f(x)=x^2, g(x)=x+2$，试分别计算复合映射$g\circ f$和$f\circ g$。

解 任取$x\in\mathbf{R}$，有

$$(g\circ f)(x)=g(f(x))=g(x^2)=x^2+2,$$

$$(f\circ g)(x)=f(g(x))=f(x+2)=(x+2)^2\text{。}$$

设f是从集合X到集合Y的映射，若$R_f=Y$，即Y中的任一元素y都是X中某元素的像，则称f为X到Y的**满射**；若对X中任意两个不同元素$x_1\neq x_2$，它们的像$f(x_1)\neq f(x_2)$，则称f为X到Y的**单射**；若映射f既是单射，又是满射，则称f为**一一映射**（或**双射**）。

定义 1.3 当f是从X到Y的一一映射时，对于Y中的每一个元素y，X中都有唯一的元素x，满足$g(y)=x$，这样就可以得到从Y到X的映射，这个映射g叫作f的**逆映射**，用f^{-1}来表示。即

$$f^{-1}:Y\to X \text{ 或 } f^{-1}(y)=x, y\in Y\text{。}$$

其定义域$D_f=Y$，值域$R_f=X$。

若f是从X到Y的一一映射，因为$f:x\to y$，则$f^{-1}:y\to x$，所以有

$$(f^{-1}\circ f):x\to x,\ (f\circ f^{-1}):y\to y\text{。}$$

即复合映射$f^{-1}\circ f$是使X的各元素与自身对应的映射；复合映射$f\circ f^{-1}$是使Y的各元素与自身对应的映射。

【例 5】设 $X=Y=\mathbf{R}_+$，$f:x\to y=\sqrt{x}, x\in X, y\in Y$。映射 f 是否为一一映射？若是，求 f 的逆映射。

解 是一一映射，因为任意正实数都存在唯一的算术平方根，且算术平方根仍然是正实数。

因为 $y=\sqrt{x}$，所以 $x=y^2$，即映射 f 的逆映射为 $f^{-1}:y\to x=y^2$。

二、函数的概念

函数是定义在非空数集上的映射，是映射的一种具体体现。

1. 函数的定义

定义 1.4 设非空数集 $D\subseteq\mathbf{R}$，称映射 $f:D\to\mathbf{R}$ 为定义在 D 上的**函数**，记作

$$y=f(x),x\in D。$$

其中变量 x 称为**自变量**，变量 y 称为**因变量**，非空数集 D 称为**定义域**。

根据定义 1.4 可知，对于确定的 $x_0\in D$，通过对应法则 f，总有唯一确定的值 y_0 与之对应，称 y_0 为函数 f 在 x_0 处的**函数值**，记作

$$y_0=f(x_0) \text{ 或 } y|_{x=x_0}=f(x_0)。$$

函数值的全体称为函数 f 的**值域**，记作 R，即

$$R=\{y|\,y=f(x),x\in D\}。$$

从函数的定义可知，函数只讨论非空数集到非空数集上的对应规律，映射则更具有广泛性，可将函数理解为特殊的映射。

例如，函数 $f(x)=x^2+1$ 在 $x_0=1$ 处的函数值为 $y_0=f(1)=2$，因为 $x^2\geqslant 0$，所以，该函数的值域 $R=[1,+\infty)$。

注意：定义域、值域和对应法则是函数的三要素，其中，对应法则是核心，定义域是关键，而值域受定义域和对应法则共同制约。

例如：

（1）$y=x$ 与 $y=\sqrt{x^2}$ 是两个不同的函数，因为对应法则不同；

（2）$y=1$ 与 $y=\dfrac{x}{x}$ 是两个不同的函数，因为定义域不同；

（3）$y=\sqrt{x^2}$ 与 $y=\begin{cases}x, & x\geqslant 0\\ -x, & x<0\end{cases}$ 表示同一个函数。

2. 函数的描述

描述函数的方法主要有 3 种：公式（解析）法、图像法和表格法。

（1）公式（解析）法

公式（解析）法是描述函数关系的主要方法，也是阐述微积分相关知识的载体。

【例 6】 函数

$$y=\operatorname{sgn}x=\begin{cases}1, & x>0\\ 0, & x=0\\ -1, & x<0\end{cases}$$

称为**符号函数**，其定义域为 $D=(-\infty,+\infty)$，值域为 $R=\{-1,0,1\}$。

（2）图像法

在坐标平面（可以是平面直角坐标系、极坐标系等）上，点集

$$\{(x,y)\mid y=f(x),x\in D\}$$

称为函数 $y=f(x),x\in D$ 的图像。例如，符号函数（例 6）的图像如图 1-3 所示。

又如，图 1-4 记录了一个自来水厂某一天 24 小时的水压变化情况，该图像形象地描述了这个自来水厂一天的水压随着时间变化的函数关系。

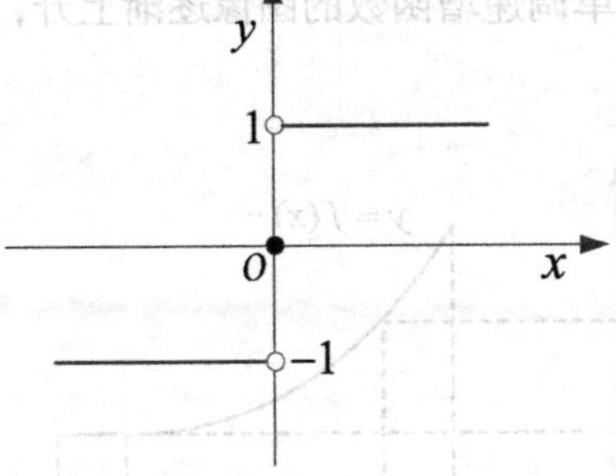

图 1-3

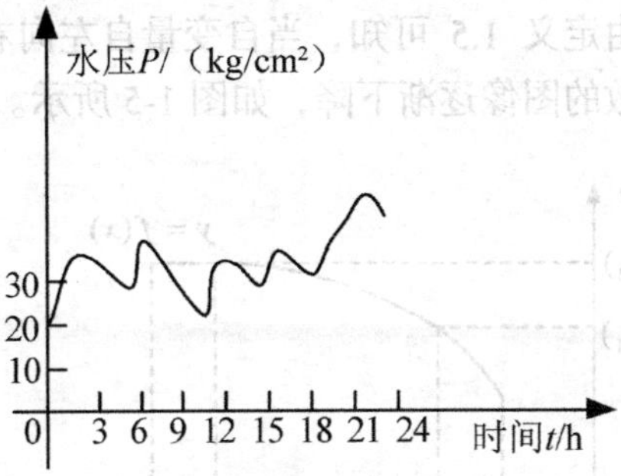

图 1-4

（3）表格法

列一张表，第一行表示自变量的值，第二行表示相应的函数值，这种表示函数关系的方法称为表格法。

例如，自变量 x 表示计费区间综合里程（单位为 1000km），y 表示重量在 1000g 以内的物品的快递费（单位为元），表 1-1 描述了某快递公司重量在 1000g 以内的物品的快递收费标准，从表中可以看出，某快递公司快递费 y 与计费区间综合里程 x 之间的函数关系。

表 1-1　某快递公司重量在 1000g 以内的物品的快递收费标准

x/1000km	$x\leqslant 0.5$	$0.5<x\leqslant 1$	$1<x\leqslant 1.5$	$1.5<x\leqslant 2$
y/元	5	6	7	8
x/1000km	$2<x\leqslant 2.5$	$2.5<x\leqslant 3$	$3<x\leqslant 4$	$x>4$
y/元	9	10	12	14

3. 函数的定义域

函数的定义域通常按照以下两种情形来确定。

（1）有实际意义的函数，定义域根据变量的实际意义确定。

例如，圆的面积 A 是关于圆的半径 $r(r>0)$ 的函数，即 $A=\pi r^2$，该函数的定义域为 $D=(0,+\infty)$。

（2）用公式（解析）法描述的函数的定义域为使函数表达式有意义的实数集。

【例 7】 求函数 $y=\dfrac{1}{x-3}-\sqrt{x^2-4}$ 的定义域。

解　要使函数有意义，必须使 $x-3\neq 0$，且 $x^2-4\geqslant 0$，所以，函数的定义域为 $D=(-\infty,-2]\cup[2,3)\cup(3,+\infty)$。

三、函数的性质

1. 单调性

定义 1.5 设函数 $f(x)$ 的定义域为 D，区间 $I \subseteq D$。如果对于区间 I 上的任意两点 x_1 及 x_2，当 $x_1 < x_2$ 时，总有 $f(x_1) < f(x_2)$，则称函数 $f(x)$ 在区间 I 上**单调递增**，区间 I 称为函数 $f(x)$ 的**单调增区间**。当 $x_1 < x_2$ 时，总有 $f(x_1) > f(x_2)$，则称函数 $f(x)$ 在区间 I 上**单调递减**，区间 I 称为函数 $f(x)$ 的**单调减区间**。

由定义 1.5 可知，当自变量自左向右变化时，单调递增函数的图像逐渐上升，单调递减函数的图像逐渐下降，如图 1-5 所示。

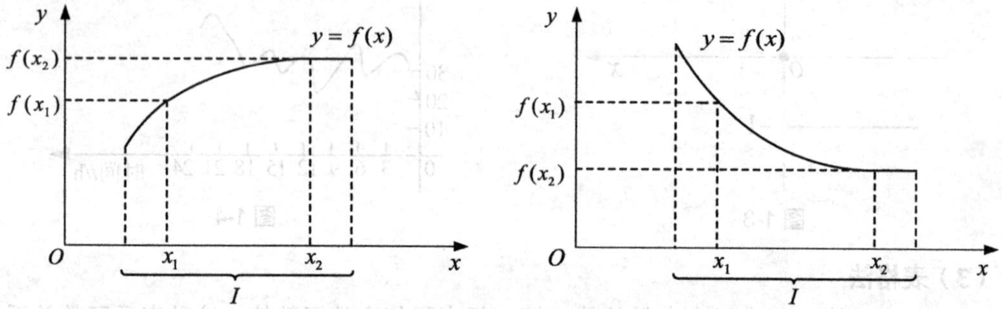

图 1-5

2. 奇偶性

定义 1.6 设函数 $y = f(x)$ 的定义域 D 关于原点对称。对于任意 $x \in D$，若

$$f(-x) = -f(x)$$

恒成立，则称函数 $f(x)$ 为**奇函数**；对于任意 $x \in D$，若

$$f(-x) = f(x)$$

恒成立，则称函数 $f(x)$ 为**偶函数**。

奇函数的图像关于原点对称，如图 1-6 所示；偶函数的图像关于 y 轴对称，如图 1-7 所示。

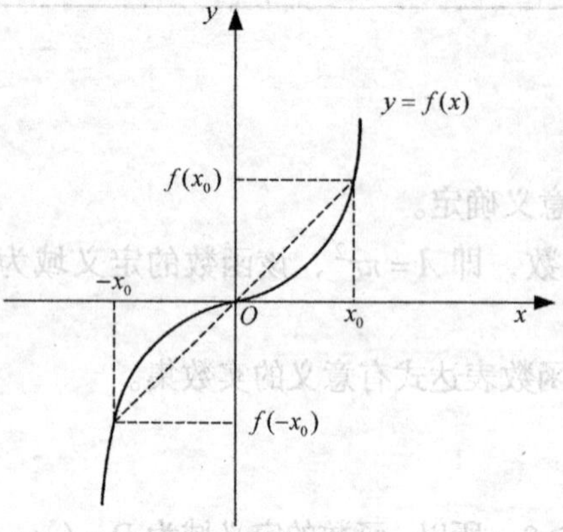

图 1-6

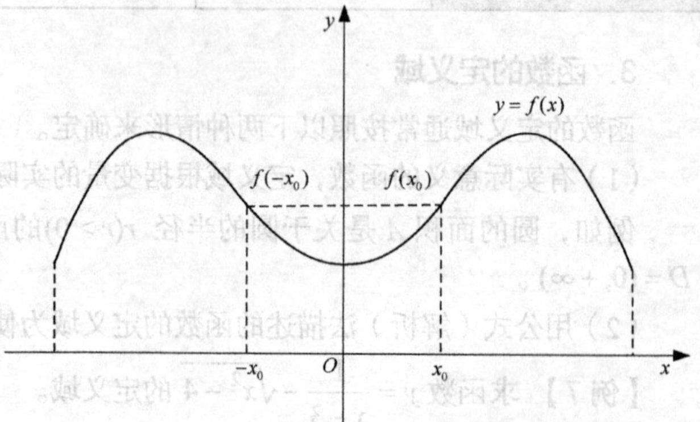

图 1-7

【例 8】 判断函数 $f(x)=\ln\dfrac{1-x}{1+x}$, $x\in(-1,1)$ 的奇偶性。

解 任取 $x\in(-1,1)$ ，因为

$$f(-x)=\ln\frac{1+x}{1-x}=\ln\left(\frac{1-x}{1+x}\right)^{-1}=-\ln\frac{1-x}{1+x}=-f(x),$$

所以 $f(x)=\ln\dfrac{1-x}{1+x}$ 是奇函数。

3. 有界性

定义 1.7 设函数 $f(x)$ 在区间 I 上有定义，如果对任意 $x\in I$ ，存在与 x 无关的常数 M ，使得 $|f(x)|\leqslant M$ 恒成立，则称函数 $f(x)$ 在区间 I 上**有界**，否则称为**无界**。

如果函数 $f(x)$ 在它的定义域上有界，则称 $f(x)$ 为**有界函数**，否则称 $f(x)$ 为**无界函数**。有界函数 $y=f(x)$ 的图像必介于两条直线 $y=M$ 与 $y=-M$ 之间，如图 1-8 所示。

例如，函数 $y=\sin x$ 是有界函数，因为对于任意 $x\in(-\infty,+\infty)$ ，恒有 $|\sin x|\leqslant 1$ ，如图 1-9 所示。

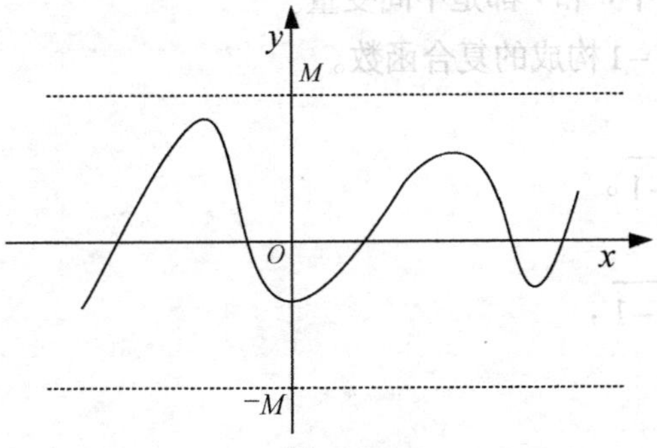

图 1-8

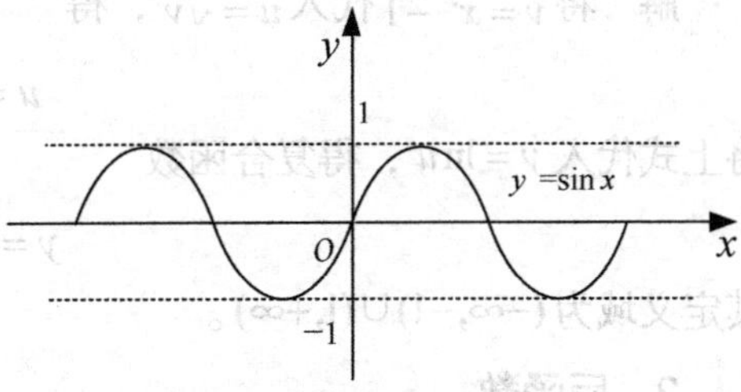

图 1-9

注意，有可能出现以下情况：函数在其定义域上的某一部分是有界的，而在另一部分是无界的，因此，要说一个函数是有界的或无界的，就必须指出其自变量 x 的取值范围。

4. 周期性

定义 1.8 设函数 $y=f(x)$ 的定义域为 D ，若存在正实数 T ，使得任意 $x\in D$ 且 $x+T\in D$ 时，恒有 $f(x+T)=f(x)$ ，则称函数 $f(x)$ 是周期函数，T 称为**周期**。若周期函数存在最小正周期（如果一个函数 $f(x)$ 的所有周期中存在一个最小的正数，那么这个最小的正数称为 $f(x)$ 的最小正周期），则称此最小正周期为**基本周期**，简称周期。

例如，正弦函数 $y=\sin x$ 的周期是 $T=2\pi$ ，函数 $y=\sin\left(2x+\dfrac{\pi}{3}\right)$ 的周期是 $T=\pi$ 。

四、复合函数与反函数

1. 复合函数

定义 1.9 若函数 $y=f(u)$ 的定义域为 D_f ，而函数 $u=\varphi(x)$ 的值域为 R_φ ，如果 $R_\varphi\subseteq D_f$ ，则 y 可通过变量 u 成为 x 的函数，这个函数称为由函数 $y=f(u)$ 和 $u=\varphi(x)$ 构成

的**复合函数**，记为

$$y=f[\varphi(x)],\ x\in D_{\varphi}。$$

它的定义域为 D_{φ}，变量 u 称为**中间变量**。

复合函数是复合映射的一种特例，因此，按照“先 φ 后 f”的顺序复合的函数，可以记为 $f\circ\varphi$，即

$$(f\circ\varphi)(x)=f[\varphi(x)]。$$

需要注意的是，函数 $y=f(u)$ 和 $u=\varphi(x)$ 构成复合函数的条件是：函数 $u=\varphi(x)$ 的值域必须包含于 $y=f(u)$ 的定义域，否则不能构成复合函数。

例如，函数 $y=\ln u$ 与 $u=-x^2$ 不能构成复合函数，因为函数 $u=-x^2$ 的值域是 $(-\infty,0]$，而 $y=\ln u$ 的定义域为 $(0,+\infty)$，所以，函数 $y=\ln(-x^2)$ 无意义。

【例 9】 求函数 $y=\sqrt{u}$、$u=x^2-1$ 构成的复合函数。

解 将 $u=x^2-1$ 代入 $y=\sqrt{u}$，得所求复合函数为 $y=\sqrt{x^2-1}$，其定义域为 $(-\infty,-1]\cup[1,+\infty)$，它是 $u=x^2-1$ 的定义域的一部分。

复合函数也可以有多个中间变量，如例 10 中 u 和 v 都是中间变量。

【例 10】 求函数 $y=\ln u$、$u=\sqrt{v}$、$v=x^2-1$ 构成的复合函数。

解 将 $v=x^2-1$ 代入 $u=\sqrt{v}$，得

$$u=\sqrt{x^2-1}。$$

将上式代入 $y=\ln u$，得复合函数

$$y=\ln\sqrt{x^2-1},$$

其定义域为 $(-\infty,-1)\cup(1,+\infty)$。

2. 反函数

反函数是逆映射的一种特例，下面给出反函数的概念。

定义 1.10 设函数 $y=f(x)$ 的定义域为 D，值域为 R，若对 R 中每一个值 y，D 中必有唯一的值 x 与之对应，此时，可确定一个以 y 为自变量的函数，称为函数 $y=f(x)$ 的**反函数**，记作

$$x=f^{-1}(y),\ y\in R。$$

这时称函数 $y=f(x)$ 为**直接函数**。

显然，反函数 f^{-1} 的对应法则完全由函数 f 确定，例如，函数 $y=x^3, x\in\mathbf{R}$ 存在反函数，其反函数为 $x=\sqrt[3]{y}, y\in\mathbf{R}$。

一般用 x 表示自变量，用 y 表示因变量，因此函数 $y=f(x)$ 的反函数一般表示为 $y=f^{-1}(x)$。进一步，如果在同一坐标系中画出函数 $y=f(x)$ 和它的反函数 $y=f^{-1}(x)$ 的图像，则这两个图像关于直线 $y=x$ 对称，如图 1-10 所示。

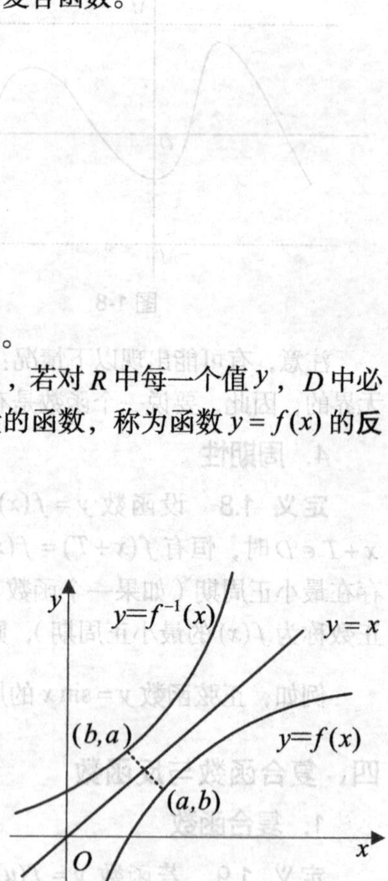

图 1-10

由反函数的定义易知，反函数 $y=f^{-1}(x)$ 的定义域是函数 $y=f(x)$ 的值域，反函数 $y=f^{-1}(x)$ 的值域是函数 $y=f(x)$ 的定义域。因此也可以说二者互为反函数。例如，指数函数 $y=a^x$ 和对数函数 $y=\log_a x$ 互为反函数。

【例 11】 求函数 $y=3^x+1$ 的反函数，并在同一坐标系中画出它们的图像。

解　由 $y=3^x+1$ 可得 $x=\log_3(y-1)$，将 x、y 互换，即得所求的反函数

$$y=\log_3(x-1),\ x\in(1,+\infty)。$$

它们的图像如图 1-11 所示。

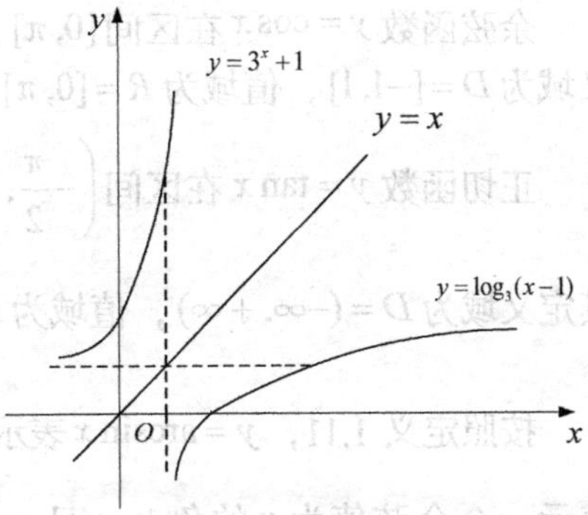

图 1-11

【例 12】求函数 $y=\dfrac{ax+b}{cx+d}, ad-bc\neq 0$ 的反函数，并讨论当 a、b、c、d 满足什么条件时，直接函数与反函数相同？

解　由 $y=\dfrac{ax+b}{cx+d}$，得 $(cx+d)y=ax+b$，所以

$$x=\frac{-dy+b}{cy-a}。$$

将 x、y 互换，得函数 $y=\dfrac{ax+b}{cx+d}$ 的反函数

$$y=\frac{-dx+b}{cx-a}。$$

下面讨论直接函数与反函数相同的条件。

（1）当 $c=0$ 时，两个函数的定义域均为 $\mathbf{R}$，为了使两函数相同，只需对任意 $x\in\mathbf{R}$，有

$$\frac{ax+b}{d}=\frac{-dx+b}{-a}。$$

因此，当 $b=0$ 时，$a=d\neq 0$；当 $b\neq 0$ 时，$a=-d\neq 0$。

（2）当 $c\neq 0$ 时，两个函数仅当 $a=-d\neq 0$ 时有相同的定义域，此时对应法则也相同。

3. 反三角函数

因为三角函数是周期函数，不是一一映射，所以它们没有反函数。如果想使三角函数的逆对应符合函数关系，则需要对三角函数的定义域加以限制，以使其成为一一映射（函数在其定义域上严格单调），从而得到它们的反函数，也就是反三角函数。

取一个单调区间作为定义域，得到限制条件下的正、余弦函数和正切函数如下。

正弦函数：$y=\sin x,\ D=\left[-\dfrac{\pi}{2},\dfrac{\pi}{2}\right],\ R=[-1,1]$。

余弦函数：$y=\cos x,\ D=[0,\pi],\ R=[-1,1]$。

正切函数：$y=\tan x,\ D=\left(-\dfrac{\pi}{2},\dfrac{\pi}{2}\right),\ R=(-\infty,+\infty)$。

定义 1.11 正弦函数 $y=\sin x$ 在区间 $\left[-\frac{\pi}{2},\frac{\pi}{2}\right]$ 上的反函数，叫作**反正弦函数**，记作 $y=\arcsin x$，其定义域为 $D=[-1,1]$，值域为 $R=\left[-\frac{\pi}{2},\frac{\pi}{2}\right]$。

余弦函数 $y=\cos x$ 在区间 $[0,\pi]$ 上的反函数，叫作**反余弦函数**，记作 $y=\arccos x$，其定义域为 $D=[-1,1]$，值域为 $R=[0,\pi]$。

正切函数 $y=\tan x$ 在区间 $\left(-\frac{\pi}{2},\frac{\pi}{2}\right)$ 上的反函数，叫作**反正切函数**，记作 $y=\arctan x$，其定义域为 $D=(-\infty,+\infty)$，值域为 $R=\left(-\frac{\pi}{2},\frac{\pi}{2}\right)$。

按照定义 1.11，$y=\arcsin x$ 表示一个正弦值为 x 的角 y，且 $y\in\left[-\frac{\pi}{2},\frac{\pi}{2}\right]$；$y=\arccos x$ 表示一个余弦值为 x 的角 y，且 $y\in[0,\pi]$；$y=\arctan x$ 表示一个正切值为 x 的角 y，且 $y\in\left(-\frac{\pi}{2},\frac{\pi}{2}\right)$。

根据互为反函数的两个函数图像之间的对称关系，可得函数 $y=\arcsin x$ 的图像如图 1-12（a）所示，$y=\arccos x$ 的图像如图 1-12（b）所示，$y=\arctan x$ 的图像如图 1-12（c）所示。

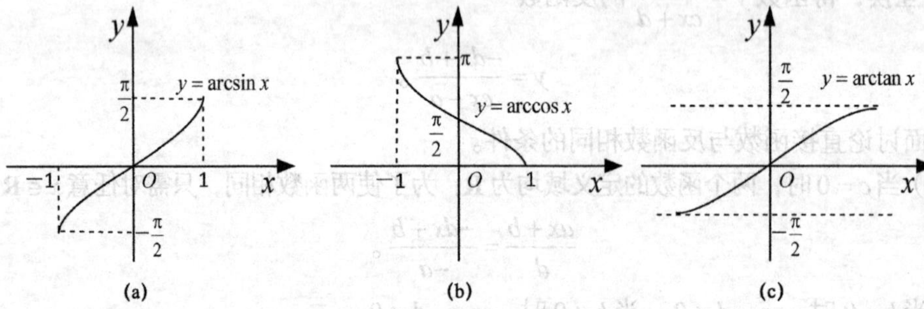

图 1-12

【例 13】 求下列函数的值。

（1）$\arcsin\left(-\frac{1}{2}\right)$　（2）$\arccos\left(-\frac{1}{2}\right)$　（3）$\arctan 1$

解 （1）因为在区间 $\left[-\frac{\pi}{2},\frac{\pi}{2}\right]$ 上，$\sin\left(-\frac{\pi}{6}\right)=-\frac{1}{2}$，所以，$\arcsin\left(-\frac{1}{2}\right)=-\frac{\pi}{6}$。

（2）因为在区间 $[0,\pi]$ 上，$\cos\frac{2\pi}{3}=-\frac{1}{2}$，所以，$\arccos\left(-\frac{1}{2}\right)=\frac{2\pi}{3}$。

（3）因为在区间 $\left(-\frac{\pi}{2},\frac{\pi}{2}\right)$ 上，$\tan\frac{\pi}{4}=1$，所以，$\arctan 1=\frac{\pi}{4}$。

五、初等函数

1. 基本初等函数

中学阶段学过的幂函数 $y=x^{\mu}$（μ 为实数），指数函数 $y=a^{x}(a>0,a\neq 1)$，对数函数 $y=\log_a x(a>0,a\neq 1)$，三角函数 $y=\sin x$、$y=\cos x$、$y=\tan x$，以及前文所介绍的反三角函数 $y=\arcsin x$、$y=\arccos x$、$y=\arctan x$ 等均称为**基本初等函数**。表 1-2 给出了它们的简单描述。

表 1-2 基本初等函数的简单描述

函数	函数式	定义域与值域	图像	特性
幂函数	$y=x^{\mu}$（μ为实数）	定义域与值域随 μ 的不同而不同，但不论 μ 取什么值，函数在 $(0,+\infty)$ 上总有定义	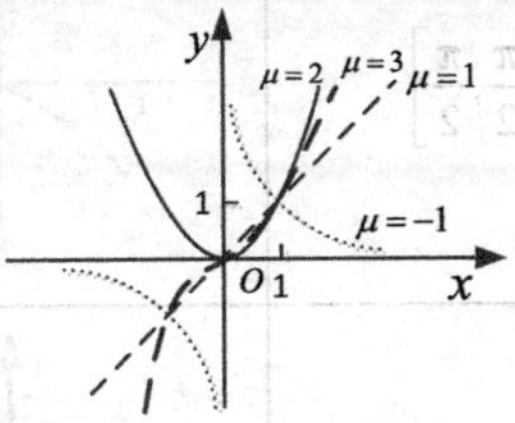	若 $\mu>0$，x^{μ} 在 $[0,+\infty)$ 上单调递增，若 $\mu<0$，x^{μ} 在 $(0,+\infty)$ 上单调递减
指数函数	$y=a^{x}$ $(a>0,a\neq 1)$	$x\in(-\infty,+\infty)$，$y\in(0,+\infty)$	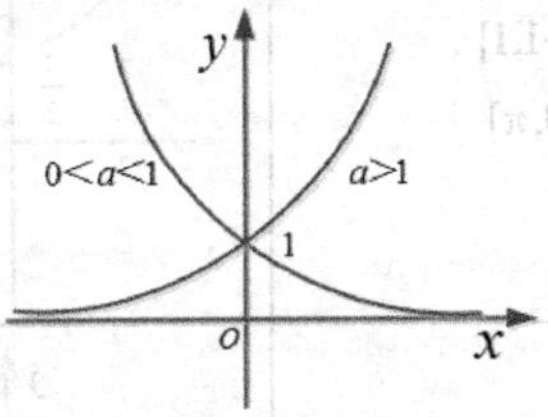	若 $a>1$，a^{x} 单调递增；若 $0<a<1$，a^{x} 单调递减
对数函数	$y=\log_a x$ $(a>0,a\neq 1)$	$x\in(0,+\infty)$，$y\in(-\infty,+\infty)$	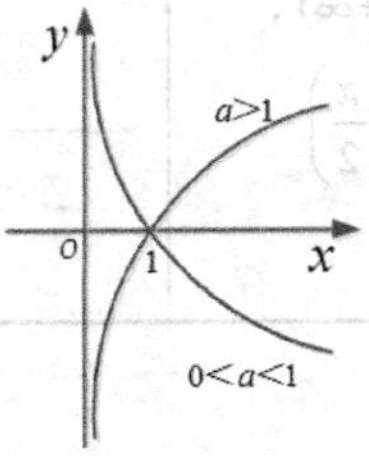	若 $a>1$，$\log_a x$ 单调递增；若 $0<a<1$，$\log_a x$ 单调递减
正弦函数	$y=\sin x$	$x\in(-\infty,+\infty)$，$y\in[-1,1]$	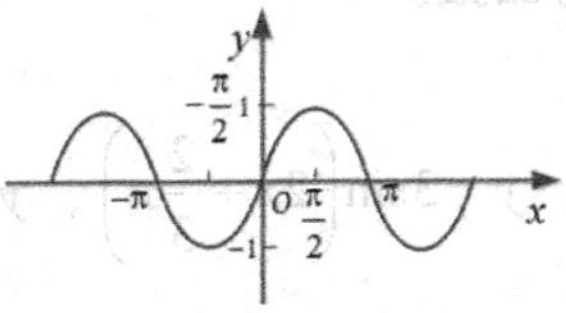	奇函数，周期为 2π，有界，在 $\left(2k\pi-\frac{\pi}{2},2k\pi+\frac{\pi}{2}\right)$ 上单调递增，在 $\left(2k\pi+\frac{\pi}{2},2k\pi+\frac{3\pi}{2}\right)$ 上单调递减，其中，$k\in\mathbf{Z}$
余弦函数	$y=\cos x$	$x\in(-\infty,+\infty)$，$y\in[-1,1]$	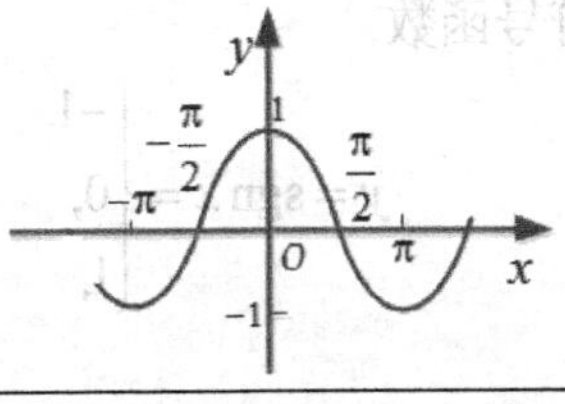	偶函数，周期为 2π，有界，在 $(2k\pi,2k\pi+\pi)$ 上单调递减，在 $(2k\pi+\pi,2k\pi+2\pi)$ 上单调递增，其中，$k\in\mathbf{Z}$

续表

函数	函数式	定义域与值域	图像	特性
正切函数	$y=\tan x$	$x \neq k\pi+\dfrac{\pi}{2}(k\in \mathbf{Z})$, $y\in(-\infty,+\infty)$	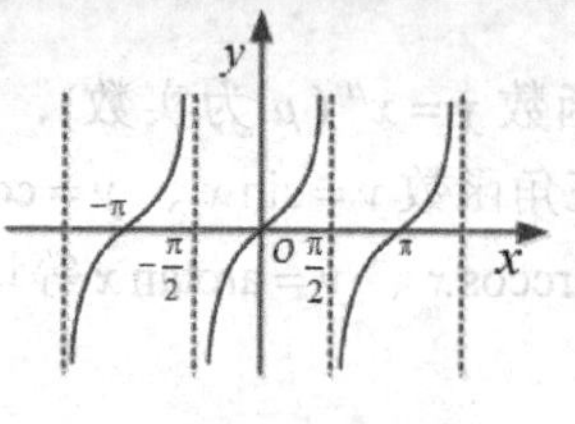	奇函数，周期为 π，在 $\left(k\pi-\dfrac{\pi}{2},k\pi+\dfrac{\pi}{2}\right)$ 上单调递增，其中 $k\in \mathbf{Z}$
反正弦函数	$y=\arcsin x$	$x\in[-1,1]$， $y\in\left[-\dfrac{\pi}{2},\dfrac{\pi}{2}\right]$	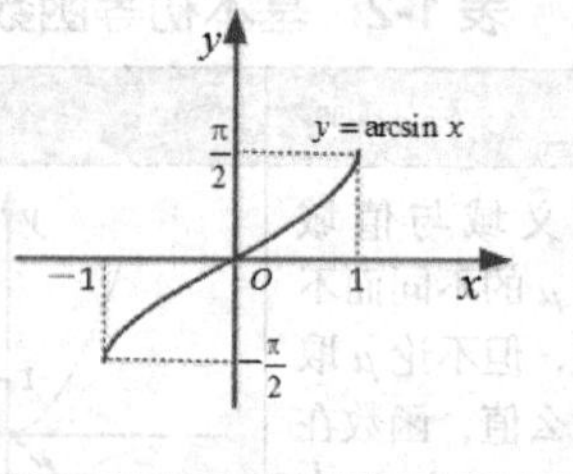	奇函数，在定义域上单调递增
反余弦函数	$y=\arccos x$	$x\in[-1,1]$， $y\in[0,\pi]$	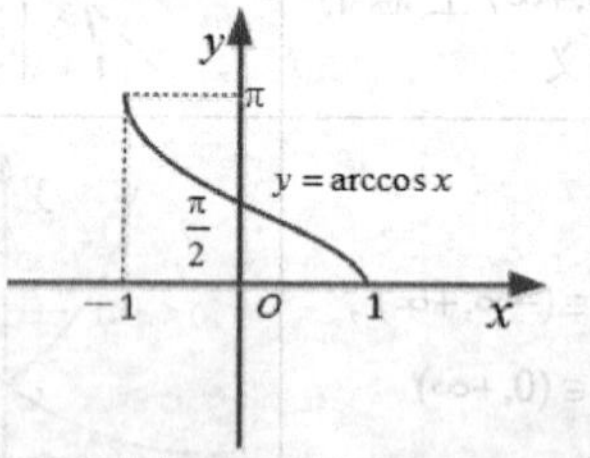	非奇非偶函数，在定义域上单调递减
反正切函数	$y=\arctan x$	$x\in(-\infty,+\infty)$， $y\in\left(-\dfrac{\pi}{2},\dfrac{\pi}{2}\right)$	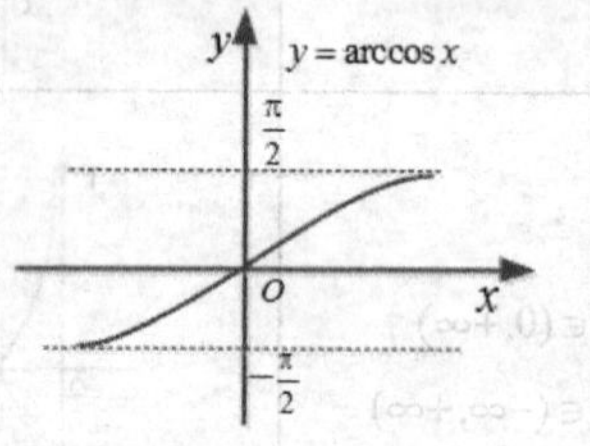	奇函数，在定义域上单调递增

2. 初等函数定义

定义 1.12 由基本初等函数和常数经过有限次四则运算或有限次复合并且可以用一个解析式表示的函数称为**初等函数**。

例如，函数

$$y=\sqrt{1+x^2}、y=3\sin\left(2x+\frac{2}{3}\pi\right)、y=2^{\sin x}-\frac{1}{x}-\log_2(1+2x^2)$$

都是初等函数。

并非所有函数都是初等函数，分段函数一般就不是初等函数。不是初等函数的函数统称为**非初等函数**。例如，符号函数

$$y=\operatorname{sgn} x=\begin{cases}-1, & x<0\\ 0, & x=0\\ 1, & x>0\end{cases}$$

是非初等函数。

也有分段函数能用一个解析式来表示，如函数 $f(x)=\begin{cases}x, & x\geqslant 0\\ -x, & x<0\end{cases}$ 可以写成 $f(x)=\sqrt{x^2}$，因而它是一个初等函数。

对初等函数进行分解，是微积分运算的基础。

【例 14】 指出下列复合函数的复合过程。

（1）$y=5^{2x-1}$　　　　（2）$y=\sqrt{\log_2 x^2}$

解（1）令 $u=2x-1$，则 $y=5^u$，即函数 $y=5^{2x-1}$ 由函数 $y=5^u$ 和函数 $u=2x-1$ 复合而成。

（2）令 $v=x^2$、$u=\log_2 v$，则 $y=\sqrt{u}$，即函数 $y=\sqrt{\log_2 x^2}$ 由函数 $y=\sqrt{u}$，$u=\log_2 v$ 和 $v=x^2$ 复合而成，其中 $x\in(-\infty,-1]\cup[1,+\infty)$。

第二节 函数思想及其应用

一、函数思想与函数模型

函数思想是指用函数的概念和性质去分析问题、转化问题和解决问题的思维策略。函数描述了自然界中数量之间的关系，函数建模则是指通过提取问题的数学特征，建立函数关系的数学模型（函数模型），再利用函数的图像和性质（有时候还需要借助数学软件）对所建立的函数模型进行求解，将模型的解"翻译"成现实问题的解，并回答现实问题的全过程，如图 1-13 所示。

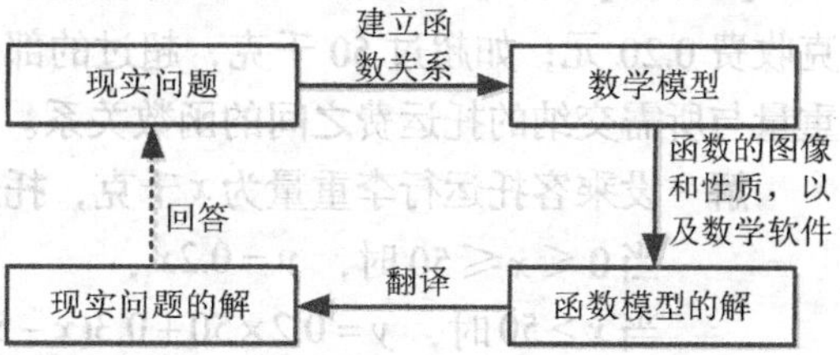

图 1-13

其中，函数关系一般用初等函数或分段函数来描述，函数的基本性质主要包括：定义域、值域、单调性、奇偶性、周期性、有界性（最大值和最小值）、连续性、对称性等。例如，$s=vt$ 描述了匀速运动的路程 s 与时间 t 的对应关系，它是关于时间 t 的线性递增函数。

自然界中的数量关系是多种多样的，所以建立函数模型的方式、方法也不尽相同，没有统一的准则，一般有机理分析和测试分析两种方法。

机理分析是指根据对客观事物特性的认识，找出反映内部机理的数量规律，建立的模型常有明确的物理或者现实意义，中学阶段涉及的函数模型一般都是通过机理分析建立的，后文将介绍几个通过机理分析建立函数模型的案例。

测试分析主要用于解决内部规律还不清楚、模型也不需要反映内部规律的问题，主要通过收集客观事物间的各种数据信息，整理绘制成散点图，然后与已有的函数关系进行对照，以选择恰当的函数模型，再利用相关条件求出其中的参数值，从而确定对象之间的数量关系。这个过程往往还需要通过数学软件辅助计算，以便找到函数模型的解。后文中的实训 2 是典型的通过测试分析建模的案例。

对于许多实际问题，需要将两种方法结合起来建模，即用机理分析建立模型的结构，用测试分析确定模型的参数。

二、函数模型举例

下面介绍的几个案例都是通过机理分析建立函数模型的。

【例 15】 一个无盖的长方体大木箱，体积为 4m^3，底为正方形，试把木箱的表面积表示为底面边长的函数。

解 木箱的底为正方形，将其边长设为 x（单位为 m），将木箱的高设为 h（单位为 m），于是木箱的体积

$$V=底面积\times高=x^2h=4\ (\text{m}^3),$$

故 $h=\dfrac{4}{x^2}$。用 S（单位为 m^2）表示这个木箱的表面积，则

$$\begin{aligned}S&=底面积+4个侧面积\\&=x^2+4x\cdot h=x^2+4x\cdot\frac{4}{x^2}=x^2+\frac{16}{x},\end{aligned}$$

即表面积 S 与底面边长 x 的函数关系是

$$S=x^2+\frac{16}{x},0<x<+\infty。$$

【例 16】 现通过铁路托运行李，按规定，每位乘客托运行李不超过 50 千克时，每千克收费 0.20 元；如超过 50 千克，超过的部分按每千克 0.30 元计算。试确定乘客托运行李重量与所需交纳的托运费之间的函数关系。

解 设乘客托运行李重量为 x 千克，托运费为 y 元，则

当 $0\leqslant x\leqslant 50$ 时，$y=0.2x$，

当 $x>50$ 时，$y=0.2\times 50+0.3(x-50)=0.3x-5$，

所以，乘客托运行李重量 x（单位为千克）与需交纳的托运费 y（单位为元）之间的函数关系为

$$y=\begin{cases}0.2x, & 0\leqslant x\leqslant 50\\ 0.3x-5, & x>50\end{cases}。$$

【例 17】 已知某物体与地面的摩擦系数为 μ，物体的重量为 P，设有一与水平方向成 α 角的拉力 F，使物体从静止开始做匀速运动，如图 1-14 所示。求物体开始移动时拉力 F 与角 α 之间的函数关系。

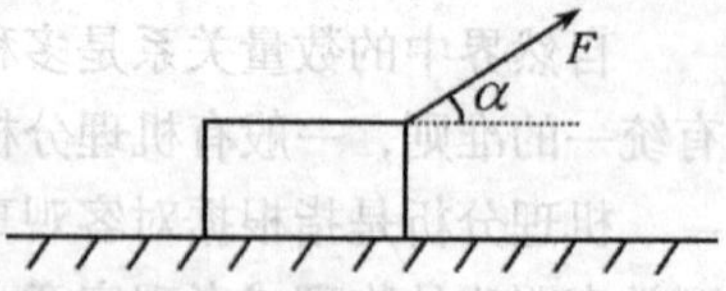

图 1-14

解 拉力 F 水平方向的分力的大小为 $F\cos\alpha$，垂直方向的分力的大小为 $F\sin\alpha$。

物体对于地面的摩擦力的大小 R 与压力成正比，即

$$R=\mu(P-F\sin\alpha)。$$

因为要使水平方向的分力与摩擦力平衡，故

$$F\cos\alpha=\mu(P-F\sin\alpha)。$$

即物体开始移动时拉力 F 与角 α 之间的函数关系为

$$F=\frac{\mu P}{\cos\alpha+\mu\sin\alpha},0<\alpha<\frac{\pi}{2}。$$

【例 18】某作坊生产某种产品，固定成本为 200 元，每多生产 1 件产品，成本增加 10 元，该产品的需求函数为 $q=50-2p$，其中，p 为价格，q 为产量。试计算该产品的成本、平均成本、收入和利润。

解 成本函数：$C=200+10q$。

平均成本函数：$\overline{C}=\dfrac{C(q)}{q}=\dfrac{200+10q}{q}=\dfrac{200}{q}+10$。

收入函数：$R=q\cdot p=-2p^2+50p$；若将收入 R 表示为关于产量 q 的函数，则 $R=q\cdot p=q\cdot\dfrac{50-q}{2}=-\dfrac{q^2}{2}+25q$。

利润函数：$L=R-C=(50p-2p^2)-(700-20p)=-2p^2+70p-700$；同理，若将利润 L 表示为关于产量 q 的函数，则

$$L=R-C=\left(25q-\frac{q^2}{2}\right)-(200+10q)=-\frac{q^2}{2}+15q-200。$$

三、基于函数思想的程序设计

在程序设计中，经常会出现同一段代码被重复（或简单修改参数后）使用的情形，此时，可以将实现某个功能的这种重复代码段“隔离”出来，用函数进行描述，并加以注释，下次使用的时候直接调用即可，这样可以使程序代码显得更清晰。

程序设计中的函数可以理解为不是非常严格的数学函数，它通过输入一些数据（对应数学中的自变量），执行一系列命令（对应数学中的对应法则），然后返回一些数据（对应数学中的因变量）。但程序设计中的函数并不严格遵循数学中的函数定义，它可以被理解为结构化编程的一种方法，是为了实现某一个功能而封装的一段代码，有时候也可以没有输入参数或返回值。下面举例说明基于函数思想的程序设计方法。

【例 19】求一元二次方程 $ax^2+bx+c=0$ 的实数根。

解 第一步：设计函数，即确定输入、输出和函数体。

输入：一元二次方程的系数 a、b、c。

函数体：求判别式 $\Delta=b^2-4ac$，判断方程根的个数，有实数根时，求实数根

$$x_{1,2}=\frac{-b\pm\sqrt{b^2-4ac}}{2a}。$$

输出：如果有实数根，则返回实数根；如果无实数根，则返回“无实数根”。

第二步：撰写伪代码（类 MATLAB 代码）。

```
>>function x = solution_eq(a, b, c)
%  a、b、c是一元二次方程的系数
>>delta = b^2-4 *a *c              %根据输入求方程的判别式Δ
>>if delta < 0             %Δ<0，方程无实数根
      x = '无实数根'
>>elseif delta = 0         %Δ=0，方程有两个相等的实数根
      x = -b / (2*a)
```

```
>>else                          %Δ>0，方程有两个不相等的实数根
    x(1) = (-b + delta^(1/2)) / (2*a)
    x(2) = (-b - delta^(1/2)) / (2*a)
>>end
```

基于函数思想的程序设计的关键是将要解决的问题分成若干子问题，并判断哪些子问题可以用函数实现。

【例 20】 1742 年，数学家克里斯蒂安·哥德巴赫（Christian Goldbach）在写给数学家莱昂哈德·欧拉（Leonhard Euler）的信中，提出了如下猜想（哥德巴赫猜想）：任一大于 2 的偶数，都可以表示成两个素数的和。请编写程序验证大于等于 6 且不超过 10000 的偶数是否符合哥德巴赫猜想，如果符合则输出 1，否则输出 0。

解　第一步：分解任务，验证哥德巴赫猜想的任务可以分解为以下 3 个子任务。

任务 1：判断一个正整数是否为素数，其函数设计如下。

输入：某个正整数 $n(n>2)$。

函数体：验证从 2 到 $\frac{n}{2}$ 的整数 k 能否整除 n。

输出：存在能整除 n 的 k，则返回 0，否则返回 1。

任务 2：验证一个大于等于 6 的偶数是否符合猜想，其函数设计如下。

输入：某个大于等于 6 的偶数 n。

函数体：验证从 3 到 $\frac{n}{2}$ 的所有奇数 k，判断 k 和 $n-k$ 是否为素数。

输出：存在素数 k 和 $n-k$，则返回 1，否则返回 0。

任务 3：验证 10000 以内大于等于 6 的所有偶数是否符合猜想，其函数设计如下。

输入：大于等于 6 且不超过 10000 的偶数集 N。

函数体：判断 N 中的所有偶数是否符合猜想。

输出：全部符合，则返回 1，否则返回 0。

第二步：撰写伪代码（类 MATLAB 代码）。

任务 1：判断一个正整数是否为素数的伪代码如下。

```
>>function y = isprime(n)
%  输入一个大于 2 的正整数 n，判断 n 是否为素数
>>y = 1                          %假设 n 是素数
>>for k←2 to [n/2]
    if n % k =0                   % n % k 表示 n 除以 k 的余数
      y = 0                      %修改 y 的值，即假设 n 是素数不成立
      break                      %结束循环
    end
>>end
```

任务 2：验证一个大于等于 6 的偶数是否符合猜想的伪代码如下。

```
>>function y = even(n)
%  输入一个大于等于 6 的偶数 n，判断是否符合猜想
```

```
>>y = 0                              %假设 n 不符合猜想
>>for k←(3 to [n/2]) & (k % 2≠0)     %大于 3 且小于 n/2 的奇数 k
    if isprime(k)=1 & isprime (n-k)=1
        y = 1            %找到两个素数 k 和 n-k，符合猜想
        break            %结束循环
    end
>>end
```

任务 3：验证 10000 以内大于等于 6 的所有偶数是否符合猜想的伪代码如下。

```
>>function y = Goldbach( )
%  验证 10000 以内大于等于 6 的偶数 n 是否都符合猜想，无输入参数
>>y = 1
>>for n←(6 to 10000) & (n % 2 = 0)
    if even(n) = 0
        y = 0            %表示 n 不符合猜想
        break            %结束循环
    end
>>end
```

第三节 数学软件 MATLAB 简介

MATLAB 是由美国 MathWorks 公司发布的主要面向科学计算、可视化以及交互式程序设计的数学软件。MATLAB 语法规则简单、容易掌握、调试方便，具有高效、简明的特点，用户只需输入一些命令（程序代码）即可解决许多数学问题。

一、MATLAB 界面

启动 MATLAB（本书以 MATLAB R2014a 为例），将出现图 1-15 所示的界面，其中有 3 个常用的区域。

1. 命令行窗口

命令行窗口是 MATLAB 主要的工作区域，若用户在提示符“>>”后面输入表达式，并按【Enter】键执行，系统将给出运算结果，然后继续处于系统准备状态。

2. 当前文件夹

当前文件夹用于显示当前文件夹下面的文件，通过它可以查找、打开文件，也可以在当前文件夹下新建、搜索文件，以及比较不同文件等。

3. 工作区

MATLAB 默认的工作区如图 1-15 右侧部分所示。在工作区中可以对变量进行观察、编辑、提取和保存等操作。

注意：MATLAB 工作区可进行设置调整，图 1-15 所示为默认情况。

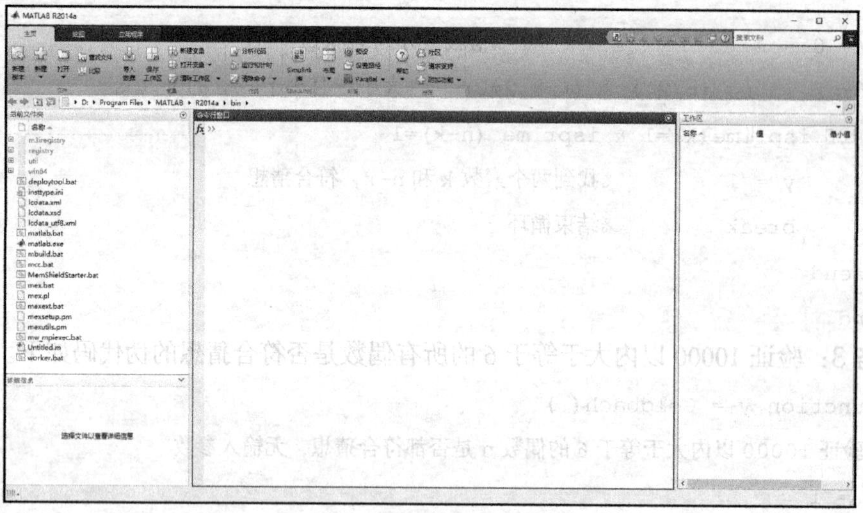

图 1-15

二、MATLAB 基本操作

1. 算术表达式与预定义变量

MATLAB 的算术运算符有加（+）、减（-）、乘（*）、右除（/）、左除（\）、幂（^）等。

MATLAB 的算术表达式由字母或数字通过运算符连接而成，十进制数字有时候也可以使用科学记数法来表示。输入表达式并按【Enter】键，MATLAB 将会在命令行窗口中显示运算结果。

【例 21】 求 $[521+25\times(71-43)]\div 37^2$ 的算术运算结果。

解 （1）在 MATLAB 命令行窗口中输入如下程序代码。

```
>> (521+25*(71-43))/37^2
```

（2）输入完成后，按【Enter】键，该程序代码被执行，命令行窗口中显示的程序运行结果如下。

```
ans =
    0.8919
```

注意：

（1）在 MATLAB 中，每输入一条命令（程序代码）后必须按【Enter】键，该命令才会被执行。

（2）计算结果中的“ans”是英文“answer”的缩写，其含义是“运算答案”。当然，也可以给表达式的结果设定一个变量。

【例 22】 计算 $1-\frac{1}{2}+\frac{1}{3}-\frac{1}{4}+\frac{1}{5}-\frac{1}{6}+\frac{1}{7}-\frac{1}{8}$。

解 （1）在 MATLAB 命令行窗口中输入如下程序代码。

```
>> S = 1-1/2+1/3-1/4+1/5-1/6+1/7-1/8
```

（2）输入完成后，按【Enter】键，该程序代码被执行，命令行窗口中显示的程序运行结果如下。

```
S =
    0.6345
```

注意： 例 22 使用了 MATLAB 赋值命令，其格式如下。

```
变量名 = 表达式
```

其中，变量名和表达式都必须在**英文状态下**输入，且变量名的第一个字母必须为英文字母（大小写敏感）。例如，例 22 的结果赋给了变量 S，而不是 s。

【例 23】 计算圆的面积 $Area=\pi\cdot r^2$，其中，半径 $r=2$。

解 （1）在 MATLAB 命令行窗口中输入如下程序代码。

```
>> r = 2;                       %圆的半径
>> Area = pi * r^2              %计算圆的面积
```

（2）命令行窗口中显示的程序运行结果如下。

```
Area =
    12.5664
```

注意：

（1）如果在表达式的最后加分号（;），则 MATLAB 不显示运算结果，而是把结果保存在工作区中。

（2）MATLAB 会忽略百分号（%）后面的内容，因此百分号后面的内容可视为注释。

（3）MATLAB 有一些**预定义的变量**，常见的 MATLAB 预定义变量如表 1-3 所示。

表 1-3 常见的 MATLAB 预定义变量

预定义变量	含义
ans	预设的计算结果的变量名
pi	圆周率 π
NaN	无法定义的数（如 0/0）
Inf	无穷大 ∞
i 或 j	虚数单位 $i=j=\sqrt{-1}$
2.03e+010	科学记数法，表示 2.03×10^{10}

2. 常用的数学函数及其相应的 MATLAB 命令

表 1-4 列出了常用的数学函数及其相应的 MATLAB 命令，这些命令在 MATLAB 的表达式中都可以直接调用。

表 1-4 常用的数学函数及其相应的 MATLAB 命令

函数类型	数学函数	命令	函数类型	数学函数	命令
三角函数	$\sin x$	sin(x)	反三角函数	$\arcsin x$	asin(x)
	$\cos x$	cos(x)		$\arccos x$	acos(x)
	$\tan x$	tan(x)		$\arctan x$	atan(x)
幂函数	x^a	x^a	对数函数	$\ln x$	log(x)
	$\sqrt{x}$	sqrt(x)		$\log_2 x$	log2(x)
指数函数	a^x	a^x		$\log_{10} x$	log10(x)
	e^x	exp(x)	绝对值函数	$\|x\|$	abs(x)

【例 24】 求 $y_1=\dfrac{2\sin(0.3\pi)}{1+\sqrt{5}}+\ln\left(1+\dfrac{1}{|\cos1.38\pi|}\right)$ 和 $y_2=\dfrac{2\cos(0.3\pi)}{1+\sqrt{5}}+\ln\left(1+\dfrac{1}{2^7}\right)$ 的值。

解 （1）在 MATLAB 命令行窗口中输入如下程序代码。

```
>>y1 = 2*sin(0.3*pi)/(1+sqrt(5))+log(1+1/abs(cos(1.38*pi)))
>>y2 = 2*cos(0.3*pi)/(1+sqrt(5))+log(1+1/2^7)
```

（2）命令行窗口中显示的程序运行结果如下。

```
y1 =
    1.8128
y2 =
    0.3711
```

注意：

（1）MATLAB 函数调用格式为函数名(输入参数)，如 sin(pi/3)、log(4)、sqrt(2)等。

（2）在 MATLAB 命令行窗口中输入过的所有命令都被显示在命令历史记录（Command History）窗口中，以备随时观察和调用。

三、MATLAB 数组运算

数值运算是 MATLAB 最基本的，也是最重要的功能之一，而 MATLAB 数值运算以矩阵和数组作为运算对象，本书主要介绍 MATLAB 数组及其运算。

数组（Array）是指由一组数字排成的阵列，它可以是一维的“行”或“列”，也可以是二维或更高维的数表。

1. 创建 MATLAB 数组

（1）逐个元素输入法

输入数组时，要将数组元素用方括号标识，如果是二维数组，则每一行的元素用逗号或空格分开，各行之间用分号或直接用回车符分开。数组中的元素可以是数字或者表达式，但是表达式中不可以包含未知的变量。

【例 25】在 MATLAB 中输入二维数组 $\boldsymbol{A}=\begin{bmatrix}1&2&3\\4&5&6\\7&8&9\end{bmatrix}$ 和一维行数组 $\boldsymbol{B}=\begin{bmatrix}1&2&3&\cdots&9\end{bmatrix}$。

解 在 MATLAB 命令行窗口中输入如下程序代码。

```
>> A=[1 2 3; 4 5,6; 7,8,9]
A=
    1         2         3
    4         5         6
    7         8         9
>> B=[1 2 3,4 5,6,7,8,9]
B=
    1         2         3         4         5         6         7         8         9
```

（2）使用 MATLAB 命令创建数组

创建等间距一维数组常用冒号生成法或定数线性采样法。**冒号生成法的命令格式**如下。

```
x = a:inc:b
```

其中，a 是数组的第一个元素，inc 表示相邻两元素之间的间隔，若 b-a 的值是 inc 的值的整数倍，则所生成的数组的最后一个元素等于 b，否则小于 b；若 inc 为默认值，则相邻两元素之间的间隔为 1。

例如，命令 x=0:2:11 将创建一个由 6 个元素组成的一维数组，结果如下。

```
x =
     0     2     4     6     8    10
```

定数线性采样法的命令格式如下。

```
x=linspace(a,b,n)
```

其中，a、b 分别是生成数组的第一个和最后一个元素，n 是采样总点数，相邻两个元素之间间隔为(b-a)/(n-1)。

例如，命令 x=linspace(0,11,6)将创建一个由 6 个元素组成的一维数组，结果如下。

```
x =
     0    2.2000    4.4000    6.6000    8.8000   11.0000
```

此外，MATLAB 还提供了大量的函数用于创建一些常用的特殊数组，如表 1-5 所示。

表 1-5　MATLAB 用于创建常用特殊数组的函数

调用格式	说明
zeros(m,n)	创建一个 *m* 行 *n* 列的全 0 数组（零数组）
ones(m,n)	创建一个 *m* 行 *n* 列的全 1 数组
eye(n)	创建一个 *n* 阶单位数组
rand(m,n)	创建一个 *m* 行 *n* 列的在 0～1 均匀分布的随机数组
randn(m,n)	创建一个均值为 0、方差为 1 的标准正态分布随机数组

例如，命令 A=zeros(2,4)将创建一个 2 行 4 列的全 0 数组，结果如下。

```
A =
     0     0     0     0
     0     0     0     0
```

2. 数组运算

数组运算主要包括两个同样规模数组的加、减、乘、除运算以及数与数组的乘法、幂运算，其命令和含义如表 1-6 所示。

表 1-6　MATLAB 数组运算的命令和含义

命令	含义	命令	含义
A+B	***A*** 与 ***B*** 对应元素相加	A.*B	***A*** 与 ***B*** 对应元素相乘
A−B	***A*** 与 ***B*** 对应元素相减	A./B	***A*** 的元素除以 ***B*** 对应的元素
k*B	数 *k* 分别与 ***B*** 的元素相乘	A.^n	***A*** 的每个元素的 *n* 次方

【例 26】已知 $\boldsymbol{A}=\begin{bmatrix}1 & 1 & 0\\2 & 1 & 3\\1 & 2 & 1\end{bmatrix}$、$\boldsymbol{B}=\begin{bmatrix}-1 & 2 & 0\\1 & 3 & 2\\2 & 0 & 1\end{bmatrix}$，求 $\boldsymbol{A}+\boldsymbol{B}$、$2\cdot\boldsymbol{A}$、$\boldsymbol{A}\cdot\boldsymbol{B}$、$\boldsymbol{A}^2$。

解 在 MATLAB 命令行窗口中输入如下程序代码。

```
>> A=[1 1 0; 2 1 3; 1 2 1];
>> B=[-1 2 0; 1 3 2; 2 0 1];
>> ans1=A+B
>> ans2=2*A
>> ans3=A.*B
>> ans4=A.^2
```

程序运行结果如下。

```
ans1 =
     0     3     0
     3     4     5
     3     2     2
ans2 =
     2     2     0
     4     2     6
     2     4     2
ans3 =
    -1     2     0
     2     3     6
     2     0     1
ans4 =
     1     1     0
     4     1     9
     1     4     1
```

四、MATLAB 符号运算

MATLAB 符号运算使用符号对象或字符串来进行相关的分析和计算，其结果为解析形式，可用于求解方程（组）的解，也可以用于后文介绍的极限、微分和积分运算。

1. 符号对象的生成和使用

MATLAB 规定在进行符号运算时，首先要定义基本符号对象（可以是常量、变量、表达式等），然后利用这些基本符号对象构造新的表达式，进而进行所需的符号运算。在运算中，凡是由包含符号对象的符号表达式所生成的衍生对象也都是符号对象。

定义基本符号对象的命令为 syms，调用格式如下。

```
syms 变量 1 变量 2…  %把变量 1,变量 2,…定义为基本符号对象
```

【例 27】 用符号运算验证三角恒等式 $\sin(x-y)=\sin x\cos y-\cos x\sin y$ 。

解 在 MATLAB 命令行窗口中输入如下程序代码。

```
>> syms x y;                              %定义基本符号对象 x、y
>> f=sin(x)*cos(y)-cos(x)*sin(y);  %由基本符号对象 x、y 构造符号表达式 f
>> simple(f)                              %将符号表达式 f 化成最简形式
```

程序运行结果如下。

```
ans =
    sin(x-y)
```

注意：被定义的多个符号变量之间只能用空格分隔，不能用逗号分隔。

2. 利用MATLAB解方程（组）

求解方程（组）的具体命令格式如下。

```
solve(eq,var)     %求方程 eq 关于指定变量 var 的解
solve(eq1,eq2,…,var1,var2,…)  %求方程组 eq1,eq2,…关于指定变量 var1,var2,…的解
```

注意：

（1）当参数 var 省略时，MATLAB 默认求解的是关于方程中的自由变量的解。

（2）eq 是符号表达式，表示方程 eq=0。

【例 28】 求方程 $x^3-6x^2+11x-6=0$ 的解。

解 在 MATLAB 命令行窗口中输入如下程序代码。

```
>> syms x;                                %定义基本符号对象 x
>> solve(x^3-6*x^2+11*x-6,x)              %解方程
```

程序运行结果如下。

```
ans =
    1
    2
    3
```

【例 29】 求方程组 $\begin{cases} x^2+2x=-1 \\ x+3z=4 \\ yz=-1 \end{cases}$ 的解。

解 在 MATLAB 命令行窗口中输入如下程序代码。

```
>> syms x y z;                        %定义基本符号对象 x、y、z
>> eq1=x^2+2*x+1;                     %第一个方程
>> eq2=x+3*z-4;                       %第二个方程
>> eq3=y*z+1;                         %第三个方程
>> [x,y,z]=solve(eq1,eq2,eq3)
```

程序运行结果如下。

```
x =
  -1
y =
  -3/5
z =
  5/3
```

如果将例 29 程序的最后一条语句改为 s=solve(eq1,eq2,eq3)，则运行结果如下。

```
s =
    x: [1x1 sym]
    y: [1x1 sym]
    z: [1x1 sym]
```

此时，只需再在命令行窗口中输入 s.x、s.y、s.z，便可得到方程组的解。

3. 简便的画图函数

MATLAB 符号工具箱提供了一个非常简便的画图函数 ezplot。

（1）若函数表达式 f 中只有一个自变量，如 x，则通过以下命令可画出以 x 为横坐标的曲线 $y=f(x)$ 在区间 [xmin, xmax] 上的图像。

```
ezplot(f,xmin,xmax)
```

（2）若函数表达式 f 中有两个自变量，如 x、y，则通过以下命令可画出二元函数 $f(x,y)$ 在矩形区域 dom_f 上的图像。其中 dom_f 是一个四元数组 $[a,b,c,d]$，自变量范围是 $a\leqslant x\leqslant b, c\leqslant y\leqslant d$ 。

```
ezsurf(f,dom_f)
```

【例 30】 画出函数 $y=3x-x^3$ 在区间[−2,2]上的图像。

解 在 MATLAB 命令行窗口中输入如下程序代码。

```
>> ezplot('3*x-x^3',-2,2)
```

程序运行结果如图 1-16 所示。

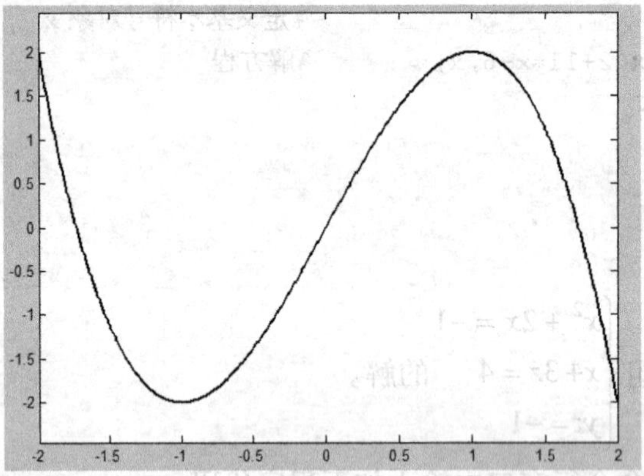

图 1-16

五、MATLAB 函数

1. 编写函数文件

函数是 MATLAB 实现各种数学运算的强有力工具，MATLAB 不仅本身提供了丰富的函数文件，还允许用户编写函数文件来自定义函数（M-函数）。

单击 MATLAB“主页”左上角的“新建”—“函数”，打开 MATLAB 的函数编辑器，会出现如下内容：

```
function [ output_args ] = Untitled( input_args )
%UNTITLED 此处显示有关此函数的摘要

end
```

其中，input_args 是自变量（输入参数），output_args 是因变量（输出参数），Untitled 是函数名，可以根据需要使用合适的参数名和函数名。函数文件的第二行是帮助文本，用于说明函数的功能和调用函数的方法等，通过 help Untitled 命令可在命令行窗口中可查看函数的帮助文本。在 MATLAB 中建立的函数文件通常称为 M-函数文件（M−File）或 M 函数文件。

【例 31】 请建立名为 circle 的 MATLAB 函数来求圆面积 $\text{Area}=\pi\cdot r^2$ 。

```
function [ Area ] = circle( r )
%circle 圆面积公式
%r 表示圆的半径，Area 表示圆的面积
Area = pi * r^2;
end
```

2. 调用函数

调用 M-函数类似于求函数值，在命令行窗口中输入“函数名(自变量值)”即可调用函数。如：

```
>> r = 1:4;              %产生一个圆半径数组 r=[1 2 3 4]
>> A = circle(r)         %调用 circle 函数计算当 r 等于 1、2、3、4 时的圆面积 A
```

程序运行结果如下。

```
A =
    3.1416   12.5664   28.2743   50.2655
```

注意：

（1）编写 M-函数时，函数名和文件名必须相同。例如，函数 circle 存储在名为 circle.m 的文件中。

（2）M-函数通过获取传递给它的自变量值，利用对应法则计算因变量值（函数值），并返回因变量值。在函数调用过程中，函数体相当于一个“黑箱”，可见的只有自变量和因变量，对应法则（函数体）以及计算过程中产生的中间结果都不可见。

（3）与数学概念中的函数有所不同的是，M-函数可以有零个或多个自变量（输入参数）和零个或多个因变量（输出参数）。

实训　MATLAB 简单程序设计

【实训目的】

（1）掌握分支结构的 MATLAB 实现方法。

（2）掌握循环结构的 MATLAB 实现方法。

【实训内容】

【实训 1】 已知分段函数 $y=f(x)=\begin{cases}2\mathrm{e}^x-1, x<0\\ \ln(x+1), x\geqslant 0\end{cases}$，试编写 M-函数实现求分段函数的函数值，并分别计算 $f(-2)$、$f(2)$、$f\left(\ln\frac{1}{2}\right)$ 的值（分别记为 $y1$、$y2$、$y3$）。

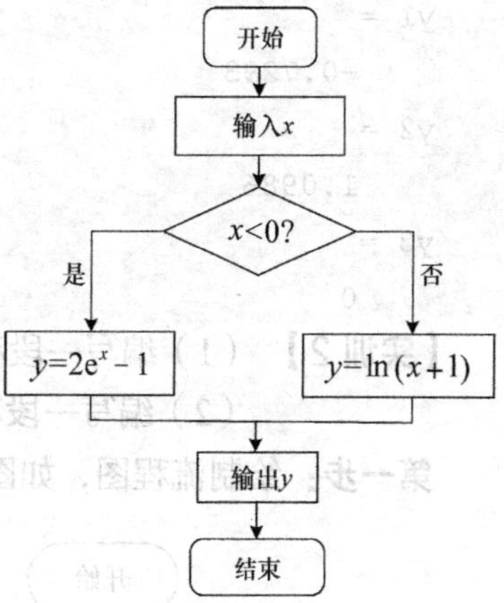

图 1-17

第一步： 绘制流程图，如图 1-17 所示。

第二步： 编写分段函数的 M-函数文件。MATLAB 提供了“if-else-end”结构用于实现分支结构编程，if-else-end 分支结构的使用方法如表 1-7 所示。

表 1-7　if-else-end 分支结构的使用方法

单分支	双分支	多分支
if 条件表达式 　执行语句体 1 end	if 条件表达式 　执行语句体 1 else 　执行语句体 2 end	if 条件表达式 1 　执行语句体 1 elseif 条件表达式 2 　执行语句体 2 … else 　执行语句体 *n* end

建立名为 fdhs.m 的函数文件，程序代码如下。

```
>>function [ y ] = fdhs( x )
%fdhs 分段函数求值
%判断输入参数 x 的大小，若 x<0，则 y=2*exp(x)-1；否则 y=log(x+1)
>>if x < 0
     y = 2 * exp(x) - 1;
>>else
     y = log(x + 1);
>>end
```

注意：在 MATLAB 中 ln（x）表示为 log(x)。

第三步：计算 $f(-2)$、$f(2)$、$f\left(\ln\frac{1}{2}\right)$ 的值。

在 MATLAB 命令行窗口中输入如下程序代码。

```
>> y1 = fdhs(-2)
>> y2 = fdhs(2)
>> y3 = fdhs(log(1/2))
```

程序运行结果如下。

```
y1 =
    -0.7293
y2 =
    1.0986
y3 =
    0
```

【实训 2】（1）编写一段程序，计算 $S_1=1+2+\cdots+100$；

（2）编写一段程序，计算 $S_2=1+2+3+4+\cdots$，直到 $S_2>1000$。

第一步：绘制流程图，如图 1-18 所示。

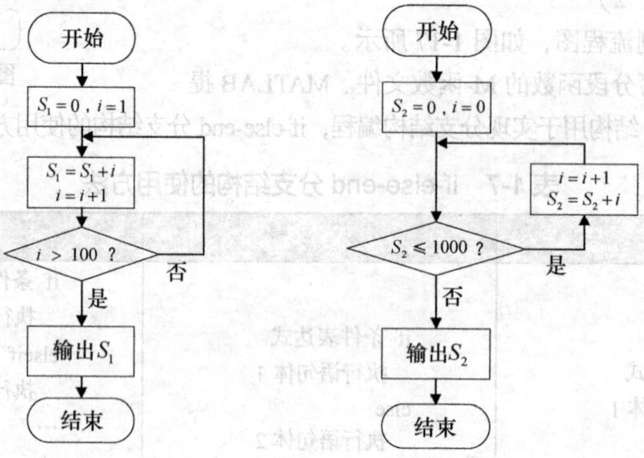

图 1-18

第二步：编写 M-函数文件。MATLAB 提供了两种循环结构，分别是 for 循环结构和

while 循环结构，循环结构使用方法如表 1-8 所示。

表 1-8 循环结构使用方法

for 循环结构	while 循环结构
for x = array 循环语句体 end	while 条件表达式 循环语句体 end

（1）建立名为 f_xunh.m 的文件，计算 S_1，程序代码如下。

```
>>S1 = 0;
>>for i = 1:100
      S1 = S1 + i;
>>end
>>S1
```

（2）建立名为 w_xunh.m 的文件，计算 S_2，程序代码如下。

```
>>S2 = 0;
>>i = 0;
>>while S2 <= 1000
     i = i + 1;
     S2 = S2 + i;
>>end
>>S2
```

第三步：运行程序，得 $S_1 = 5050$、$S_2 = 1035$。

注意：MATLAB 所提供的关系运算符如表 1-9 所示，逻辑运算符如表 1-10 所示。

表 1-9 关系运算符

关系运算符	说明
<	小于
<=	小于或等于
>	大于
>=	大于或等于
==	等于
~=	不等于

表 1-10 逻辑运算符

逻辑运算符	说明
&	与
|	或
~	非

拓展学习：椅子能在不平的地面上放稳吗

【问题】

把椅子放在不平的地面上，通常只有三条腿着地，放不稳，然而一般只需稍挪动几次，就可以使椅子四条腿同时着地从而放稳。这个看起来似乎与数学无关的现象能用数学语言表述，并用数学工具来证实吗？

【模型假设】

对椅子和地面进行一些必要的简化假设。

假设 1：椅子的四条腿一样长，椅子腿和地面接触处（椅脚）视为一点，椅脚的连线呈正方形（也可以假设为长方形）。

假设 2：地面高度是连续变化的，沿任何方向都不会出现间断（没有像台阶那样的情况），即地面可视为数学上的连续曲面。

假设 3：对于椅脚的间距和椅子腿的长度而言，地面是相对平坦的，使椅子在任何位置至少有三条腿同时着地。

假设 2 给出了椅子能放稳的条件，因为如果地面高度不是连续变化的，如在有台阶的地方是无法使四条腿同时着地的。假设 3 用于排除地面出现深沟或凸峰（即使是连续变化的），致使三条腿无法同时着地的情况。

【模型建立】

首先，因为椅脚的连线呈正方形，是中心对称图形，所以建立图 1-19 所示的平面直角坐标系，设初始状态时椅脚 A 在 x 轴上。将椅子的挪动设定为围绕对称中心 O 的旋转，于是可以用 θ 这一变量来表示椅子的位置。

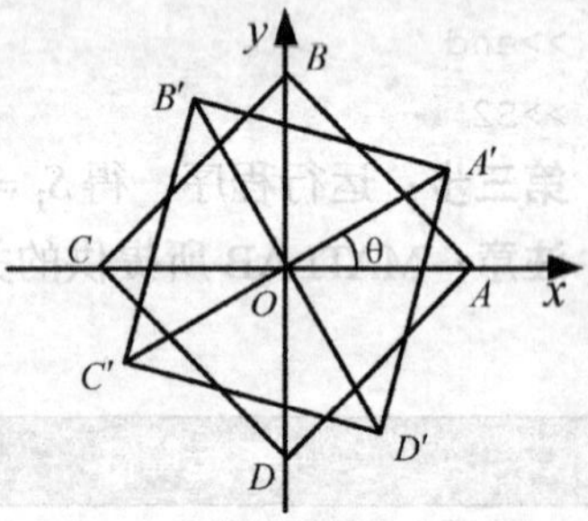

图 1-19

其次，在旋转椅子的过程中，四只椅脚与地面的距离会随着旋转角 θ 的变化而变化，是旋转角 θ 的函数。又由于正方形的中心对称性，只要设两个距离函数就行了。

记 A、C 两脚与地面距离之和为 $f(\theta)$，B、D 两脚与地面距离之和为 $g(\theta)$，显然 $f(\theta)$、$g(\theta) \geqslant 0$，由假设 2 知 f、g 都是连续函数，再由假设 3 知 $f(\theta)$、$g(\theta)$ 至少有一个为 0。当 $\theta = 0$ 时，不妨设 $g(\theta) = 0, f(\theta) > 0$，这样改变椅子的位置使四条腿同时着地，就可归结为如下命题。

命题：已知 $f(\theta)$、$g(\theta)$ 是 θ 的连续函数，对任意 θ，$f(\theta) \cdot g(\theta) = 0$，且 $g(\theta) = 0, f(\theta) > 0$，则存在 θ_0，使 $g(\theta_0) = f(\theta_0) = 0$。

【模型求解】

这里介绍一种简单、有些“粗糙”的证明方法。

令 $h(\theta) = f(\theta) - g(\theta)$，则 $h(0) > 0$，将椅子旋转 90°，对角线 AC 和 BD 互换，因为 $g(0) = 0, f(0) > 0$，所以 $h\left(\dfrac{\pi}{2}\right) = f\left(\dfrac{\pi}{2}\right) - g\left(\dfrac{\pi}{2}\right) = g(0) - f(0) < 0$。

由 f 、g 的连续性知 h 也是连续函数，由零点定理（详见第 2 章推论 2.2），必存在 $\theta_0\left(0<\theta_0<\dfrac{\pi}{2}\right)$ 使 $h(\theta_0)=0$，即 $f(\theta_0)=g(\theta_0)$。由于 $f(\theta_0)\cdot g(\theta_0)=0$，所以 $g(\theta_0)=f(\theta_0)=0$。

即存在某一个旋转角 θ_0，使得四只椅脚与地面的距离均为 0，四条腿能同时着地而放稳。

练习 1

1. 下列从集合 A 到集合 B 的各对应法则 f，哪些是映射？为什么？

（1）$A=\mathbf{R},\ B=\{x|x>0且x\in\mathbf{R}\},\ x\in A,\ f:x\to|x|$

（2）$A=\mathbf{N},B=\mathbf{N}_+,\ x\in A,\ f:x\to|x-1|$

（3）$A=\{x|x>0且x\in\mathbf{R}\},\ B\in\mathbf{R},\ x\in A,\ f:x\to x^2$

（4）$A=\mathbf{Q},\ B=\mathbf{Q},\ x\in A,\ f:x\to\dfrac{1}{x}$

2. 试分别写出下列映射在对应条件下的像和原像。

（1）集合 $A=\mathbf{N},B=\{偶数\}$，映射 $f:A\to B$ 把集合 A 中的元素 a 映射到集合 B 中的元素 a^2-a，求 A 中元素 3 的像和 B 中元素 20 的原像。

（2）集合 $A=\mathbf{R},B=\{(x,y)\,|\,x,y\in\mathbf{R}\}$，映射 $f:x\to(x+1,x^2+1)$，求 A 中元素 $\sqrt{2}$ 的像和 B 中元素 $(2,2)$ 的原像。

3. 设集合 $M=\{-1,0,1\}$，$N=\{-2,-1,0,1,2\}$，如果从 M 到 N 的映射 f 满足条件：对 M 中的每个元素 x 与它在 N 中的像 $f(x)$ 的和都为奇数，则从 M 到 N 能构成多少个映射？

4. 设 $\mathbf{R}$ 到 $\mathbf{R}$ 有两个映射 f 和 g，定义如下：$f(x)=2x,\ g(x)=x-1$。试分别计算复合映射 $g\circ f$ 和 $f\circ g$。

5. 已知 $A=\{1,2,3,4\},B=\{1,3,5,7,9\}$，则映射 $f:x\to y=2x+1,x\in A,\ y\in B$ 是否是 A 到 B 的一一映射，为什么？若不是，在不改变对应法则的前提下，把它改写成一个 A 到 B 的一一映射。

6. 下列各对函数中，哪些相同？哪些不同？

（1）$f(x)=\dfrac{x^2-1}{x+1},\ g(x)=x-1$　　（2）$f(x)=|x|,\ g(x)=\sqrt{x^2}$

（3）$f(x)=2\ln x,\ g(x)=\ln x^2$

7. 求下列函数的定义域。

（1）$y=\dfrac{1}{\sqrt{x+1}}$　　（2）$y=\log_2(x-1)+\dfrac{1}{x-2}$

（3）$y=\arcsin x+\dfrac{1}{1-x^2}$

8. 设函数 $f(x)=\begin{cases}2+x, & x<0\\ x^2-1, & 0\leqslant x\leqslant 4\end{cases}$，求函数 $f(x)$ 的定义域及 $f(-1)$ 和 $f(2)$ 的值，并画出 $f(x)$ 的图像。

9. 下列函数中，哪些是奇函数？哪些是偶函数？哪些是非奇非偶函数？

（1）$y = x^2 \cos x$　　（2）$y = x^3 + \sin 2x$

（3）$y = \dfrac{x}{1+x}$　　（4）$y = \ln\left(x + \sqrt{x^2+1}\right)$

10. 求下列函数的最小正周期。

（1）$y = \sin(x-2)$　　（2）$y = \cos^2 x$　　（3）$y = 1 + \sin \pi x$

11. 试求下列函数在指定区间上的单调性。

（1）$y = \dfrac{1}{x-1},\ x \in (-\infty, 1)$　　（2）$y = x + \ln x,\ x \in (0, +\infty)$

12. 设 $f(x) = 4x^3 - 3x, \varphi(x) = \sin 2x$，写出 $f[\varphi(x)]$、$\varphi[f(x)]$、$f[f(x)]$ 的表达式。

13. 求由下列所给函数构成的复合函数，并求该复合函数在自变量 x_1 和 x_2 处的函数值。

（1）$y = u^2, u = \sin x, x_1 = \dfrac{\pi}{6}, x_2 = \dfrac{\pi}{3}$

（2）$y = \sqrt{u}, u = 1 + x^2, x_1 = 1, x_2 = 2$

（3）$y = \mathrm{e}^u, u = x^2, x_1 = 0, x_2 = 1$

14. 求下列函数的反函数。

（1）$y = 3 \times \left(1 - \dfrac{x}{2}\right)$　　（2）$y = x^2 - 1, (x < 0)$

15. 求下列函数值。

（1）$\arcsin \dfrac{1}{2}$　　（2）$\arccos\left(-\dfrac{\sqrt{3}}{2}\right)$　　（3）$\arctan \sqrt{3}$

16. 某运输公司规定某种货物的运输收费标准为：运输路程不超过 200 千米的，每吨每千米收费 6 元；运输路程在 200 千米以上，但不超过 500 千米的，超出部分每吨每千米收费 4 元；运输路程在 500 千米以上的，超出部分每吨每千米收费 3 元。试将每吨货物的运费表示为路程的函数。

17. 在半径为 R 的球内截取一个内接圆柱体，试写出圆柱体的体积 V 与其高 h 的函数关系。

18. 某物体做直线运动，已知阻力 f 的大小与物体运动的速度 v 成正比，但方向相反。当物体以 1m/s 的速度运动时，阻力为 1.96×10^{-2}N，试建立阻力与速度之间的函数关系。

19. 已知 $\triangle ABC$ 的两条边及这两边的夹角，求第三条边的长。试使用基于函数思想的程序设计方法编写解决该问题的 MATLAB 伪代码。

20. 试使用 MATLAB 软件求下列函数的值。

（1）求 $y=\sin(10\pi) \cdot \mathrm{e}^{(-0.3+4^2)} + \log_4 23$。

（2）已知 $z_1=2+7\mathrm{i}$，$z_2=2\mathrm{i}$，$z_3=5\mathrm{e}^{2\pi\mathrm{i}}$，求 $z=\dfrac{z_1 z_2}{z_2+z_3}$。

21. 已知矩阵 $\boldsymbol{A}=\begin{bmatrix}1 & 2\\ 3 & 4\end{bmatrix}$，$\boldsymbol{B}=\begin{bmatrix}0.1 & 0.2\\ 0.3 & 0.4\end{bmatrix}$，试使用 MATLAB 软件求 $\boldsymbol{A}+\boldsymbol{B}$，$\boldsymbol{A}-\boldsymbol{B}$，$\boldsymbol{A}\times\boldsymbol{B}$，$\boldsymbol{A}/\boldsymbol{B}$。

22. 用 MATLAB 软件的符号运算验证下列公式。

（1）$\sin(x+y)=\sin x\cos y+\cos x\sin y$

（2）$\cos(x-y)=\cos x\cos y+\sin x\sin y$

（3）$(x+y)^3=x^3+3x^2y+3xy^2+y^3$

23. 用 MATLAB 软件求方程组 $\begin{cases} x+2y=-5 \\ x+3z=6 \\ 5x-2y+z=-10 \end{cases}$ 的解。

24. 用 MATLAB 软件画出函数 $y=3x+\sin x$ 在区间 $[0, 2\pi]$ 上的图像。

25. 试使用 MATLAB 软件设计程序，求 840 和 1764 的最大公约数。

第 2 章 函数极限与逼近思想

极限思想是微积分的基本思想，是从有限中认识无限，从近似中认识精确，从量变中认识质变的一种数学方法，是人们认识数学世界、解决数学问题的重要“武器”。例如，在很多实际问题中，精确解仅通过有限次算术运算是无法求出的，必须通过分析一个无限变化过程的变化趋势才能求出，由此产生极限概念和极限方法。

第一节 极限的概念

一、数列极限

引例 公元 263 年，我国数学家刘徽在《九章算术注》中提出：“割之弥细，所失弥少，割之又割，以至于不可割，则与圆合体，而无所失矣。”

刘徽利用“割圆术”证明了求圆面积的精确公式，并给出了计算圆周率π的科学方法。所谓“割圆术”，即以圆内接正多边形的面积来无限逼近圆的面积，取半径为 1 的单位圆，从圆内接正六边形开始，逐次将边数加倍，得到圆内接正十二边形、正二十四边形、正四十八边形……

（1）分别计算圆内接正六边形、正十二边形、正二十四边形的面积 S_6、S_{12}、S_{24}；

（2）给定边数 $n=6\cdot 2^i(i\geqslant 2)$，试推导出圆内接正 n 边形的面积 S_n 的计算公式；

（3）探究圆内接正 $n(n=6,12,24,\cdots)$ 边形的面积 S_n 的变化趋势，并计算圆周率 π 的近似值。

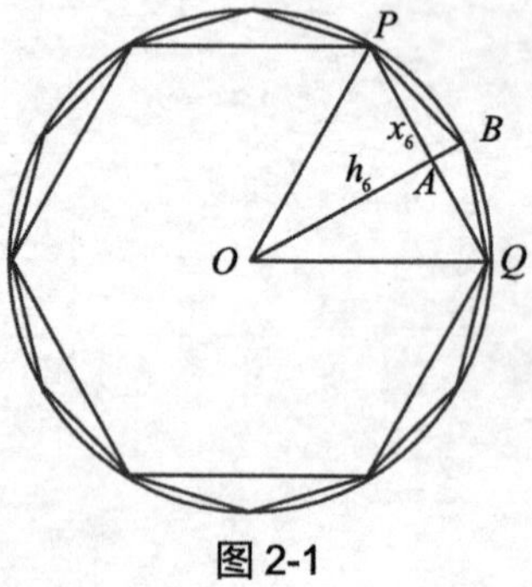

图 2-1

解 （1）如图 2-1 所示，圆的半径等于 1，故圆内接正六边形的边长 $x_6=1$，而这个正六边形是由 6 个边长为 1 的正三角形组成的。在直角三角形 Rt△OPA 中，根据勾股定理可求得正三角形的高（弦心距）$h_6=\sqrt{1-\left(\frac{x_6}{2}\right)^2}=\frac{\sqrt{3}}{2}$。因此，圆内接正六边形面积为

$$S_6=6\times\frac{1}{2}\times\frac{\sqrt{3}}{2}\times 1=\frac{3\sqrt{3}}{2}。$$

取圆的六段弧的中点，得到圆内接正十二边形，从图 2-1 可以看出，正十二边形的面积 S_{12} 等于正六边形的面积 S_6 与 6 个等腰三角形的面积 A_6 的和，其中，等腰三角形的面积 $A_6=\frac{1}{2}\times x_6\times(1-h_6)$。因此，圆内接正十二边形的面积为

$$S_{12}=S_6+6A_6=S_6+6\times\frac{1}{2}\times x_6\times(1-h_6)=\frac{6\sqrt{3}}{4}+6\times\frac{1}{2}\times 1\times\left(1-\sqrt{1-\left(\frac{1}{2}\right)^2}\right)=3。$$

将圆弧继续等分得到圆内接正二十四边形，它比圆内接正十二边形多 12 个三角形，每个三角形的面积 $A_{12}=\frac{1}{2}\times x_{12}\times(1-h_{12})$，其中，$x_{12}=\sqrt{\left(\frac{x_6}{2}\right)^2+(1-h_6)^2}$，$h_{12}=\sqrt{1-\left(\frac{x_{12}}{2}\right)^2}$。

所以，圆内接正二十四边形的面积为

$$S_{24}=S_{12}+12A_{12}=S_{12}+12\times\frac{1}{2}\times x_{12}\times(1-h_{12})\approx 3.1058\text{。}$$

（2）当边数 $n=6\cdot 2^i(i\geqslant 2)$ 时，设圆内接正 $\frac{n}{2}$ 边形的边长为 $x_{\frac{n}{2}}$，弦心距为 $h_{\frac{n}{2}}$，面积为 $S_{\frac{n}{2}}$。将正 $\frac{n}{2}$ 边形的边数加倍，得到圆内接正 n 边形，圆内接正 n 边形的面积等于正 $\frac{n}{2}$ 边形的面积与 $\frac{n}{2}$ 个等腰三角形的面积的和，即 $S_n=S_{\frac{n}{2}}+\frac{n}{2}\times\frac{1}{2}\times x_{\frac{n}{2}}\times\left(1-h_{\frac{n}{2}}\right)$。其中，圆内接正 $\frac{n}{2}$ 边形的边长 $x_{\frac{n}{2}}=\sqrt{\left(\frac{x_{\frac{n}{4}}}{2}\right)^2+\left(1-h_{\frac{n}{4}}\right)^2}$，弦心距 $h_{\frac{n}{2}}=\sqrt{1-\left(\frac{x_{\frac{n}{2}}}{2}\right)^2}$。

（3）从圆内接正六边形开始，逐次计算圆内接正多边形的面积，即得到数列 $\{S_n\}$ $(n=6,12,24,\cdots)$，进一步考察当边数 n 无限增大时，数列 $\{S_n\}(n=6,12,24,\cdots)$ 的变化趋势，结果如表 2-1 所示。

表 2-1 变化趋势结果

n	x_n	h_n	S_n
6	1	0.866025404	2.598076211
12	0.51763809	0.965925826	3
24	0.261052384	0.991444861	3.105828541
48	0.130806258	0.997858923	3.132628613
96	0.065438166	0.999464587	3.139350203
192	0.032723463	0.999866138	3.141031951
384	0.016362279	0.999966534	3.141452472
768	0.008181208	0.999991633	3.141557608
1536	0.004090613	0.999997908	3.141583892
3072	0.002045307	0.999999477	3.141590463
6144	0.001022654	0.999999869	3.141592106
12288	0.000511327	0.999999967	3.141592517
24576	0.000255663	0.999999992	3.141592619
49152	0.000127832	0.999999998	3.141592645

从表 2-1 可以看出，随着边数 n 不断增大，圆内接正多边形的面积 S_n 无限逼近单位圆面积 π，这样不断计算下去，就可以得到越来越精确的圆周率 π 的近似值。通过“割圆术”计算圆周率 π 实际上体现了数列极限思想。

又如，数列 $\frac{1}{2},\frac{1}{4},\frac{1}{8},\cdots,\frac{1}{2^n},\cdots$，随着 n 增大，数列的变化趋势如图 2-2 所示。

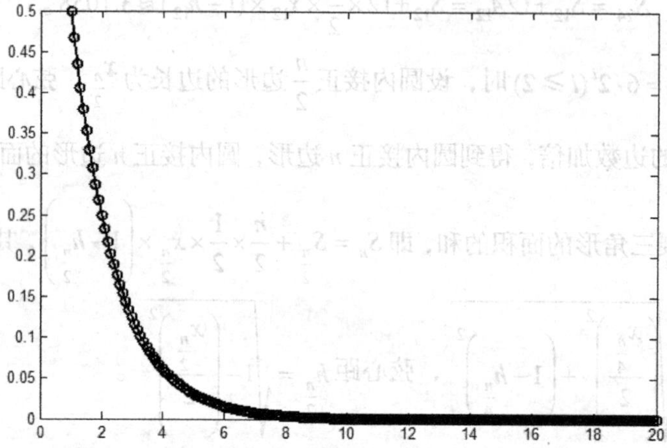

图 2-2

从图 2-2 可以看出，随着 n 增大，数列无限接近于 0。事实上，如果随着 n 无限增大，数列 $\{a_n\}$ 无限接近于某个确定的常数，则称这个常数为**数列的极限**。

定义 2.1 设数列 $\{a_n\}$，如果当 n 无限增大时，a_n 无限接近于一个确定的常数 A，则称 A 为数列 $\{a_n\}$ 当 n 趋于无穷大时的极限，记作

$$\lim_{n\to\infty} a_n = A \text{ 或者 } a_n \to A(n\to\infty),$$

并称数列 $\{a_n\}$ 是**收敛**的；否则，称数列 $\{a_n\}$ 是**发散**的。

由定义 2.1 可知，$\lim\limits_{n\to\infty}\frac{1}{2^n}=0$，即当 $n\to\infty$ 时，数列 $\left\{\frac{1}{2^n}\right\}$ 是收敛的。

【例 1】 观察下列数列的变化趋势，并写出各数列的极限。

（1）$1,\frac{1}{2},\frac{4}{3},\frac{3}{4},\cdots,\frac{n+(-1)^{n-1}}{n},\cdots$　　（2）$\frac{1}{2},\left(\frac{1}{2}\right)^2,\left(\frac{1}{2}\right)^3,\left(\frac{1}{2}\right)^4,\cdots,\left(\frac{1}{2}\right)^n,\cdots$

（3）$4,4,4,4,\cdots,4,\cdots$　　（4）$3,3^2,3^3,3^4,\cdots,3^n,\cdots$

解 先利用 MATLAB 画出各数列的图像，如图 2-3 所示。

由图 2-3 可得：$\lim\limits_{n\to\infty}\frac{n+(-1)^{n-1}}{n}=1$，$\lim\limits_{n\to\infty}\left(\frac{1}{2}\right)^n=0$，$\lim\limits_{n\to\infty}4=4$，$\lim\limits_{n\to\infty}3^n$ 不存在。

事实上，根据数列极限的定义可得到下列结果，在求数列极限时可直接使用。

（1）$\lim\limits_{n\to\infty}\frac{1}{n^a}=0$（$a>0$ 且为常数）。

（2）$\lim\limits_{n\to\infty}q^n=0$（$|q|<1$）。

（3）$\lim\limits_{n\to\infty}C=C$（$C$ 为常数）。

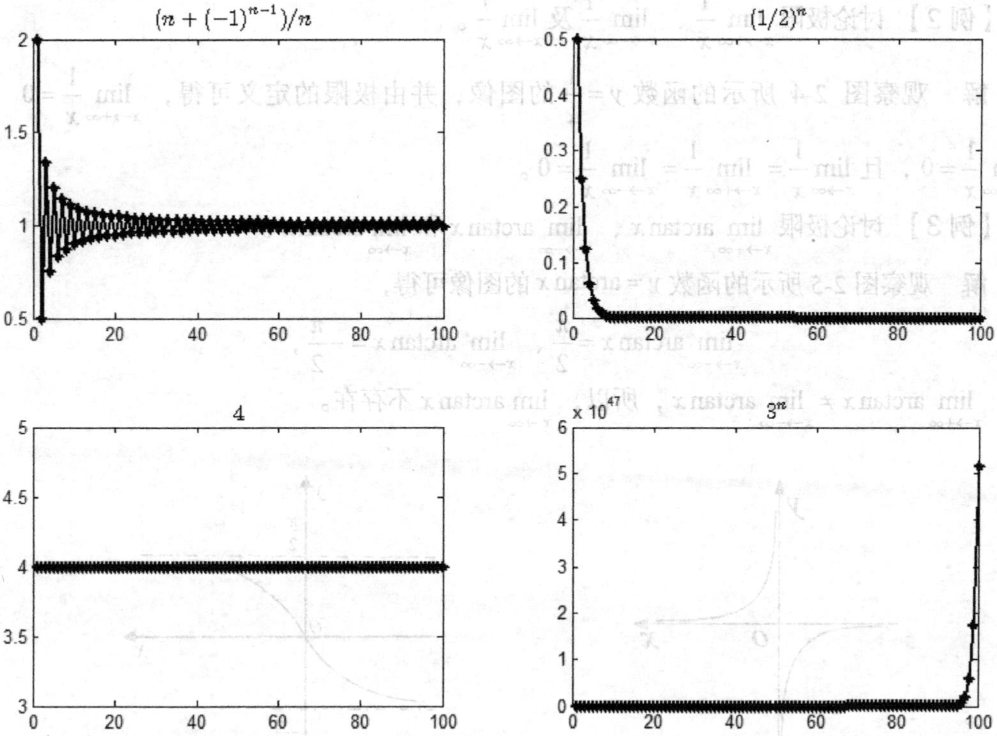

图 2-3

二、函数极限

前文介绍了数列的极限，数列实际上是一种特殊的函数（定义在正整数集上的函数）。那么，一般函数的极限又该如何定义呢？接下来介绍函数极限的定义。

1. 当 $x\to\infty$ 时，函数 $f(x)$ 的极限

定义 2.2 当自变量 x 的绝对值无限增大（$x\to\infty$）时，若函数 $f(x)$ 无限接近于一个确定的常数 A，则称 A 为函数 $f(x)$ 当 $x\to\infty$ 时的极限，记作

$$\lim_{x\to\infty} f(x)=A \text{ 或者 } f(x)\to A\ (x\to\infty)。$$

在以上函数极限的定义中，自变量 x 的绝对值无限增大是指 x 既可以取正实数，也可以取负实数，但其绝对值无限增大。

定义 2.3 当自变量 x 仅取正值（或仅取负值）且绝对值无限增大，即 $x\to+\infty$（或 $x\to-\infty$）时，若函数 $f(x)$ 无限接近于一个确定的常数 A，则称 A 为函数 $f(x)$ 当 $x\to+\infty$（或 $x\to-\infty$）时的极限，记作

$$\lim_{x\to+\infty} f(x)=A(\lim_{x\to-\infty} f(x)=A)。$$

注意： $\lim\limits_{x\to\infty} f(x)=A$ 包含 $\lim\limits_{x\to+\infty} f(x)=A$ 和 $\lim\limits_{x\to-\infty} f(x)=A$ 两种情形。

一般地，如果 $\lim\limits_{x\to+\infty} f(x)=A$、$\lim\limits_{x\to-\infty} f(x)=A$，则 $\lim\limits_{x\to\infty} f(x)$ 存在，并且 $\lim\limits_{x\to\infty} f(x)=A$；如果 $\lim\limits_{x\to+\infty} f(x)$ 和 $\lim\limits_{x\to-\infty} f(x)$ 中有一个不存在，或者虽然都存在但不相等，则 $\lim\limits_{x\to\infty} f(x)$ 不存在。

【例 2】 讨论极限 $\lim\limits_{x\to+\infty}\frac{1}{x}$、$\lim\limits_{x\to-\infty}\frac{1}{x}$ 及 $\lim\limits_{x\to\infty}\frac{1}{x}$。

解 观察图 2-4 所示的函数 $y=\frac{1}{x}$ 的图像，并由极限的定义可得，$\lim\limits_{x\to+\infty}\frac{1}{x}=0$、$\lim\limits_{x\to-\infty}\frac{1}{x}=0$，且 $\lim\limits_{x\to\infty}\frac{1}{x}=\lim\limits_{x\to+\infty}\frac{1}{x}=\lim\limits_{x\to-\infty}\frac{1}{x}=0$。

【例 3】 讨论极限 $\lim\limits_{x\to+\infty}\arctan x$、$\lim\limits_{x\to-\infty}\arctan x$ 和 $\lim\limits_{x\to\infty}\arctan x$。

解 观察图 2-5 所示的函数 $y=\arctan x$ 的图像可得，

$$\lim_{x\to+\infty}\arctan x=\frac{\pi}{2}\text{、}\lim_{x\to-\infty}\arctan x=-\frac{\pi}{2},$$

$\lim\limits_{x\to+\infty}\arctan x\neq\lim\limits_{x\to-\infty}\arctan x$，所以，$\lim\limits_{x\to\infty}\arctan x$ 不存在。

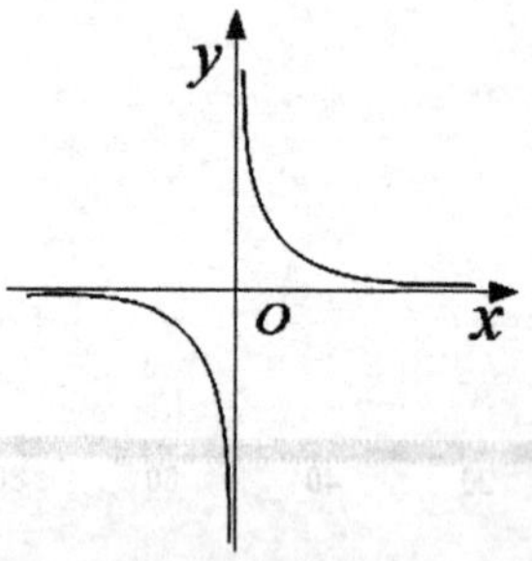

图 2-4

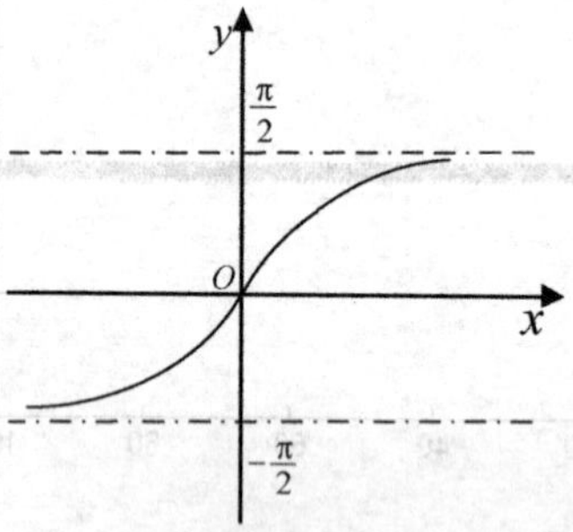

图 2-5

2. 当 $x\to x_0$ 时，函数 $f(x)$ 的极限

定义 2.4 设函数 $f(x)$ 在点 x_0 的某个邻域（点 x_0 本身可以除外）上有定义，当 x 趋于 x_0（但 $x\neq x_0$）时，若函数 $f(x)$ 的值无限接近于一个确定的常数 A，则称 A 为函数 $f(x)$ 当 $x\to x_0$ 时的极限，记作

$$\lim_{x\to x_0}f(x)=A\text{ 或者 }f(x)\to A\ (x\to x_0)。$$

注意：定义中并不要求函数在点 x_0 处有定义；$x\to x_0$ 表示 x 从 x_0 的左、右两边同时无限趋近于 x_0。

与 $x\to\infty$ 时的情况相似，$x\to x_0$ 也有以下两种变化趋势。

（1）当 $x>x_0$ 时，且 $x\to x_0$，记作 $x\to x_0^+$。

（2）当 $x<x_0$ 时，且 $x\to x_0$，记作 $x\to x_0^-$。

定义 2.5 设函数 $f(x)$ 在点 x_0 的右侧某个邻域（点 x_0 本身可以除外）上有定义，当 x 趋于 x_0（且 $x>x_0$）时，若函数 $f(x)$ 的值无限接近于一个确定的常数 A，则称 A 为函数 $f(x)$ 当 $x\to x_0^+$ 时的右极限，记作

$$\lim_{x\to x_0^+}f(x)=A\text{ 或者 }f(x_0+0)\to A。$$

设函数 $f(x)$ 在点 x_0 的左侧某个邻域（点 x_0 本身可以除外）上有定义，当 x 趋于 x_0（且 $x<x_0$）时，若函数 $f(x)$ 的值无限接近于一个确定的常数 A，则称 A 为函数 $f(x)$ 当 $x\to x_0^-$

时的左极限，记作

$$\lim_{x\to x_0^-} f(x)=A \text{或者} f(x_0-0)\to A 。$$

根据左、右极限的定义可知，如果 $\lim_{x\to x_0^+} f(x)=\lim_{x\to x_0^-} f(x)=A$，那么 $\lim_{x\to x_0} f(x)=A$；反之，如果 $\lim_{x\to x_0} f(x)=A$，那么 $\lim_{x\to x_0^+} f(x)=\lim_{x\to x_0^-} f(x)=A$。如果 $\lim_{x\to x_0^+} f(x)$ 和 $\lim_{x\to x_0^-} f(x)$ 都存在，但不相等，$\lim_{x\to x_0} f(x)$ 也不存在。

【例 4】 讨论函数 $f(x)=\begin{cases} x+1, x>0 \\ 0, x=0 \\ x-1, x<0 \end{cases}$ 当 $x\to 0$ 时的极限。

解　因为 $\lim_{x\to 0^-} f(x)=\lim_{x\to 0^-}(x-1)=-1$，$\lim_{x\to 0^+} f(x)=\lim_{x\to 0^+}(x+1)=1$，$\lim_{x\to 0^-} f(x)\neq \lim_{x\to 0^+} f(x)$，所以，$\lim_{x\to 0} f(x)$ 不存在。

【例 5】 试求函数 $f(x)=\begin{cases} \sin x, x>0 \\ 1-\cos x, x\leqslant 0 \end{cases}$ 当 $x\to 0$ 时的极限。

解　因为 $\lim_{x\to 0^-} f(x)=\lim_{x\to 0^-}(1-\cos x)=0$，$\lim_{x\to 0^+} f(x)=\lim_{x\to 0^+}\sin x=0$，

$\lim_{x\to 0^-} f(x)=\lim_{x\to 0^+} f(x)=0$，所以，$\lim_{x\to 0} f(x)=0$。

第二节　极限的运算

一、极限的性质

以下性质对所有求极限过程均成立，统一只对 $x\to x_0$ 的情况进行叙述。

定理 2.1（唯一性） 如果 $\lim_{x\to x_0} f(x)$ 存在，那么极限唯一。

定理 2.2（局部有界性） 如果 $\lim_{x\to x_0} f(x)$ 存在，则函数 $f(x)$ 在 x_0 的某个去心邻域上有界。

定理 2.3（局部保号性） 如果 $\lim_{x\to x_0} f(x)=A$，且 $A>0$（或 $A<0$），那么在 x_0 的某个去心邻域上恒有 $f(x)>0$（或 $f(x)<0$）。

推论 2.1　如果 $\lim_{x\to x_0} f(x)=A$，且在 x_0 的某个去心邻域上恒有 $f(x)\geqslant 0$（或 $f(x)\leqslant 0$），则 $A\geqslant 0$（或 $A\leqslant 0$）。

定理 2.4（函数极限与数列极限的关系） $\lim_{x\to x_0} f(x)=A \Leftrightarrow$ 对任意数列 $\{x_n\}$，$\lim_{n\to\infty} x_n=x_0$ 且 $x_n\neq x_0$，都有 $\lim_{x\to x_0} f(x_n)=A$。

二、极限的四则运算法则

运用极限的四则运算法则，可以解决一些较复杂的函数的极限问题。

定理 2.5　设 $\lim f(x)=A$、$\lim g(x)=B$，则

（1）$\lim[f(x)\pm g(x)]=\lim f(x)\pm\lim g(x)=A\pm B$；

（2）$\lim[C\cdot f(x)]=C\cdot\lim f(x)=C\cdot A$（$C$ 为常数）；

（3）$\lim[f(x)\cdot g(x)]=\lim f(x)\cdot\lim g(x)=A\cdot B$；

（4）$\lim\dfrac{f(x)}{g(x)}=\dfrac{\lim f(x)}{\lim g(x)}=\dfrac{A}{B}(B\neq 0)$。

上述运算法则可以推广到有限个函数的代数和与积的情形。同时，在使用这些运算法则时需注意参与运算的各函数的极限必须存在。

【例 6】 求极限 $\lim\limits_{x\to 2}\dfrac{x^3-1}{x^2-3x+5}$。

解 $\lim\limits_{x\to 2}\dfrac{x^3-1}{x^2-3x+5}=\dfrac{\lim\limits_{x\to 2}(x^3-1)}{\lim\limits_{x\to 2}(x^2-3x+5)}=\dfrac{7}{3}$。

【例 7】 求极限 $\lim\limits_{x\to 1}\dfrac{x^2-1}{x^2+2x-3}$。

解 当 $x\to 1$ 时，函数分子、分母的极限都为 0。此时，可先约去公因子 $x-1$ 再求极限，于是得

$$\lim_{x\to 1}\frac{x^2-1}{x^2+2x-3}=\lim_{x\to 1}\frac{(x+1)(x-1)}{(x+3)(x-1)}=\frac{\lim\limits_{x\to 1}(x+1)}{\lim\limits_{x\to 1}(x+3)}=\frac{1}{2}。$$

【例 8】 求极限 $\lim\limits_{x\to\infty}\dfrac{2x^3+3x^2+5}{7x^3+4x^2-1}$。

解 当 $x\to\infty$ 时，函数分子、分母的极限都为无穷大。此时，可将分子、分母同时除以 x^3，然后求极限，于是得

$$\lim_{x\to\infty}\frac{2x^3+3x^2+5}{7x^3+4x^2-1}=\lim_{x\to\infty}\frac{2+\frac{3}{x}+\frac{5}{x^3}}{7+\frac{4}{x}-\frac{1}{x^3}}=\frac{\lim\limits_{x\to\infty}\left(2+\frac{3}{x}+\frac{5}{x^3}\right)}{\lim\limits_{x\to\infty}\left(7+\frac{4}{x}-\frac{1}{x^3}\right)}=\frac{2}{7}。$$

在 MATLAB 中，可以利用 limit 函数来求当自变量 x 趋于 a 时函数的极限，其调用格式如下。

```
limit(expr,x,a)
```

limit 函数也可以用来求符号表达式 expr 的自变量趋于 a 时的左极限，其调用格式如下。

```
limit(expr, x, a, 'left')
```

limit 函数也可以用来求符号表达式 expr 的自变量趋于 a 时的右极限，其调用格式如下。

```
limit(expr, x, a, 'right')
```

例 8 的 MATLAB 求解代码如下。

```
>> syms x;
>> limit((2*x^3+3*x^2+5)/(7*x^3+4*x^2-1),x,inf)
```

程序运行结果如下。

```
ans =
    2/7
```

一般地，当 $a_0\neq 0,\ b_0\neq 0$，m 和 n 为非负整数时有

$$\lim_{x\to\infty}\frac{a_0x^m+a_1x^{m-1}+\cdots+a_m}{b_0x^n+b_1x^{n-1}+\cdots+b_n}=\begin{cases}\dfrac{a_0}{b_0},n=m\\0,n>m\\\infty,n<m\end{cases}。$$

【例 9】 求极限 $\lim\limits_{x\to+\infty}\dfrac{x^2\arctan x}{2x^2+x}$。

解 $\lim\limits_{x\to+\infty}\dfrac{x^2\arctan x}{2x^2+x}=\lim\limits_{x\to+\infty}\dfrac{x^2}{2x^2+x}\cdot\lim\limits_{x\to+\infty}\arctan x$

$=\lim\limits_{x\to+\infty}\dfrac{1}{2+\dfrac{1}{x}}\cdot\lim\limits_{x\to+\infty}\arctan x=\dfrac{1}{2}\cdot\dfrac{\pi}{2}=\dfrac{\pi}{4}$。

【例 10】 求极限 $\lim\limits_{x\to0}\dfrac{\sqrt{x+1}-1}{x}$。

解 当 $x\to0$ 时，函数分子、分母的极限都为 0，可先对分子进行有理化，于是得

$$\lim_{x\to0}\frac{\sqrt{x+1}-1}{x}=\lim_{x\to0}\frac{(\sqrt{x+1}-1)(\sqrt{x+1}+1)}{x(\sqrt{x+1}+1)}$$

$$=\lim_{x\to0}\frac{x}{x(\sqrt{x+1}+1)}=\lim_{x\to0}\frac{1}{\sqrt{x+1}+1}=\frac{1}{2}。$$

例 10 的 MATLAB 求解代码如下。

```
>> syms x;
>> limit(((x+1)^(1/2)-1)/x,x,0)
```

程序运行结果如下。

```
ans =
    1/2
```

三、两个重要极限

（1）第一个重要极限：$\lim\limits_{x\to0}\dfrac{\sin x}{x}=1$。

已知函数 $f(x)=\dfrac{\sin x}{x}$ 的定义域为 $\{x\mid x\in\mathbf{R}且x\neq0\}$，其图像如图 2-6 所示。

通过图 2-6 不难发现，当 $x\to0$ 时，函数 $f(x)=\dfrac{\sin x}{x}$ 的值无限接近于 1，根据极限的定义可知 $\lim\limits_{x\to0}\dfrac{\sin x}{x}=1$。

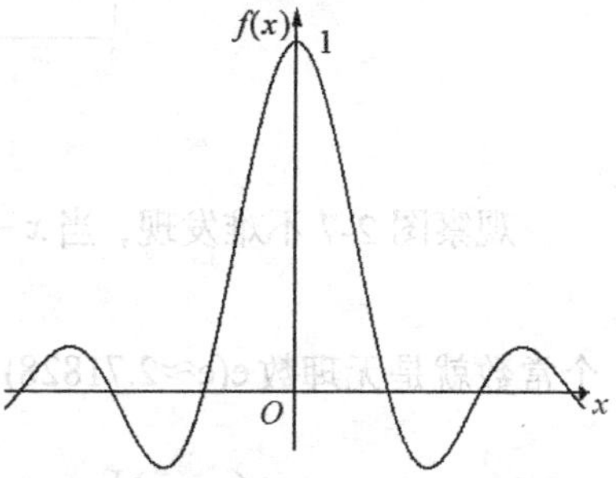

图 2-6

【例 11】 求极限 $\lim\limits_{x\to0}\dfrac{\sin 3x}{x}$。

解 $\lim\limits_{x\to0}\dfrac{\sin 3x}{x}=\lim\limits_{x\to0}\dfrac{3\sin 3x}{3x}=3\lim\limits_{x\to0}\dfrac{\sin 3x}{3x}=3\times1=3$。

注意：在求极限的过程中，可将 x 换成函数 $f(x)$，

若 $f(x)\to 0$，则第一个重要极限仍成立，即 $\lim\limits_{x\to 0}\dfrac{\sin f(x)}{f(x)}=1$。

【例 12】 求极限 $\lim\limits_{x\to 0}\dfrac{\tan x}{x}$。

解 $\lim\limits_{x\to 0}\dfrac{\tan x}{x}=\lim\limits_{x\to 0}\dfrac{\sin x}{x}\cdot\dfrac{1}{\cos x}=\lim\limits_{x\to 0}\dfrac{\sin x}{x}\cdot\lim\limits_{x\to 0}\dfrac{1}{\cos x}=1\times 1=1$。

【例 13】 求极限 $\lim\limits_{x\to 0}\dfrac{1-\cos x}{x^2}$。

解 $$\lim_{x\to 0}\frac{1-\cos x}{x^2}=\lim_{x\to 0}\frac{2\sin^2\frac{x}{2}}{x^2}=\lim_{x\to 0}\frac{1}{2}\cdot\left[\frac{\sin\frac{x}{2}}{\frac{x}{2}}\right]^2=\frac{1}{2}\cdot\left[\lim_{\frac{x}{2}\to 0}\frac{\sin\frac{x}{2}}{\frac{x}{2}}\right]^2=\frac{1}{2}。$$

例 13 的 MATLAB 求解代码如下。

```
>> syms x;
>> limit((1-cos(x))/x^2,x,0)
```

程序运行结果如下。

```
ans =
    1/2
```

（2）第二个重要极限：$\lim\limits_{x\to\infty}\left(1+\dfrac{1}{x}\right)^x=\mathrm{e}$。

在实际求极限的过程中，有时还会碰到更复杂的函数求极限问题。例如求函数 $f(x)=\left(1+\dfrac{1}{x}\right)^x$ $(x\in\mathbf{R})$ 当 $x\to\infty$ 时的极限，函数 $f(x)$ 在 MATLAB 中的图像如图 2-7 所示。

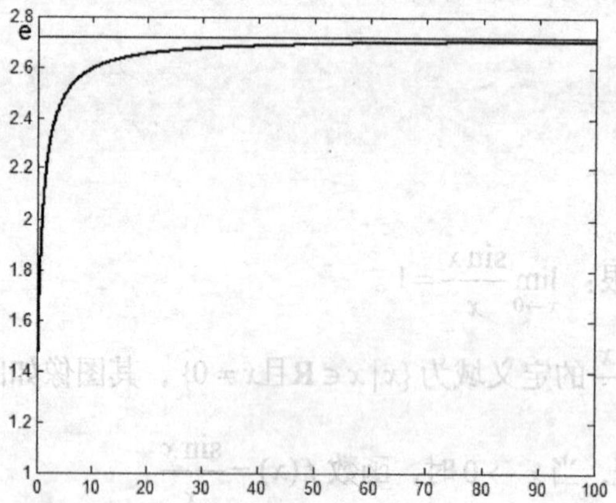

图 2-7

观察图 2-7 不难发现，当 $x\to\infty$ 时，函数 $f(x)=\left(1+\dfrac{1}{x}\right)^x$ 的值无限接近于一个常数，这个常数就是无理数 $\mathrm{e}(\mathrm{e}\approx 2.71828)$，即 $\lim\limits_{x\to\infty}\left(1+\dfrac{1}{x}\right)^x=\mathrm{e}$。

在函数 $f(x)=\left(1+\dfrac{1}{x}\right)^x$ 中，如果令 $\dfrac{1}{x}=t$，显然当 $x\to\infty$ 时，$t\to 0$，于是有

$$\lim_{x\to\infty}\left(1+\frac{1}{x}\right)^x=\lim_{t\to0}(1+t)^{\frac{1}{t}}=\mathrm{e}。$$

【例 14】 求极限 $\lim\limits_{x\to\infty}\left(1+\frac{3}{x}\right)^x$。

解　由第二个重要极限可知 $\lim\limits_{x\to\infty}\left(1+\frac{3}{x}\right)^x=\lim\limits_{x\to\infty}\left[\left(1+\frac{1}{\frac{x}{3}}\right)^{\frac{x}{3}}\right]^3=\mathrm{e}^3$。

【例 15】 求极限 $\lim\limits_{x\to0}(1+2x)^{\frac{1}{x}}$。

解　$\lim\limits_{x\to0}(1+2x)^{\frac{1}{x}}=\lim\limits_{x\to0}\left[(1+2x)^{\frac{1}{2x}}\right]^2=\mathrm{e}^2$。

【例 16】 求极限 $\lim\limits_{x\to\infty}\left(\frac{x+2}{x+1}\right)^{2x+1}$。

解

$$\begin{aligned}\lim_{x\to\infty}\left(\frac{x+2}{x+1}\right)^{2x+1}&=\lim_{x\to\infty}\left(1+\frac{1}{x+1}\right)^{2(x+1)-1}\\&=\left[\lim_{x\to\infty}\left(1+\frac{1}{x+1}\right)^{x+1}\right]^2\times\lim_{x\to\infty}\left(1+\frac{1}{x+1}\right)^{-1}\\&=\mathrm{e}^2\times1=\mathrm{e}^2。\end{aligned}$$

例 16 的 MATLAB 求解代码如下。

```
>> syms x;
>> limit(((x+2)/(x+1))^(2*x+1),x,inf)
```

程序运行结果如下。

```
ans =
    exp(2)
```

四、无穷小与无穷大

1. 无穷小

定义 2.6　在自变量 x 的某个变化过程中，函数 $f(x)$ 的绝对值无限接近于 0，则称在该变化过程中，$f(x)$ 为无穷小量，简称**无穷小**。

记号 $\lim f(x)$ 是指在 x 的各种变化趋势下极限的简记。

例如，当 $x\to1$ 时，$(x-1)^3$ 、$\sin(x-1)$ 都是无穷小；当 $x\to\infty$ 时，$\frac{1}{x}$ 是无穷小。

注意：

（1）除 0 以外任何很小的常数都不是无穷小；

（2）不能笼统地说某函数是无穷小，而应当说函数是自变量趋向某个值时的无穷小。

在自变量的同一变化趋势下，无穷小具有下列性质：

（1）有限个无穷小的代数和（差）仍是无穷小；

（2）有限个无穷小的乘积仍是无穷小；

（3）无穷小与有界函数的乘积仍是无穷小；特别地，常数与无穷小的乘积仍是无穷小。

【例 17】 求极限 $\lim\limits_{x\to\infty}\dfrac{\arctan x}{x}$。

解 当 $x\to\infty$ 时，$\dfrac{1}{x}$ 是无穷小，而 $\arctan x$ 是有界函数（$|\arctan x|<\dfrac{\pi}{2}$），所以根据无穷小的性质（3）可知，$\arctan x\cdot\dfrac{1}{x}$ 仍是无穷小，即

$$\lim_{x\to\infty}\frac{\arctan x}{x}=0。$$

2. 无穷大

定义 2.7 若在自变量 x 的某个变化过程中，函数 $f(x)$ 的绝对值无限增大，则称在该变化过程中，$f(x)$ 为无穷大量，简称**无穷大**。

例如，当 $x\to+\infty$ 时，函数 $\ln x$ 是无穷大；当 $x\to0^-$ 时，函数 $e^{-\frac{1}{x}}$ 是无穷大。

注意：

（1）无穷大是变量，不能将其与很大的数混淆。

（2）切勿将 $\lim\limits_{x\to x_0}f(x)=\infty$ 认为是极限存在。

3. 无穷小与无穷大的关系

定理 2.6 在自变量的同一变化过程中，

（1）若 $f(x)$ 为无穷大，则 $\dfrac{1}{f(x)}$ 为无穷小；

（2）若 $f(x)$ 为无穷小，且 $f(x)\neq0$，则 $\dfrac{1}{f(x)}$ 为无穷大。

根据定理 2.6 可知，关于无穷大的问题都可以转化为关于无穷小的问题来讨论。

4. 无穷小的比较

前文已经介绍，有限个无穷小的和、差及乘积仍然是无穷小，但两个无穷小的商会出现不同的情况。例如，x、$2x$、x^2 都是当 $x\to0$ 时的无穷小，但各个无穷小趋于 0 的“快慢”不一样。x^2 趋于 0 要比 $2x$ 趋于 0“更快”，而 x 和 $2x$ 趋于 0 的“快慢”差不多。为了对这些情况加以区别，引入无穷小的阶的概念。

定义 2.8 设 $f(x)$、$g(x)$ 是 $x\to x_0$ 的两个无穷小，且 $g(x)\neq0$，

（1）若 $\lim\limits_{x\to x_0}\dfrac{g(x)}{f(x)}=0$，则称 $g(x)$ 是比 $f(x)$ 高阶的无穷小，记作 $g(x)=o(f(x))$；

（2）若 $\lim\limits_{x\to x_0}\dfrac{g(x)}{f(x)}=C(C\neq0)$，则称 $g(x)$ 与 $f(x)$ 是同阶无穷小；

（3）若 $\lim\limits_{x\to x_0}\dfrac{g(x)}{f(x)}=1$，则称 $g(x)$ 与 $f(x)$ 是等价无穷小，记作 $g(x)\sim f(x)$；

（4）若 $\lim\limits_{x\to x_0}\dfrac{g(x)}{[f(x)]^k}=C(C\neq0,k>0)$，则称 $g(x)$ 是 $f(x)$ 的 k 阶无穷小。

例如，当 $x\to0$ 时，$3x^2=o(x)$，$\sin x\sim x$，$1-\cos x$ 与 x^2 是同阶无穷小，同时 $1-\cos x$ 也是 x 的二阶无穷小。

注意，并不是所有的无穷小都可以进行比较。例如，当 $x\to\infty$ 时，$f(x)=\dfrac{1}{x}$、$g(x)=\dfrac{\sin x}{x}$ 都是无穷小，由于 $\lim\limits_{x\to\infty}\dfrac{f(x)}{g(x)}=\lim\limits_{x\to\infty}\dfrac{1}{\sin x}$ 和 $\lim\limits_{x\to\infty}\dfrac{g(x)}{f(x)}=\lim\limits_{x\to\infty}\sin x$ 都不存在，因此，$f(x)=\dfrac{1}{x}$ 与 $g(x)=\dfrac{\sin x}{x}$ 不能进行阶的比较。

【例 18】 讨论当 $x\to 0$ 时，$1-\cos x$ 与 $\dfrac{1}{2}x^2$ 是等价无穷小。

解 $$\lim_{x\to 0}\frac{1-\cos x}{\frac{1}{2}x^2}=\lim_{x\to 0}\frac{2\sin^2\frac{x}{2}}{\frac{1}{2}x^2}=\lim_{x\to 0}\left[\frac{\sin\frac{x}{2}}{\frac{x}{2}}\right]^2=\left[\lim_{\frac{x}{2}\to 0}\frac{\sin\frac{x}{2}}{\frac{x}{2}}\right]^2=1,$$

所以，当 $x\to 0$ 时，$1-\cos x$ 与 $\dfrac{1}{2}x^2$ 是等价无穷小。

定理 2.7（等价替换原理） 设 $f(x)$、$F(x)$、$g(x)$、$G(x)$ 为无穷小量，且当 $x\to x_0$ 时，$f(x)\sim F(x)$、$g(x)\sim G(x)$，若 $\lim\limits_{x\to x_0}\dfrac{F(x)}{G(x)}$ 存在，则

$$\lim_{x\to x_0}\frac{f(x)}{g(x)}=\lim_{x\to x_0}\frac{F(x)}{G(x)}。$$

进行等价无穷小替换时，是对分子、分母进行整体替换（或对分子、分母的因式进行替换），而对分子、分母中的加、减号连接的各部分不能分别进行替换。

当 $x\to 0$ 时，常用的等价无穷小替换：$\sin x\sim x$，$\tan x\sim x$，$1-\cos x\sim\dfrac{1}{2}x^2$，$\arcsin x\sim x$，$\arctan x\sim x$，$(1+x)^a-1\sim ax(a>0)$，$a^x-1\sim x\ln a(a>0,a\neq 1)$，$e^x-1\sim x$，$\ln(1+x)\sim x$。

【例 19】 求极限 $\lim\limits_{x\to 0}\dfrac{\sin 5x^3}{(\sin 2x)^3}$。

解 当 $x\to 0$ 时，$\sin 2x\sim 2x$，同时，$\sin 5x^3\sim 5x^3$，

所以，$\lim\limits_{x\to 0}\dfrac{\sin 5x^3}{(\sin 2x)^3}=\lim\limits_{x\to 0}\dfrac{5x^3}{(2x)^3}=\dfrac{5}{8}$。

【例 20】 求极限 $\lim\limits_{x\to 0}\dfrac{\tan x-\sin x}{x^3}$。

解 $$\tan x-\sin x=\sin x\left(\frac{1}{\cos x}-1\right)=\frac{\sin x(1-\cos x)}{\cos x},$$

当 $x\to 0$ 时，$\sin x\sim x$，$1-\cos x\sim\dfrac{1}{2}x^2$，

所以，$$\lim_{x\to 0}\frac{\tan x-\sin x}{x^3}=\lim_{x\to 0}\frac{\sin x(1-\cos x)}{x^3\cos x}=\lim_{x\to 0}\frac{x\cdot\frac{1}{2}x^2}{x^3\cos x}=\frac{1}{2}。$$

例 20 的 MATLAB 求解代码如下。

```
>> syms x;
>> limit((tan(x)-sin(x))/x^3,x,0)
```

程序运行结果如下。

```
ans =
    1/2
```

【例 21】 求极限 $\lim\limits_{x\to 0}\dfrac{1-\cos x^2}{x^3(e^{2x}-1)}$。

解 当 $x\to 0$ 时，$1-\cos x^2 \sim \dfrac{1}{2}(x^2)^2$，$e^{2x}-1\sim 2x$，

所以，$\lim\limits_{x\to 0}\dfrac{1-\cos x^2}{x^3(e^{2x}-1)}=\lim\limits_{x\to 0}\dfrac{\frac{1}{2}x^4}{x^3\cdot 2x}=\dfrac{1}{4}$。

例 21 的 MATLAB 求解代码如下。

```
>> syms x;
>> limit((1-cos(x^2))/(x^3*(exp(2*x)-1)),x,0)
```

程序运行结果如下。

```
ans =
    1/4
```

第三节 函数的连续性

在现实世界中，有许多现象，如气温的变化、河水的流动、身高的增长等，都是连续变化的，这些现象在函数关系上的反映就是函数的连续性。粗略地讲，函数的连续性是指当自变量改变很小时，函数值的改变也很小。

一、连续函数的概念

1. 函数在点 x_0 处的连续性

定义 2.9 设函数 $y=f(x)$ 在点 x_0 的某个邻域上有定义，如果

$$\lim_{x\to x_0} f(x)=f(x_0)\ (\text{或}\ \lim_{\Delta x\to 0}\Delta y=0\text{，其中，}\Delta y=f(x)-f(x_0))\text{，}$$

则称函数 $y=f(x)$ 在点 x_0 处**连续**，点 x_0 称为函数 $f(x)$ 的**连续点**；否则称函数 $f(x)$ 在点 x_0 处**间断**，点 x_0 称为函数 $f(x)$ 的**间断点**。

如果 $\lim\limits_{x\to x_0^-} f(x)=f(x_0)$，那么称函数 $f(x)$ 在点 x_0 处左连续；如果 $\lim\limits_{x\to x_0^+} f(x)=f(x_0)$，那么称函数 $f(x)$ 在点 x_0 处右连续。

由于 $\lim\limits_{x\to x_0} f(x)=f(x_0)\Leftrightarrow \lim\limits_{x\to x_0^-} f(x)=f(x_0)=\lim\limits_{x\to x_0^+} f(x)$，所以函数 $f(x)$ 在点 x_0 处连续的充要条件是函数 $f(x)$ 在点 x_0 处既左连续又右连续。

综上所述，函数 $f(x)$ 在点 x_0 处连续必须同时满足 3 个条件：

（1）函数 $f(x)$ 在点 x_0 处有定义，即 $f(x_0)$ 是一个确定的数；

（2）极限 $\lim\limits_{x\to x_0} f(x)$ 存在，即左极限 $\lim\limits_{x\to x_0^-} f(x)$ 与右极限 $\lim\limits_{x\to x_0^+} f(x)$ 存在且相等；

（3）极限值等于函数值，即 $\lim\limits_{x\to x_0} f(x)=f(x_0)$。

例如，函数 $f(x)=x^2+1$ 在任意点处连续；函数 $f(x)=\dfrac{x^2-1}{x-1}$ 在点 $x=1$ 处没有定义，点

$x=1$ 是函数 $f(x)=\dfrac{x^2-1}{x-1}$ 的一个间断点。

根据函数 $y=f(x)$ 在点 x_0 处的极限情况，函数的间断点可分为以下两类。

第一类间断点：左极限 $\lim\limits_{x \to x_0^-} f(x)$、右极限 $\lim\limits_{x \to x_0^+} f(x)$ 都存在的间断点。

第二类间断点：不是第一类间断点的任何间断点。

【例 22】 设函数 $f(x)=\begin{cases}1-\cos x, x<0 \\ 2x, x \geqslant 0\end{cases}$，讨论该函数在点 $x=0$ 处的连续性。

解 因为 $f(0)=2\times 0=0$，又

$$\lim_{x \to 0^-} f(x)=\lim_{x \to 0^-}(1-\cos x)=0, \quad \lim_{x \to 0^+} f(x)=\lim_{x \to 0^+} 2x=0,$$

于是有 $\lim\limits_{x \to 0} f(x)=f(0)$，所以 $f(x)$ 在点 $x=0$ 处是连续的。

【例 23】 设函数 $f(x)=\begin{cases}x^2, x \leqslant 0 \\ x+1, x>0\end{cases}$，讨论该函数在点 $x=0$ 处的连续性。

解 因为

$$\lim_{x \to 0^-} f(x)=\lim_{x \to 0^-} x^2=0, \quad \lim_{x \to 0^+} f(x)=\lim_{x \to 0^+}(x+1)=1,$$

函数 $f(x)$ 在点 $x=0$ 处的左、右极限存在但不相等，所以极限 $\lim\limits_{x \to 0} f(x)$ 不存在，且点 $x=0$ 是函数 $f(x)$ 的第一类间断点。

2. 函数在区间上的连续性

定义 2.10 如果函数 $f(x)$ 在区间 (a,b) 上每一点都连续，则称函数 $f(x)$ 在**开区间** (a,b) **上连续**，区间 (a,b) 称为函数的**连续区间**。

如果 $f(x)$ 在 $[a,b]$ 上有定义，在 (a,b) 上连续，且

$$\lim_{x \to b^-} f(x)=f(b), \quad \lim_{x \to a^+} f(x)=f(a),$$

则称函数 $f(x)$ 在**闭区间** $[a,b]$ **上连续**，称函数 $f(x)$ 为 $[a,b]$ 上的**连续函数**。

连续函数的图像是一条连续不间断的曲线。通俗地讲，连续函数的图像可以一笔画成。

二、初等函数的连续性

定理 2.8 基本初等函数在其定义区间上都是连续的。

定理 2.9 设函数 $f(x)$ 和 $g(x)$ 在点 x_0 处连续，则它们的和、差、积、商（分母不等于零）在点 x_0 处也连续。

定理 2.10 设函数 $u=\varphi(x)$ 在点 x_0 处连续，且 $\varphi(x_0)=u_0$，而函数 $y=f(u)$ 在点 u_0 处连续，则复合函数 $y=f[\varphi(x)]$ 在点 x_0 处连续。

定理 2.10 表明，求连续的复合函数的极限时，极限符号“$\lim\limits_{x \to x_0}$”与函数符号“f”可交换次序，即 $\lim\limits_{x \to x_0} f(\varphi(x))=f(\lim\limits_{x \to x_0} \varphi(x))$。

定理 2.11 初等函数在其定义区间上是连续的。

定理 2.11 表明，若 x_0 是初等函数 $f(x)$ 的定义区间上的一点，则

$$\lim_{x \to x_0} f(x)=f(x_0)。$$

【例 24】 求$\lim\limits_{x\to 1}\dfrac{\cos(e^x-e)}{3-\sqrt{x}}$。

解 初等函数$f(x)=\dfrac{\cos(e^x-e)}{3-\sqrt{x}}$的定义区间包含点$x_0=1$，故由定理 2.11 可得

$$\lim_{x\to 1}\frac{\cos(e^x-e)}{3-\sqrt{x}}=\frac{\cos(e^1-e)}{3-\sqrt{1}}=\frac{1}{2}。$$

【例 25】 求$\lim\limits_{x\to\frac{\pi}{2}}\ln(\sin x)$。

解 **方法一**：初等函数$f(x)=\ln(\sin x)$的定义区间包含点$x_0=\dfrac{\pi}{2}$，由定理 2.11 可得

$$\lim_{x\to\frac{\pi}{2}}\ln(\sin x)=\ln\left(\sin\frac{\pi}{2}\right)=\ln 1=0。$$

方法二：根据定理 2.10 可知，极限符号"lim"与函数符号"f"可交换，于是得

$$\lim_{x\to\frac{\pi}{2}}\ln(\sin x)=\ln(\lim_{x\to\frac{\pi}{2}}\sin x)=\ln\sin\frac{\pi}{2}=\ln 1=0。$$

三、闭区间上连续函数的性质

定理 2.12（最值定理） 设函数$f(x)$在区间$[a,b]$上连续，则函数$f(x)$在$[a,b]$上必有最大值和最小值。

定理 2.12 表明，在区间$[a,b]$上至少存在点ξ_1和ξ_2，使得对于$[a,b]$上的一切x值，有

$$f(\xi_1)\leqslant f(x)\leqslant f(\xi_2)，$$

函数值$f(\xi_2)$和$f(\xi_1)$分别叫作函数$f(x)$在区间$[a,b]$上的**最大值和最小值**。

定理 2.13（介值定理） 设函数$f(x)$在区间$[a,b]$上连续，M和m分别是$f(x)$在$[a,b]$上的最大值和最小值，则对于满足条件$m<C<M$的任何实数C，在区间(a,b)上至少存在一点ξ，使得$f(\xi)=C$。

如图 2-8 所示，介值定理的几何意义很明显，水平直线$y=C$ $(m<C<M)$与区间$[a,b]$上的连续曲线$y=f(x)$至少相交一次，如果交点的横坐标为$x=\xi$，则有$f(\xi)=C$。

推论 2.2（零点定理） 设函数$f(x)$在区间$[a,b]$上连续，且$f(a)\cdot f(b)<0$，则在区间(a,b)上至少存在一点ξ，使得$f(\xi)=0$。

ξ称为函数$f(x)$的**零点**，其几何意义如图 2-9 所示。可以利用零点定理来判断方程$f(x)=0$在(a,b)上的根的存在性。

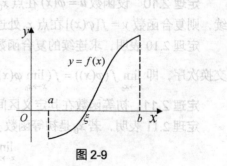

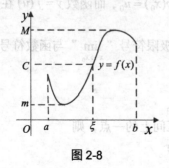

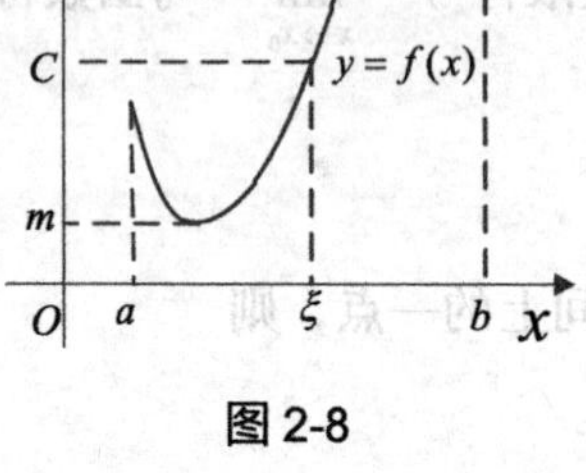

图 2-8

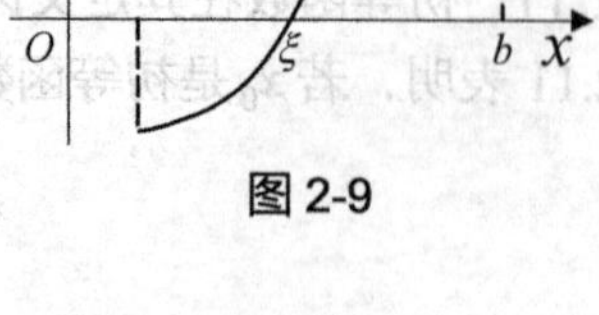

图 2-9

【例 26】 证明方程 $x^7+5x-4=0$ 在区间 $(0,1)$ 上至少有一个根。

证明 初等函数 $f(x)=x^7+5x-4$ 在闭区间 $[0,1]$ 上连续，并且

$$f(0)=-4<0、f(1)=2>0,$$

根据零点定理可知，在 $(0,1)$ 上至少有一点 ξ，使

$$\xi^7+5\xi-4=0(0<\xi<1),$$

即方程 $x^7+5x-4=0$ 在区间 $(0,1)$ 上至少有一个根 ξ。

事实上，生活中很多事物的变化都是连续的，像植物的生长、汽车的速度、温度的变化等。只有用普遍联系的、全面系统的、发展变化的观点观察事物，才能把握事物发展规律。

第四节 逼近思想及其应用

逼近思想是一种基本而又重要的数学思想，是贯穿整个微积分学的基本思想，在数学的多个分支中都有重要的应用。

在科学研究与工程计算中，常常需要从一组离散的数据出发，寻找变量之间的函数关系。例如，热敏电阻实验数据如表 2-2 所示。

表 2-2 热敏电阻实验数据

温度/℃	20.5	32.7	51.0	73.0	95.7
电阻/Ω	765	826	873	942	1032

那么，如何确定电阻与温度之间的函数关系？

实际上，有时很难找到变量之间的精确表达式 $y=f(x)$，此时需要寻找一个较简单的逼近函数，并要求逼近函数 $f(x)$ 最优地靠近已知数据点，如图 2-10 所示。

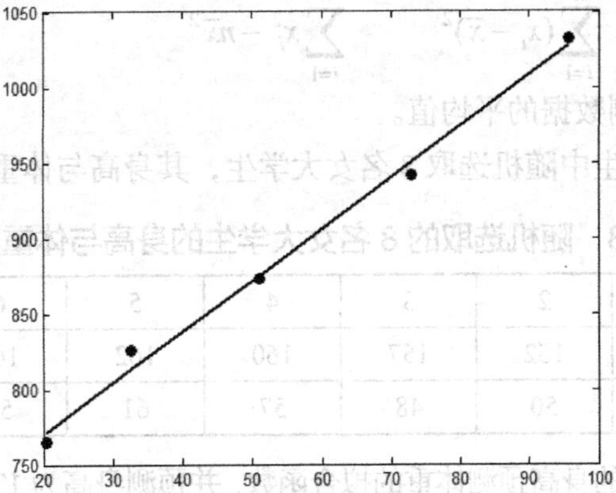

图 2-10

要使得逼近函数最优地靠近已知数据点，需使得通过逼近函数计算得到的近似值与实际值之间的误差最小。按近似值与实际值之间误差最小的原则作为“最优”标准构造的逼近函数，称为**拟合函数**。如果拟合函数是线性的，则称为线性拟合或者线性回归，如果拟合函数是非线性的，则称为非线性拟合或者非线性回归。

事实上，衡量近似值（$\hat{Y}=(\hat{y}_1,\hat{y}_2,\hat{y}_3,\cdots,\hat{y}_n)$）与实际值（$Y=(y_1,y_2,y_3,\cdots,y_n)$）之间的误差有各种不同的方法，一般有以下几种。

（1）用各点误差绝对值的和表示：$\sum_{i=1}^{n}\left|\hat{y}_i - y_i\right|$。

（2）用各点误差绝对值的最大值表示：$\max_{1\leqslant i\leqslant n}\left|\hat{y}_i - y_i\right|$。

（3）用各点误差的平方和表示：$\sum_{i=1}^{n}(\hat{y}_i - y_i)^2$ 。

由于计算误差平方和的最小值容易实现，因此其被广泛采用，基于最小误差平方和寻找拟合函数的方法称为**最小二乘法**。

利用最小二乘法寻找拟合函数的步骤如下。

第一步：绘制实验数据的图像。

第二步：观测并选择不同的曲线方程进行拟合。

第三步：比较不同的曲线方程的拟合效果，选择其中较好的一种或者某几种作为观测数据的拟合函数 $f(x)$ 。

一、离散数据的线性拟合

对于离散数据的线性拟合，如果变量 y 与 x 之间存在线性相关关系，假定 y 与 x 之间有如下关系

$$y_i = \beta_0 + \beta_1 x_i + \varepsilon \quad (i = 1,2,\cdots,n)。$$

其中，ε是误差项的随机变量。对于一元线性拟合，根据最小二乘法的思想和数学推导，可得拟合函数的系数为

$$\beta_1 = \frac{\sum_{i=1}^{n}(x_i - \overline{x})(y_i - \overline{y})}{\sum_{i=1}^{n}(x_i - \overline{x})^2} = \frac{\sum_{i=1}^{n} x_i y_i - n\overline{xy}}{\sum_{i=1}^{n} x_i^2 - n\overline{x}^2}，\quad \beta_0 = \overline{y} - \beta_1\overline{x}，$$

其中 $\overline{x}$ 、$\overline{y}$ 分别表示观测数据的平均值。

【例 27】 从某校学生中随机选取 8 名女大学生，其身高与体重数据如表 2-3 所示。

表 2-3　随机选取的 8 名女大学生的身高与体重数据

编号	1	2	3	4	5	6	7	8
身高/cm	150	152	157	160	162	165	168	170
体重/kg	43	50	48	57	61	54	59	64

试建立根据女大学生的身高预测体重的拟合函数，并预测身高为 172cm 的女大学生的体重。

解　8 名女大学生的身高与体重数据的散点图如图 2-11 所示。

从图 2-11 中可以看出，身高与体重存在正相关关系，选取身高为自变量 x，体重为因变量 y，设一元线性拟合函数为

$$y_i = \beta_0 + \beta_1 x_i \quad (i = 1,2,\cdots,8)。$$

在本例中，$\overline{x} = 160.5, \overline{y} = 54.5, \sum_{i=1}^{8} x_i y_i = 70290, \sum_{i=1}^{8} x_i^2 = 206446$ ，因此

$$\beta_1 = 0.857, \beta_0 = -83.071，$$

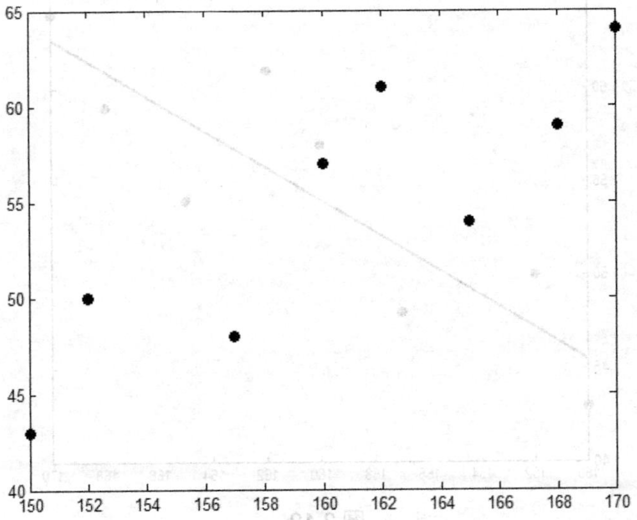

图 2-11

于是，得到一元线性拟合函数为

$$y=-83.071+0.857x。$$

根据一元线性拟合函数可以预测，对于身高为 172cm 的女大学生，其体重的估计值为

$$y=-83.071+0.857\times172=64.357\text{（kg）}。$$

在实际计算中，MATLAB 提供了基于最小二乘法的多项式拟合函数命令 polyfit，利用它可以求出基于最小二乘法的 n 次拟合多项式 $\varphi(x)=a_0x^n+a_1x^{n-1}+\cdots+a_{n-1}x+a_n$。

polyfit 的调用格式如下。

```
p=polyfit(x,y,n)
```

其中，p 为拟合多项式系数向量，x、y 为同长度的观测数组，n 为拟合次数。特别地，当 n 等于 1 时为线性拟合。

同时，MATLAB 还提供了多项式求值函数 polyval，其调用格式如下。

```
y=polyval(p,x)
```

其中，返回值 y 为 n 次多项式在 x 处的值。

本例的 MATLAB 求解代码如下。

```
>>x =[150,152,157,160,162,165,168,170];
>>y =[43,50,48,57,61,54,59,64];
>>plot(x,y,'ro','markersize',10,'markerfacecolor','r')
>>hold on
>>p = polyfit(x,y,1)%线性拟合
>>y_pred = polyval(p,x);%计算拟合近似值
>>plot(x,y_pred,'k-','linewidth',3)
```

程序运行结果如下。

```
p =
    0.8571   -83.0714
```

拟合直线如图 2-12 所示。

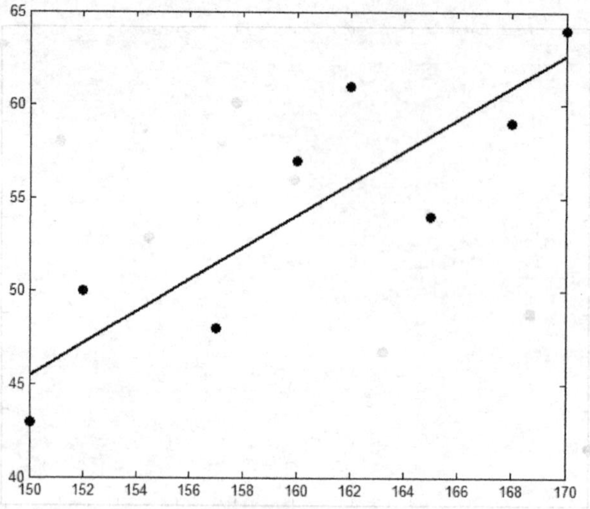

图 2-12

二、离散数据的多项式拟合

【例 28】 用切削机床进行金属品加工时，为了适当地调整机床，需要测定刀具的磨损速度，即在一定的时间下测量刀具的厚度，切削机床数据如表 2-4 所示。

表 2-4　切削机床数据

切削时间/h	0	1	2	3	4	5	6	7	8
刀具厚度/cm	30.0	29.1	28.4	28.1	28.0	27.7	27.5	27.2	27.0
切削时间/h	9	10	11	12	13	14	15	16	
刀具厚度/cm	26.8	26.5	26.3	26.1	25.7	25.3	24.8	24.0	

解　本例将分别用线性拟合、二次多项式、三次多项式拟合数据，并选取误差平方和最小的拟合函数，MATLAB 求解代码如下。

```
>>clc;clear all;
>>t=[0:1:16];
>>y=[30.0,29.1,28.4,28.1,28.0,27.7,27.5,27.2,27.0,26.8,26.5,26.3, 26.1,
25.7,25.3,24.8,24.0];
>>a1=polyfit(t,y,1) %线性拟合
>>a2=polyfit(t,y,2) %二次多项式拟合
>>a3=polyfit(t,y,3) %三次多项式拟合
>>b1=polyval(a1,t);%计算线性拟合值
>>b2=polyval(a2,t); %计算二次多项式拟合值
>>b3=polyval(a3,t); %计算三次多项式拟合值
>>r = [sum((y-b1).^2),sum((y-b2).^2),sum((y-b3).^2)];
>>fprintf('线性拟合的误差平方和为 %f\n',r(1));
>>fprintf('二次多项式拟合的误差平方和为 %f\n',r(2));
>>fprintf('三次多项式拟合的误差平方和为%f\n',r(3));
```

```
>>figure('color','w')
>>subplot(2,2,1)
>>plot(t,y,'b*')%原始数据散点图
>>legend('原始数据')
>>subplot(2,2,2)
>>plot(t,y,' k *',t,b1,'k-','linewidth',3,'markersize',5)
>>legend('原始数据','线性拟合')
>>subplot(2,2,3)
>>plot(t,y,' k *',t,b2,' k -','linewidth',3,'markersize',5)
>>legend('原始数据','二次多项式拟合')
>>subplot(2,2,4)
>>plot(t,y,' k *',t,b3,' k -','linewidth',3,'markersize',5)
>>legend('原始数据','三次多项式拟合')
```

程序运行结果如下。

```
a1 =
    -0.3012    29.3804
a2 =
    -0.0009    -0.2866    29.3438
a3 =
    -0.0029    0.0678    -0.7133    29.8249
线性拟合的误差平方和为1.334681
二次多项式拟合的误差平方和为1.328179
三次多项式拟合的误差平方和为0.183813
```

拟合曲线如图 2-13 所示。

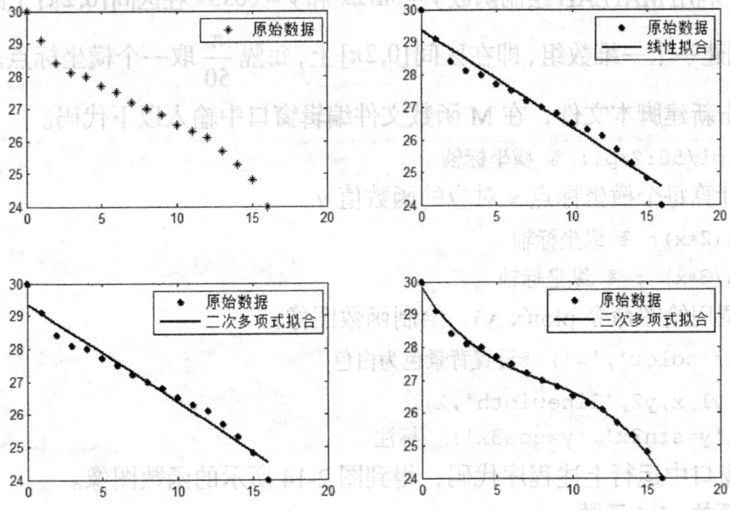

图 2-13

比较线性拟合、二次多项式拟合、三次多项式拟合的误差平方和，可知三次多项式拟合的误差平方和最小，因此，三次多项式

$$f(x) = -0.0029x^3 + 0.0678x^2 - 0.7133x + 29.8249$$

可较好地拟合观测数据。

实训 一元函数的 MATLAB 绘图与非线性拟合

【实训目的】

（1）掌握使用 MATLAB 软件绘制一元函数图像的方法。

（2）掌握使用 MATLAB 软件进行非线性拟合的方法。

【实训内容】

1. 一元函数图像的绘制

具有强大的绘图功能是 MATLAB 的特点之一，用户一般不需要过多考虑绘图细节，只需要调用绘图函数并给出一些基本参数就能得到所需图形。MATLAB 中常用的绘制直角坐标系下的二维图形的函数是 plot，利用它可以在二维平面上绘制出不同的曲线。

（1）plot 函数的基本用法

plot 函数用于绘制直角坐标系下以 x、y 分别为横、纵坐标的二维曲线。

一条曲线绘图命令格式如下。

```
plot(x,y)
```

其中 x、y 为长度相同的一维数组。

一般情况下，每执行一次绘图命令，就会刷新一次当前图形窗口，图形窗口中的原有图形将不复存在，如果希望在已经存在的图形上再继续添加新的图形，可以使用图形保持命令 hold on，也可以使用以下格式的函数绘制多条曲线。

多条曲线绘图命令格式如下。

```
plot(x1,y1,x2,y2,x3,y3,……)
```

【实训 1】 利用 MATLAB 绘制函数 $y = \sin 2x$ 和 $y = \cos 3x$ 在区间 $[0, 2\pi]$ 上的函数图像。

第一步：创建一个一维数组，即在区间 $[0, 2\pi]$ 上，每隔 $\dfrac{\pi}{50}$ 取一个横坐标点。在 MATLAB 新建菜单中单击新建脚本文件，在 M 函数文件编辑窗口中输入以下代码。

```
>> x = 0:pi/50:2*pi; % 横坐标轴
```

第二步：计算每个横坐标点 x 对应的函数值 y。

```
>>y1= sin(2*x); % 纵坐标轴
>>y2= cos(3*x) ; % 纵坐标轴
```

第三步：调用绘图命令 plot(x ,y)，绘制函数图像。

```
>> figure('color','w') %设置背景色为白色
>>plot(x,y1,x,y2,'linewidth',2)
>>legend('y=sin2x','y=cos3x') %标注
```

在命令行窗口中运行上述程序代码，得到图 2-14 所示的函数图像。

（2）含选项的 plot 函数

MATLAB 提供了一些绘图选项，用于确定所绘曲线的线型、数据点标记样式和颜色，其调用格式如下。

```
plot(x,y,LineSpec)
```

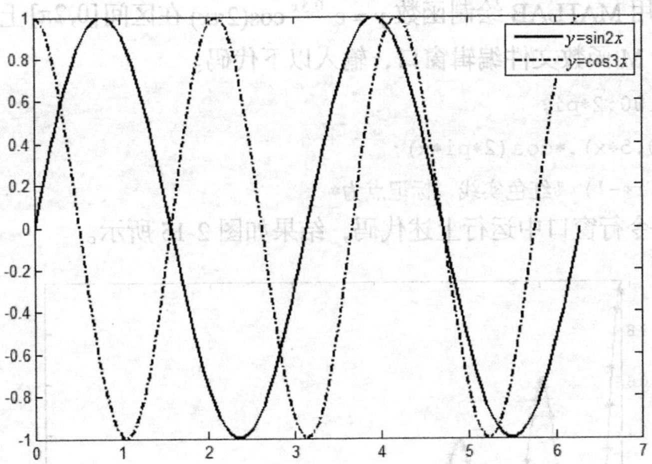

图 2-14

其中 LineSpec 是用户指定的绘图样式，常用的参数取值如表 2-5 所示。

表 2-5　常用的参数取值

格式		参数
线型	实线	-
	点线	:
	虚点线	-.
	波折线	--
数据点标记样式	圆点	.
	加号	+
	星号	*
	×型	×
	小圆	o
	五角星	p
	菱形	d
	方块	s
	六角星	h
颜色	黄色	y
	红色	r
	绿色	g
	蓝色	b
	白色	w
	黑色	k
	粉红	m
	青色	c

【实训 2】 利用 MATLAB 绘制函数 $y = e^{-0.5x}\cos(2\pi x)$ 在区间 $[0,2\pi]$ 上的函数图像。

第一步：打开 M 函数文件编辑窗口，输入以下代码。

```
>>x = 0:pi/100:2*pi;
>>y = exp(-0.5*x).*cos(2*pi*x);
>>plot(x,y,'r*-') %红色实线，标记点为*
```

第二步：在命令行窗口中运行上述代码，结果如图 2-15 所示。

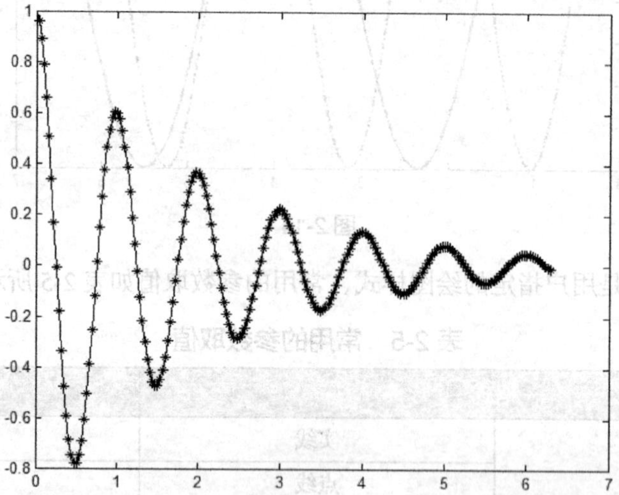

图 2-15

（3）常用图形标注函数

图形绘制完以后，可以将标题、坐标轴标记、网格线、图例及文字注释添加到图形上，以使图形意义更加明确、可读性更强。常用图形标注函数如表 2-6 所示。

表 2-6 常用图形标注函数

函数	说明
title('str')	输出标题（顶部）
xlabel('str')	给 x 轴添加标记
ylabel('str')	给 y 轴添加标记
legend('str')	添加图例
text(x,y, 'str')	在图形指定位置添加标注
gtext	在鼠标指针指定位置添加标注
axis([xmin xmax ymin ymax])	坐标轴区间控制
grid on	打开坐标网格线
grid off	关闭坐标网格线

【实训 3】 利用 MATLAB 绘制函数 $y_1 = 2e^{-0.5x}\cos(\pi x)$ 和 $y_2 = 0.2e^{-0.5x}\cos(4\pi x)$ 在区间 $[0,2\pi]$ 上的函数图像，并利用五角星标记点来标识两曲线的交叉点。

第一步：打开 M 函数文件编辑窗口，输入以下代码。

```
>>x = 0:0.01:2*pi; % 横坐标轴
>>y1 = 0.2 * exp(-0.5 * x).* cos(4 * pi * x); % 生成数据点、纵坐标轴
>>y2 = 2 * exp(-0.5 * x) .* cos(pi * x);
```

第二步：利用 find 函数查找 y1 与 y2 值相等（近似相等）的点，求值相等的点所对应的横坐标和纵坐标的值。

```
>>ind = find( abs(y1-y2) < 1e-2 );
>>x1 = x(ind);
>>y3 = 0.2 * exp(-0.5 * x1) .* cos(4 * pi * x1);
```

第三步：调用 plot 函数绘制函数图像。

```
>>figure('color','w')
>>plot(x, y1, 'r-','linewidth',2)
>>hold on
>>plot(x, y2, 'k--','linewidth',2)
>>plot(x1,y3,'bp','markersize',10,'markerfacecolor','b')
```

第四步：添加图形标注。

```
>>legend('y1','y2','交点')
```

在命令行窗口中运行上述代码，结果如图 2-16 所示。

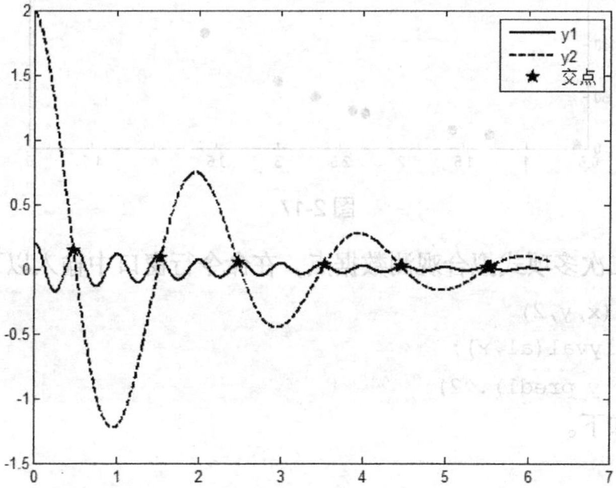

图 2-16

此外，MATLAB 还提供了诸多其他绘图函数，如 bar（条形图）、fill（填充图）、stairs（阶梯图）等，此处不赘述，有兴趣的读者请自行查看相关文档。

2. 基于最小二乘法的非线性拟合

【实训 4】 已知观测数据点如表 2-7 所示。

表 2-7 观测数据点

x	1.6	2.7	1.3	4.1	3.6	2.3	0.6	4.9	3	2.4
y	17.7	49	13.1	189.4	110.8	34.5	4	409.1	65	36.9

（1）试找到合适的曲线拟合已知观测数据点。

（2）求参数 a、b、c 的值，使得曲线 $f(x)=a\mathrm{e}^x+b\sin x+c\ln x$ 与已知观测数据点可基于最小二乘法充分接近。

问题（1） **第一步：**利用 MATLAB 绘制出观测数据点 $(x_i,y_i)(i=1,2,\cdots,10)$ 的散点图，在命令行窗口中输入以下代码。

```
>> x=[1.6 2.7 1.3 4.1 3.6 2.3 0.6 4.9 3 2.4];
>> y=[17.7 49 13.1 189.4 110.8 34.5 4 409.1 65 36.9];
>> plot(x,y, 'ro','markersize',10,'markerfacecolor','r')
```

运行以上程序代码，得到用于观测数据点的散点图，如图 2-17 所示。

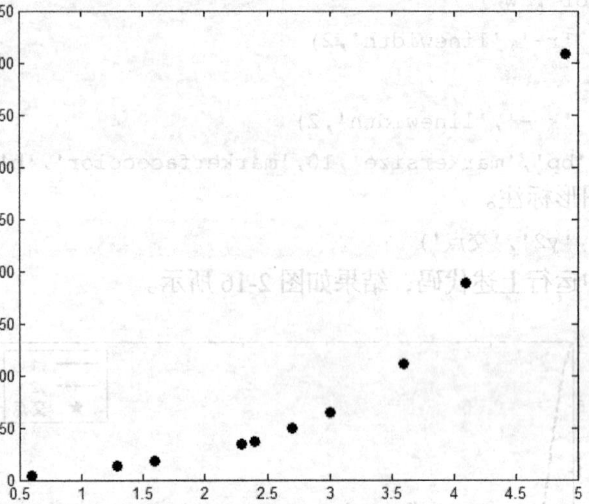

图 2-17

第二步：运用二次多项式拟合观测数据点，在命令行窗口中输入以下代码。

```
>> a1=polyfit(x,y,2)
>> y_pred1=polyval(a1,x);
>> r1=sum((y- y_pred1).^2)
```

程序运行结果如下。

```
a1 =
    33.5693 -103.2654   78.8139
r1 =
    4.3669e+03
```

二次多项式拟合函数为 $y=33.5693x^2-103.2654x+78.8139$，误差平方和为 4366.9。

问题（2） 在数据拟合过程中，如果已经知道需要拟合的表达式，如

$$f(x)=a\mathrm{e}^x+b\sin x+c\ln x,$$

则只需根据已知数据找出最佳的 a、b、c 的值。

对于这类拟合问题，MATLAB 提供了 lsqcurvefit 函数，其调用格式如下。

```
[x,resnorm]=lsqcurvefit(fun,x0,xdata,ydata)
```

其中，输出参数 x 为参数的估计值，resnorm 为残差平方和，输入参数 fun 为需要拟合

的函数；x0 为初始值（预拟合的未知参数的估计值）。参照拟合表达式，分别设初始值 a 为 0.3、b 为 0.4、c 为 0.5，即 x0=[0.3 0.4 0.5]；xdata、ydata 为观测数据。

第一步： 建立名为 fun2 的待拟合函数。

```
function   f=fun2(p,xdata)
f=p(1).*exp(xdata)+p(2).*sin(xdata)+p(3).*log(xdata);
end
```

第二步： 对曲线 $f(x)=a\mathrm{e}^x+b\sin x+c\ln x$ 进行基于最小二乘法的非线性拟合，在命令行窗口中输入以下代码。

```
>>x0=[0.3 0.4 0.5];
>>xdata=[1.6 2.7 1.3 4.1 3.6 2.3 0.6 4.9 3 2.4];
>>ydata=[17.7 49 13.1 189.4 110.8 34.5 4 409.1 65 36.9];
>>[x,resnorm] = lsqcurvefit('fun2',x0,xdata,ydata)
```

程序运行结果如下。

```
x =
    3.0154    1.0327    3.5933
resnorm =
    25.0753
```

因此，拟合曲线函数为 $f(x)=3.0154\mathrm{e}^x+1.0327\sin x+3.5933\ln x$，误差平方和为 25.0753，远小于二次多项式拟合函数的误差平方和。

第三步： 绘制拟合函数图像，在命令行窗口中输入以下代码。

```
>>y_pred2=nihehanshu(x,xdata);
>>xx = [xdata',y_pred1',y_pred2']
>>xx = sort(xx);%排序
>>plot(xdata,ydata,'ro',xx(:,1),xx(:,2),'b-',xx(:,1),xx(:,3),'m-')
>> legend('原始数据','二次多项式拟合','曲线拟合')
```

拟合效果如图 2-18 所示。

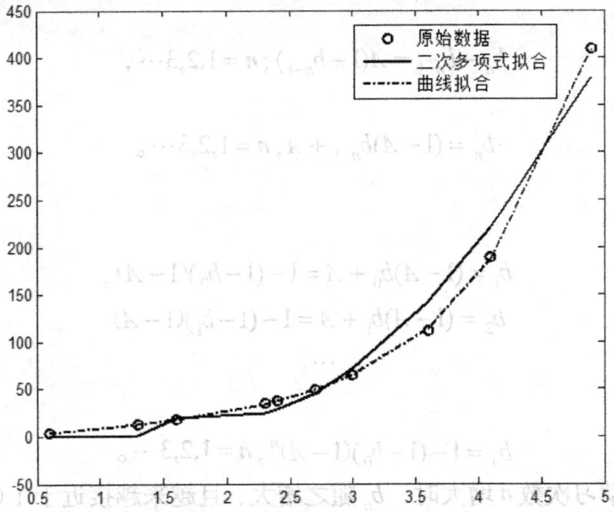

图 2-18

当然，在 MATLAB 中也可以使用 nlinfit、lsqnonlin 甚至 cftool 拟合工具箱进行非线性拟合，这里不一一介绍，有兴趣的读者请自己查看 MATLAB 帮助命令。

拓展学习：反复学习及效率

【问题】

心理学研究指出，任何一种新技能的获得和提高都要通过一定时间的学习。以学习计算机为例，假设每学习一次计算机的使用方法，能掌握一定的新内容，其掌握方法的程度为常数 $A(0<A<1)$。试用数学知识来描述学习者经过多少次学习，就能基本掌握计算机的使用方法。

【问题分析】

根据实际问题可知，学习是一个积累的过程，掌握计算机的使用方法的程度不但与学习者初始的掌握程度有关，而且与学习者的学习程度有关。该问题的初态即开始学习时学习者所掌握的程度，目标态是经过一定时间的学习后学习者所掌握的程度，而联系初态及目标态的过程即学习者每次学习所掌握的程度。问题是要找出学习者学习次数与所掌握程度之间的关系，因此需要对问题进行假设。

【模型假设】

假设 1：b_0 为学习者开始学习计算机的使用方法时所掌握的程度。

假设 2：A 表示学习者经过一次学习之后所掌握的程度，即每次学习所掌握的内容占该次学习内容的百分比。

【模型建立】

记 b_n 为学习者经过 n 次学习计算机后所掌握的程度，易知，$0 \leqslant b_0 < 1$。根据上面的假设，$1-b_0$ 表示学习者开始学习时尚未掌握的新内容，经过一次学习掌握的新内容为 $A(1-b_0)$，于是

$$b_1 - b_0 = A(1-b_0),$$

类似有 $b_2 - b_1 = A(1-b_1)$。以此类推，得到经过 n 次学习计算机的使用方法后学习者所掌握的程度为

$$b_n - b_{n-1} = A(1-b_{n-1}),\ n=1,2,3\cdots,$$

即

$$b_n = (1-A)b_{n-1} + A,\ n=1,2,3\cdots。$$

【模型求解】

根据上式，有

$$b_1 = (1-A)b_0 + A = 1-(1-b_0)(1-A),$$
$$b_2 = (1-A)b_1 + A = 1-(1-b_1)(1-A)$$
$$\cdots。$$

经过迭代，有

$$b_n = 1-(1-b_0)(1-A)^n,\ n=1,2,3\cdots。$$

可以看出，当学习次数 n 增大时，b_n 随之增大，且越来越接近于 1（100%），但不会达到 100%，这说明了学习中的一个道理：熟能生巧，学无止境。

【模型解释】

不妨设在学习过程中，掌握 95%以上的学习内容就算基本掌握，根据上述模型来计算实现基本掌握至少需要学习多少次？

一般情况下，$b_0 = 0$，即开始学习时，学习者对计算机的使用方法一无所知，如果每次学习掌握的程度为 30%，利用 MATLAB 中的 for 循环语句，求出每次学习掌握的程度。

在 MATLAB 中建立脚本文件，输入以下代码。

```
>>B=[];
>>A=0.3;
>>b0=0;
>>for i=1:16
      b=1-(1-b0)*(1-A)^i;
      B(i)=b;
>>end
>>B=B'
```

运行该脚本文件求出每次学习掌握的程度，得到表 2-8 所示的学习次数与掌握程度的关系。

表 2-8 学习次数与掌握程度的关系

n	1	2	3	4	5	6	7	8
b_n	0.3000	0.5100	0.6570	0.7599	0.8319	0.8824	0.9176	0.9424
n	9	10	11	12	13	14	15	16
b_n	0.9596	0.9718	0.9802	0.9862	0.9903	0.9932	0.9953	0.9967

从表 2-8 可以看出，至少需要学习 9 次，才可以掌握 95%以上的学习内容，并且随着学习的进行，掌握速度越来越慢，这也是学习中的道理：入门容易，深入钻研难！

练习 2

1. 下列各式中，哪些数列是收敛的，哪些数列是发散的？对收敛数列，通过观察数列的变化趋势，写出它们的极限。

（1）$\{n(-1)^n\}$　　（2）$\left\{\dfrac{n^3+3n^2+1}{4n^3+2n+3}\right\}$

（3）$\left\{\dfrac{(-2)^n+3^n}{(-2)^{n+1}+3^{n+1}}\right\}$　　（4）$\left\{n-\dfrac{1}{n^2}\right\}$

（5）$\left\{\sqrt{n^2+n}-n\right\}$　　（6）$\left\{[(-1)^n+1]\dfrac{n+1}{n}\right\}$

（7）$\left\{\sin\dfrac{\pi}{n}\right\}$　　（8）$\left\{\dfrac{n}{a^n}\right\}(a>1)$

2. 求下列各式的极限，并利用 MATLAB 中求极限的函数验证计算结果。

（1）$\lim\limits_{x\to4}\dfrac{\sqrt{2x+1}-3}{\sqrt{x-2}-\sqrt{2}}$　　（2）$\lim\limits_{x\to\infty}\left(\sqrt{x^2+1}-\sqrt{x^2-1}\right)$

（3）$\lim\limits_{x\to1}\left(\dfrac{1}{1-x}-\dfrac{3}{1-x^3}\right)$　　（4）$\lim\limits_{x\to\infty}\left(\dfrac{x^3}{2x^2-1}-\dfrac{x^2}{2x+1}\right)$

（5）$\lim\limits_{x\to2}(x^2+2x-9)$　　（6）$\lim\limits_{x\to1}\dfrac{2x}{x^2-5}$

3. 求下列各式的极限，并利用 MATLAB 中求极限的函数验证计算结果。

（1）$\lim\limits_{x\to0^+}\dfrac{x}{\sqrt{1-\cos x}}$　　（2）$\lim\limits_{x\to0}\dfrac{x}{\tan 3x}$

（3）$\lim\limits_{x\to0}\dfrac{1-\cos 2x}{x\sin x}$　　（4）$\lim\limits_{x\to\infty}\left(\dfrac{2+x}{x}\right)^x$

（5）$\lim\limits_{x\to\frac{\pi}{2}}(1+\cos x)^{3\sec x}$　　（6）$\lim\limits_{x\to\infty}\left(\dfrac{3x+4}{3x-1}\right)^{x+1}$

4. 求下列各式的极限，并利用 MATLAB 中求极限的函数验证计算结果。

（1）$\lim\limits_{x\to1}\dfrac{x^x-1}{x\ln x}$　　（2）$\lim\limits_{x\to0^+}\dfrac{e^{\tan x}-e^x}{\sin x-x\cos x}$

（3）$\lim\limits_{x\to0}\dfrac{\sqrt{1+\tan x}-\sqrt{1-\tan x}}{e^x-1}$　　（4）$\lim\limits_{x\to0}\dfrac{1-\sqrt{\cos x}}{x(1-\cos\sqrt{x})}$

（5）$\lim\limits_{x\to0}\dfrac{3\sin x+x^2\cos\frac{1}{x}}{(1+\cos x)\ln(1+x)}$　　（6）$\lim\limits_{x\to0}\dfrac{\sqrt{1+x\sin x}-1}{e^{x^2}-1}$

5. 试确定常数 a、b 的值，使 $\lim\limits_{x\to\infty}\left(\dfrac{x^2}{x+1}-ax-b\right)=0$。

6. 设 $x\to0$ 时，ax^b 与 $\tan x-\sin x$ 为等价无穷小，试确定 a、b 的值。

7. 讨论下列函数的连续性。

（1）$f(x)=\begin{cases}x^2,0\leqslant x\leqslant1\\2-x,1<x<2\end{cases}$　　（2）$f(x)=\begin{cases}x,|x|\geqslant1\\1,|x|<1\end{cases}$

8. 下列函数在给出的点处间断，说明这些间断点属于哪一类间断点。

（1）$y=\dfrac{x^2-1}{x^2-3x+2},x=1,x=2$　　（2）$y=\begin{cases}x-1,x\leqslant1\\3-x,x>1\end{cases},x=1$

9. 设函数 $f(x)=\begin{cases}e^{-2x}+a,x\leqslant0\\\ln(1+x)+1,x>0\end{cases}$，$f(x)$ 在 $x=0$ 处连续，试确定 a 的值。

10. 求下列各式的极限，并利用 MATLAB 中求极限的函数验证计算结果。

（1）$\lim\limits_{x\to0}\ln\dfrac{\sin x}{x}$　　（2）$\lim\limits_{x\to\infty}e^{\frac{1}{x}}$

（3）$\lim\limits_{x\to0}\sin[\ln(x^2+1)]$　　（4）$\lim\limits_{x\to\infty}\ln\left(1+\dfrac{1}{x}\right)^x$

11. 试判断方程 $x\cdot2^x=1$ 是否存在小于 1 的正根。

12. 实验测得二甲醚（DME）的饱和蒸气压和温度的关系，如表 2-9 所示。

表 2-9　DME 的饱和蒸气压和温度数据

序号	1	2	3	4	5	6	7
温度/℃	−23.7	−10	0	10	20	30	40
饱和蒸气压/MPa	0.101	0.174	0.254	0.359	0.495	0.662	0.880

（1）利用 MATLAB 绘制 DME 的饱和蒸气压与温度的散点图。

（2）利用 MATLAB 建立 DME 的饱和蒸气压与温度的数学模型。

13. 利用 MATLAB 在同一窗口绘制函数 $y_1 = \sin(2x-0.3)$ 和 $y_2 = 3\cos(x+0.5)$ 在区间 $[0, 2\pi]$ 上的图像，要求：（1）y_1 曲线为红色波折线样式，y_2 曲线为蓝色虚点线样式，两曲线的交叉点用五角星进行标记；（2）在图像上添加标题、坐标轴标记和图例。

14. 炼钢厂出钢时所用的盛钢水的钢包，由于钢水对耐火材料的侵蚀，其容积不断增大。为了找出使用次数与增大的容积之间的函数关系，统计出了实验数据，如表 2-10 所示。

表 2-10　钢包使用次数与增大的容积数据

使用次数/次	2	3	4	5	6	7	8	9
增大的容积/m³	6.42	8.20	9.58	9.50	9.70	10	9.93	9.99
使用次数/次	10	11	12	13	14	15	16	
增大的容积/m³	10.49	10.59	10.6	10.80	10.60	10.90	10.76	

（1）分别选择函数 $y = ax^2 + bx + c$、$y = \dfrac{x}{ax+b}$、$y = ae^{\frac{b}{x}}$ 拟合钢包增大的容积与使用次数的关系，并通过误差平方和比较拟合效果。

（2）在同一坐标系内绘制上述拟合函数图像。

第3章　一元函数微分学及其应用

实施科教兴国战略，强化现代化建设人才支撑。我国将教育、科技、人才“三位一体”统筹安排、一体部署，明确了科教兴国战略在新时代的科学内涵和使命任务。导数与微分是微积分的核心内容，它们从生产技术和自然科学的需要中产生，又促进了生产技术和自然科学的发展。它们在天文、物理、几何和工程等领域都有着广泛的应用，如应用在几何中求切线，应用在代数中求瞬时变化率，应用在物理中求速度、加速度，应用在工农业生产及生活中求“选址最佳”“用料最省”“流量最大”等。

第一节　导数的概念

一、导数的定义

引例 1　设某物体沿直线运动，其运动方程为 $s=5t^2+6$。

（1）求物体在 $2\leqslant t\leqslant 3$ 这段时间内的平均速度。

（2）求物体在 $t_0=2$ 时刻的瞬时速度。

解　（1）物体做匀速运动，且速度 $=\dfrac{路程}{时间}$，在 $2\leqslant t\leqslant 3$ 这段时间内，物体所经过的路程

$$\Delta s=s(3)-s(2)=(5\times 3^2+6)-(5\times 2^2+6)=25。$$

因此，物体在 $2\leqslant t\leqslant 3$ 这段时间内的平均速度为

$$\overline{v}=\frac{\Delta s}{\Delta t}=25。$$

平均速度反映了物体在某一段时间内运动的快慢程度，那么，如何描述物体在某一时刻运动的快慢程度，即物体运动的瞬时速度？

（2）为了求物体在 t_0 时刻的瞬时速度，在 t_0 时刻附近取一个新的时刻 $t_0+\Delta t$，如图 3-1 所示，由（1）可知，物体在 $t_0\leqslant t\leqslant t_0+\Delta t$ 这段时间的平均速度为

$$\overline{v}=\frac{\Delta s}{\Delta t}=\frac{s(t_0+\Delta t)-s(t_0)}{\Delta t}=10t_0+5\Delta t。$$

图 3-1

从理论上来说，当时间间隔 Δt 无限接近于 0 时，平均速度 $\overline{v}$ 将无限接近于 t_0 时刻的瞬时速度。下面取 $t_0=2$，Δt 从 0.1 开始逐渐趋向于 0，则物体在 $[t_0,t_0+\Delta t]$ 这段时间内的平均速度的部分数值结果如表 3-1 所示。

从表 3-1 可以看出，时间间隔 Δt 越小，平均速度 $\overline{v}$ 越接近于 20。因此，不难判断物体在 $t_0=2$ 时刻的瞬时速度为 20。

事实上，利用极限思想，物体在 t_0 时刻的瞬时速度可以表示为

$$v(t_0)=\lim_{\Delta t\to 0}\frac{\Delta s}{\Delta t}=\lim_{\Delta t\to 0}(10t_0+5\Delta t)=10t_0。$$

表 3-1 物体在$[t_0,t_0+\Delta t]$这段时间内的平均速度的部分数值结果

Δt	0.1	0.09	0.08	0.07	0.06	0.05
$\bar{v}$	20.5	20.45	20.4	20.35	20.3	20.25
Δt	0.04	0.03	0.02	0.01	0.001	0.0001
$\bar{v}$	20.2	20.15	20.1	20.05	20.005	20.0005
Δt	0.00001	0.000001	0.0000001	0.00000001	…	…
$\bar{v}$	20.00005	20.000005	20.0000005	20.00000005	…	…

因此，将$t_0=2$代入上式得$v(2)=20$，即物体在$t_0=2$时刻的瞬时速度为 20。从引例中可以看到，当时间间隔取得足够小时，平均速度的极限就是瞬时速度。在生活中，对待问题的看法，处理问题的方法也应该是变化发展的，我们应该紧跟时代步伐，顺应实践发展。

现实生活中类似的问题有很多，这些问题都可归结为考察当自变量的改变量Δx无限接近于 0 时，相应的函数值改变量Δy与自变量的改变量Δx之比的极限。如果“抽去”这些问题的背景意义，抓住它们在数量关系上的共性，就可以得出导数概念。

定义 3.1 设函数$y=f(x)$在点x_0的某个邻域上有定义，且极限

$$\lim_{\Delta x\to 0}\frac{\Delta y}{\Delta x}=\lim_{\Delta x\to 0}\frac{f(x_0+\Delta x)-f(x_0)}{\Delta x}$$

存在，则称此极限值为函数$f(x)$在点x_0处的**导数**，记作

$$f'(x_0)\text{ 或 }y'|_{x=x_0}\text{ 或 }\left.\frac{\mathrm{d}y}{\mathrm{d}x}\right|_{x=x_0}\text{ 或 }\left.\frac{\mathrm{d}f(x)}{\mathrm{d}x}\right|_{x=x_0},$$

也称函数$f(x)$在点x_0处可导。

若极限$\lim\limits_{\Delta x\to 0}\frac{\Delta y}{\Delta x}$不存在，则称函数$f(x)$在点$x_0$处不可导。

显然，求函数$f(x)$在点x_0处的导数$f'(x_0)$可归纳为以下 3 步。

（1）求函数值改变量：$\Delta y=f(x_0+\Delta x)-f(x_0)$。

（2）计算比值：$\frac{\Delta y}{\Delta x}=\frac{f(x_0+\Delta x)-f(x_0)}{\Delta x}$。

（3）求极限：$f'(x_0)=\lim\limits_{\Delta x\to 0}\frac{\Delta y}{\Delta x}=\lim\limits_{\Delta x\to 0}\frac{f(x_0+\Delta x)-f(x_0)}{\Delta x}$。

【例 1】 设函数$f(x)=x^2$，求$f'(x_0)$及$f'(2)$。

解 （1）求函数值改变量：$\Delta y=(x_0+\Delta x)^2-x_0^2=2x_0\Delta x+\Delta x^2$。

（2）计算比值：$\frac{\Delta y}{\Delta x}=2x_0+\Delta x$。

（3）求极限：$f'(x_0)=\lim\limits_{\Delta x\to 0}(2x_0+\Delta x)=2x_0$。

即$f'(x_0)=2x_0$，进一步将$x_0=2$代入得$f'(2)=4$。

由例 1 可以看出，对于每一个确定的x_0，导数$f'(x_0)$也是唯一确定的，因而这些导数值就构成了关于自变量x_0的一个新函数，称为函数$f(x)$的导函数。

定义 3.2 如果函数$y=f(x)$在区间(a,b)上的每一点都可导，则称函数$f(x)$在区间(a,b)上**可导**。函数$f(x)$在可导区间(a,b)上的任意点x处的导数$f'(x)$称为函数$f(x)$的**导函数**，记作

$$f'(x) \text{或} y' \text{或} \frac{dy}{dx} \text{或} \frac{df(x)}{dx},$$

即

$$f'(x) = \lim_{\Delta x \to 0} \frac{\Delta y}{\Delta x} = \lim_{\Delta x \to 0} \frac{f(x+\Delta x) - f(x)}{\Delta x}。$$

对于例 1，有 $(x^2)' = 2x$，更一般的有

$$(x^\alpha)' = \alpha x^{\alpha-1} \text{（}\alpha \text{为实常数）。}$$

如 $(x^3)' = 3x^2$，$(x^{\frac{1}{2}})' = \frac{1}{2}x^{-\frac{1}{2}}$，$\left(\frac{1}{x}\right)' = -x^{-2}$ 等。

在不引起混淆的情况下，导函数也简称为**导数**。

显然，在导函数的概念中，x 是求极限过程中的常量。同时，函数在点 x_0 处的导数 $f'(x_0)$ 就是导函数 $f'(x)$ 在点 x_0 处的函数值，即

$$f'(x_0) = f(x)\Big|_{x=x_0}。$$

【例 2】 求常数函数 $y = c$（c 为常数）的导数。

解 无论 x 取何值，$y = c$，所以

$$\Delta y = f(x+\Delta x) - f(x) = c - c = 0,$$

于是有 $\frac{\Delta y}{\Delta x} = \frac{0}{\Delta x} = 0$，

所以 $y' = \lim\limits_{\Delta x \to 0} \frac{\Delta y}{\Delta x} = 0$，

即 $c' = 0$。

【例 3】 求函数 $y = e^x$ $(a > 0, a \neq 1)$ 的导数。

解 （1）求函数值改变量：$\Delta y = e^{x+\Delta x} - e^x = e^x(e^{\Delta x} - 1)$。

（2）计算比值：$\frac{\Delta y}{\Delta x} = \frac{e^x(e^{\Delta x} - 1)}{\Delta x}$。

（3）求极限：令 $e^{\Delta x} - 1 = m$，可得 $\Delta x = \ln(m+1)$，且当 $\Delta x \to 0$ 时，$m \to 0$，

$$y' = \lim_{\Delta x \to 0} \frac{\Delta y}{\Delta x} = e^x \lim_{\Delta x \to 0} \frac{e^{\Delta x} - 1}{\Delta x} = e^x \lim_{m \to 0} \frac{m}{\ln(m+1)}。$$

因为 $\lim\limits_{m \to 0} \frac{\ln(m+1)}{m} = \lim\limits_{m \to 0} \ln(m+1)^{\frac{1}{m}} = \ln e = 1$，

所以 $y' = e^x$。

更一般的有，$(a^x)' = a^x \ln a$。

二、导数的几何意义

引例 2 已知抛物线 $y = x^2$，$M(1,1)$ 和 $N(2,4)$ 是抛物线上的两点。

（1）求过 M 和 N 两点的直线（也称为抛物线的割线）方程；

（2）求抛物线在点 M 处的切线方程。

解 （1）过M和N两点的直线斜率$k_{MN}=\frac{4-1}{2-1}=3$，所以直线方程为

$$y-1=3(x-1),$$

整理得$3x-y-2=0$。

（2）在点M附近任取一点$P(1+\Delta x,1+\Delta y)$，则当点P沿曲线C趋向于点M，即$\Delta x\to 0$时，割线MP的极限即抛物线在点M处的切线，如图3-2所示。

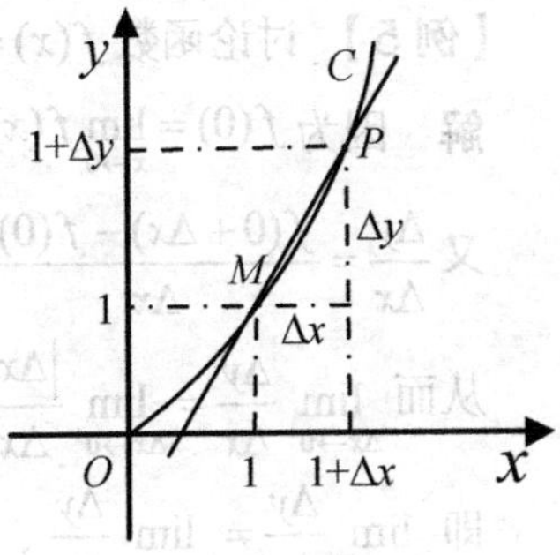

图3-2

因为$k_{MP}=\frac{(1+\Delta y)-1}{(1+\Delta x)-1}=\frac{\Delta y}{\Delta x}$，

所以$k_{切线}=\lim\limits_{P\to M}k_{MP}=\lim\limits_{\Delta x\to 0}\frac{\Delta y}{\Delta x}=(x^2)'\big|_{x=1}=2$。

因此抛物线在点M处的切线方程为

$$y-1=2(x-1),$$

整理得$2x-y-1=0$。

由引例2可知，光滑曲线在某一点的切线问题是函数值改变量与自变量改变量之比的极限问题，由此可得导数$f'(x_0)$的几何意义为：函数$y=f(x)$在点x_0处的导数就是函数所表示的曲线C在点$M(x_0,y_0)$处的切线斜率。

若导数$f'(x_0)$存在，则曲线C在点$M(x_0,y_0)$处的切线方程为

$$y-y_0=f'(x_0)(x-x_0)。$$

若$\lim\limits_{\Delta x\to 0}\frac{\Delta y}{\Delta x}=\infty$，则切线垂直于$x$轴，切线方程为$x=x_0$。

若导数$f'(x_0)\neq 0$，则曲线在点$M(x_0,y_0)$处的法线（过切点且垂直于切线）方程为

$$y-y_0=-\frac{1}{f'(x_0)}(x-x_0),\ (f'(x_0)\neq 0)。$$

【思考】 若$f'(x_0)=0$，那么曲线的切线方程与法线方程是什么呢？

【例4】 求曲线$y=\mathrm{e}^x$在点$(0,1)$处的切线方程和法线方程。

解 由于$y'=(\mathrm{e}^x)'=\mathrm{e}^x$，故曲线$y=\mathrm{e}^x$在点$(0,1)$处的切线斜率为

$$y'\big|_{x=0}=\mathrm{e}^x\big|_{x=0}=1,$$

所求的切线方程为$y-1=1(x-0)$，即

$$y=x+1;$$

法线方程为$y-1=-1(x-0)$，即

$$y=-x+1。$$

三、可导与连续的关系

函数$y=f(x)$在点x_0处可导是指极限$\lim\limits_{\Delta x\to 0}\frac{\Delta y}{\Delta x}$存在，在点$x_0$处连续是指$\lim\limits_{\Delta x\to 0}\Delta y=0$。这两种性质存在以下关系。

定理3.1 若函数$y=f(x)$在点x_0处可导，则$f(x)$在该点处连续。

证明 因为$y=f(x)$在点x_0处可导，

所以 $\lim\limits_{\Delta x\to 0}\Delta y=\lim\limits_{\Delta x\to 0}\left(\dfrac{\Delta y}{\Delta x}\cdot\Delta x\right)=\lim\limits_{\Delta x\to 0}\dfrac{\Delta y}{\Delta x}\lim\limits_{\Delta x\to 0}\Delta x=0$，

故函数 $y=f(x)$ 在点 x_0 处连续。

注意：函数在点 x_0 处连续，却不一定在点 x_0 处可导。

【例 5】 讨论函数 $f(x)=|x|$ 在点 $x=0$ 处的连续性和可导性。

解 因为 $f(0)=\lim\limits_{x\to 0}f(x)=\lim\limits_{x\to 0}|x|=0$，故 $f(x)=|x|$ 在点 $x=0$ 处连续。

又 $\dfrac{\Delta y}{\Delta x}=\dfrac{f(0+\Delta x)-f(0)}{\Delta x}=\dfrac{|\Delta x|}{\Delta x}$，

从而 $\lim\limits_{\Delta x\to 0^+}\dfrac{\Delta y}{\Delta x}=\lim\limits_{\Delta x\to 0^+}\dfrac{|\Delta x|}{\Delta x}=1$，$\lim\limits_{\Delta x\to 0^-}\dfrac{\Delta y}{\Delta x}=\lim\limits_{\Delta x\to 0^-}\dfrac{-\Delta x}{\Delta x}=-1$。

即 $\lim\limits_{\Delta x\to 0^+}\dfrac{\Delta y}{\Delta x}\neq\lim\limits_{\Delta x\to 0^-}\dfrac{\Delta y}{\Delta x}$，极限 $\lim\limits_{\Delta x\to 0}\dfrac{\Delta y}{\Delta x}$ 不存在。

故函数 $f(x)=|x|$ 在点 $x=0$ 处不可导。

第二节 导数的运算

本章第一节介绍了如何利用导数的定义求函数的导数，然而利用定义求函数的导数在绝大多数情况下是不可取的，本节将介绍如何建立求导法则，并利用求导法则求函数的导数。

一、常数和基本初等函数的导数公式

常数和基本初等函数的导数公式是导数运算的基础，表 3-2 所示的 16 个常用导数公式需要熟练掌握。

表 3-2 常用导数公式

常用导数公式	常用导数公式
（1）$(C)'=0$	（2）$(x^{\alpha})'=\alpha x^{\alpha-1}$
（3）$(\ln x)'=\dfrac{1}{x}$	（4）$(\log_a x)'=\dfrac{1}{x\ln a}$
（5）$(\mathrm{e}^x)'=\mathrm{e}^x$	（6）$(a^x)'=a^x\ln a$
（7）$(\sin x)'=\cos x$	（8）$(\cos x)'=-\sin x$
（9）$(\tan x)'=\dfrac{1}{\cos^2 x}=\sec^2 x$	（10）$(\cot x)'=-\dfrac{1}{\sin^2 x}=-\csc^2 x$
（11）$(\sec x)'=\sec x\tan x$	（12）$(\csc x)'=-\csc x\cot x$
（13）$(\arcsin x)'=\dfrac{1}{\sqrt{1-x^2}}$	（14）$(\arccos x)'=-\dfrac{1}{\sqrt{1-x^2}}$
（15）$(\arctan x)'=\dfrac{1}{1+x^2}$	（16）$(\mathrm{arccot}\, x)'=-\dfrac{1}{1+x^2}$

二、导数的四则运算法则

定理 3.2 设函数 $u(x)$、$v(x)$ 在点 x 处可导，则函数 $u(x)\pm v(x)$、$u(x)\cdot v(x)$、$\dfrac{v(x)}{u(x)}$

$(u(x) \neq 0)$ 在点 x 处也可导，且有

（1）$[u(x) \pm v(x)]' = u'(x) \pm v'(x)$；

（2）$[u(x)v(x)]' = u'(x)v(x) + u(x)v'(x)$，特别地，$[c \cdot u(x)]' = c \cdot u'(x)$ (c为常数)；

（3）$\left[\dfrac{v(x)}{u(x)}\right]' = \dfrac{u(x)v'(x) - u'(x)v(x)}{u^2(x)} (u(x) \neq 0)$。

注意：法则（1）和法则（2）可以推广到有限多个函数的情形。

【例 6】 设 $y = \sqrt{x} + 5\cos x - \ln 2$，求 y'。

解
$$\begin{aligned} y' &= (\sqrt{x} + 5\cos x - \ln 2)' \\ &= (\sqrt{x})' + (5\cos x)' - (\ln 2)' \\ &= \frac{1}{2\sqrt{x}} - 5\sin x \text{。} \end{aligned}$$

例 6 的 MATLAB 求解代码如下。

```
>>syms x;
>>y = sqrt(x)+5*cos(x)-log(2);
>>diff(y,x)%求导数
```

程序运行结果如下。

```
ans =
    1/(2*x^(1/2)) - 5*sin(x)
```

【例 7】 设 $y = x^3 \ln x$，求 y'。

解
$$\begin{aligned} y' &= (x^3 \ln x)' = (x^3)' \ln x + x^3 (\ln x)' \\ &= 3x^2 \ln x + x^3 \cdot \frac{1}{x} \\ &= 3x^2 \ln x + x^2 \text{。} \end{aligned}$$

例 7 的 MATLAB 求解代码如下。

```
>>syms x;
>>y = x^3*log(x);
>>diff(y,x)
```

程序运行结果如下。

```
ans =
    3*x^2*log(x) + x^2
```

【例 8】 设 $y = \tan x$，求 y'。

解
$$\begin{aligned} y' &= (\tan x)' = \left(\frac{\sin x}{\cos x}\right)' = \frac{(\sin x)'\cos x - \sin x(\cos x)'}{\cos^2 x} \\ &= \frac{\cos^2 x + \sin^2 x}{\cos^2 x} = \frac{1}{\cos^2 x} = \sec^2 x \text{。} \end{aligned}$$

【例 9】 已知某物体做直线运动，运动方程为 $s = (t^2 + 1)(t + 1)$（s 的单位为 m，t 的单位为 s），求物体在 $t = 3\text{s}$ 时刻的瞬时速度。

解 利用 MATLAB 求解，代码如下。

```
>>clc;clear all;close all;
```

```
>>syms t;
>>s = (t^2+1)*(t+1);
>>dydx = diff(s,t);
>>value = subs(dydx,3)%在 t=3 时的函数值
```

程序运行结果如下。

```
value =
    34
```

从而可知物体在 $t=3$s 时刻的瞬时速度为 34 m/s。

三、复合函数的求导法则

引例 3 已知 $y=\sin 2x$，求 y'。

解 这里不能直接用公式求导，但可用求导法则求：

$$\begin{aligned} y' &= (\sin 2x)' = (2\sin x\cos x)' \\ &= 2[(\sin x)'\cos x + \sin x(\cos x)'] \\ &= 2(\cos^2 x - \sin^2 x) = 2\cos 2x \text{。} \end{aligned}$$

已知 $(\sin x)' = \cos x$，但 $(\sin 2x)' \neq \cos 2x$，而

$$(\sin 2x)' = \cos 2x \times (2x)' = 2\cos 2x \text{。}$$

对于复合函数，有下面的求导法则。

定理 3.3（复合函数的求导法则） 如果函数 $u=\varphi(x)$ 在点 x 处可导，而函数 $y=f(u)$ 在对应点 $u=\varphi(x)$ 处也可导，则复合函数 $y=f[\varphi(x)]$ 在点 x 处可导，且有

$$\frac{\mathrm{d}y}{\mathrm{d}x} = \frac{\mathrm{d}y}{\mathrm{d}u}\cdot\frac{\mathrm{d}u}{\mathrm{d}x} \text{ 或 } \{f[\varphi(x)]\}' = f'(u)\cdot\varphi'(x) \text{。}$$

复合函数对自变量的导数，等于复合函数对中间变量的导数乘中间变量对自变量的导数。这里 $f'(u)$ 表示函数 $y=f(u)$ 关于 u 求导，即求导时将 u 看成自变量直接利用求导公式。

若 $y=f(u)$、$u=g(v)$、$v=\varphi(x)$ 都可导，则复合函数 $y=f\{g[\varphi(x)]\}$ 也可导，且

$$\frac{\mathrm{d}y}{\mathrm{d}x} = \frac{\mathrm{d}y}{\mathrm{d}u}\cdot\frac{\mathrm{d}u}{\mathrm{d}v}\cdot\frac{\mathrm{d}v}{\mathrm{d}x} \text{。}$$

注意：复合函数求导的关键是要理清复合函数结构，中间变量的设置，要以保证内外层函数能构成基本初等函数为准。

【例 10】 设 $y=(3x+1)^5$，求 $\frac{\mathrm{d}y}{\mathrm{d}x}$。

解 函数 $y=(3x+1)^5$ 是由 $y=u^5$、$u=3x+1$ 复合而成的，因此

$$\frac{\mathrm{d}y}{\mathrm{d}x} = \frac{\mathrm{d}y}{\mathrm{d}u}\cdot\frac{\mathrm{d}u}{\mathrm{d}x} = (u^5)'\cdot(3x+1)' = 5u^4\cdot 3 = 15(3x+1)^4 \text{。}$$

如果希望利用 MATLAB 求复合函数的导数，通常有下面两种方法。

方法一：先分解复合函数，再求导。

```
>>syms x u;
>>u=3*x+1;
>>y=u^5;
>>diff(y,x)
```

方法二：直接对复合函数求导。

```
>>syms x;
>>y = (3*x+1)^5;
>>diff(y,x)
```

【例 11】 设 $y=\cos^2 x$，求 y'。

解　函数 $y=\cos^2 x$ 是由 $y=u^2$、$u=\cos x$ 复合而成的，因此

$$y'=\frac{\mathrm{d}y}{\mathrm{d}u}\cdot\frac{\mathrm{d}u}{\mathrm{d}x}$$
$$=(u^2)'\cdot(\cos x)'=2u\cdot(-\sin x)$$
$$=-2\sin x\cos x=-\sin 2x。$$

例 11 的 MATLAB 求解代码如下。

```
>>syms x u;
>>u=cos(x);
>>y=u^2;
>>diff(y,x)
```

程序运行结果如下。

```
ans =
    -2*cos(x)*sin(x)
```

注意：求复合函数的导数的关键是，在求导时要分清复合过程，认准中间变量，按法则从外到内逐层求导。

【例 12】 设 $y=\ln\sin \mathrm{e}^x$，求 y'。

解　函数 $y=\ln\sin \mathrm{e}^x$ 是由 $y=\ln u$、$u=\sin v$、$v=\mathrm{e}^x$ 复合而成的，利用 MATLAB 求解的代码如下。

```
>>syms x u v;
>>v=exp(x);
>>u=sin(v);
>>y=log(u);
>>diff(y,x)
```

程序运行结果如下。

```
ans =
    (cos(exp(x))*exp(x))/sin(exp(x))
```

即 $y'=(\ln\sin \mathrm{e}^x)'=\mathrm{e}^x\cot \mathrm{e}^x$。

当运算熟练后，就不必写出中间变量了，只需在心中记住中间变量，按复合函数的求导法则，直接由外到内逐层求导，注意不要遗漏。

【例 13】 设 $y=\sin^2 x\cos 2x$，求 y'。

解　先用积的求导法则，得

$$y'=(\sin^2 x)'\cdot\cos 2x+\sin^2 x\cdot(\cos 2x)',$$

在计算 $(\sin^2 x)'$、$(\cos 2x)'$ 时，运用复合函数的求导法则，于是得

$$y'=2\sin x\cdot(\sin x)'\cdot\cos 2x+\sin^2 x\cdot(-\sin 2x)\cdot(2x)'$$
$$=\frac{1}{2}\sin 4x-2\sin^2 x\sin 2x。$$

【例 14】 设 $y=\ln(x+\sqrt{x^2+1})$，求 y'。

解 利用 MATLAB 求解的代码如下。

```
>>syms x;
>>y = log(x+sqrt(x^2+1));
>>a = diff(y,x);
>>simplify(a)  %化简结果
```

程序运行结果如下。

```
ans =
    1/(x^2 + 1)^(1/2)
```

即 $y'=[\ln(x+\sqrt{x^2+1})]'=\dfrac{1}{\sqrt{x^2+1}}$。

四、高阶导数

定义 3.3 如果函数 $y=f(x)$ 的导数 $y'=f'(x)$ 仍是 x 的可导函数，则称 $f'(x)$ 的导数为函数 $f(x)$ 的**二阶导数**，记作

$$y'' \text{ 或 } f''(x) \text{ 或 } \frac{\mathrm{d}^2 y}{\mathrm{d}x^2}。$$

函数 $y=f(x)$ 的导数 $f'(x)$ 称为函数 $y=f(x)$ 的**一阶导数**。

二阶导数的导数称为**三阶导数**，记作 y'''，四阶或四阶以上的导数分别记作

$$y^{(4)}, y^{(5)}, \cdots, y^{(n)}。$$

二阶或二阶以上的导数称为**高阶导数**。

要求一个函数的高阶导数，对函数进行一次次的求导即可。

【例 15】 设 $y=2x^3+4x^2+1$，求 y'、y''、y'''。

解 $y'=6x^2+8x$，

$y''=(y')'=(6x^2+8x)'=12x+8$，

$y'''=(y'')'=(12x+8)'=12$。

例 15 的 MATLAB 求解的代码如下。

```
>>syms x
>>y = 2*x^3+4*x^2+1;
>>diff(y,x,1) %一阶导数
>>diff(y,x,2) %二阶导数
>>diff(y,x,3) %三阶导数
```

程序运行结果如下。

```
ans =
    6*x^2 + 8*x
ans =
    12*x + 8
ans =
    12
```

【例 16】 求函数 $y=x\ln x$ 的二阶导数。

解　$y' = (x\ln x)' = 1\cdot\ln x + x\cdot\dfrac{1}{x} = \ln x + 1$，

$$y'' = (\ln x + 1)' = \frac{1}{x}。$$

例 16 的 MATLAB 求解代码如下。

```
>>syms x;
>>y = x*log(x);
>>diff(y,x,2)
```

程序运行结果如下。

```
ans =
    1/x
```

五、隐函数及由参数方程所确定的函数的导数

1. 隐函数的导数

函数 $y = f(x)$ 称为显函数，而由方程 $F(x,y) = 0$ 所确定的函数称为**隐函数**。如 $y = x^2$、$y = \ln(3x-1)$ 都是显函数，而由方程 $x^2 + y^2 = 25$、$xy + \ln y = 1$ 所确定的函数是隐函数。隐函数很多时候不能被转化为显函数，但可以利用复合函数的求导法则求出隐函数的导数。

设方程 $F(x,y) = 0$ 确定了 y 关于 x 的函数，并且可导，将方程两边同时对 x 求导，并将 y 看成关于 x 的函数，便可得到隐函数的导数。

【例 17】 求由方程 $xy + \ln y = 1$ 所确定的函数 $y = f(x)$ 的导数。

解　将方程两边同时对 x 求导，并注意 y 是关于 x 的函数，得

$$y + xy' + \frac{1}{y}y' = 0,$$

解出 y'，可得函数的导数为：$y' = -\dfrac{y^2}{xy+1}$。

利用 MATLAB 求隐函数的导数的代码会复杂一些，例 17 的 MATLAB 求解代码如下。

```
>>clc;clear all;close all;
>>syms x;
>>f = sym('x*y(x)+log(y(x))=1') ;     %转化为符号表达式
>>df1 = diff(f,x) ;
>>df2 = subs(df1,'diff(y(x) ,x)','a') ;  %用新的变量替代 diff(y(x),x)
>>df = solve(df2,'a')  %解方程，得出 a 的值，即隐函数的一阶导数
```

程序运行结果如下。

```
df =
    -y(x)/(x + 1/y(x))
```

2. 由参数方程所确定的函数的导数

设 t 为参数，有参数方程

$$\begin{cases} x = \varphi(t) \\ y = \psi(t) \end{cases},$$

其中 $t\in[\alpha,\beta]$，若参数方程确定了 y 与 x 之间的函数关系 $y = f(x)$，则称该函数为由上述参数方程所确定的函数。对于这一类函数，又应如何求导数呢？

如果函数 $x=\varphi(t)$ 、$y=\psi(t)$ 都可导，且 $\varphi'(t)\neq 0$，又 $x=\varphi(t)$ 的反函数 $t=\varphi^{-1}(x)$ 单调连续，则由参数方程所确定的函数可看成 $y=\psi(t)$ 与 $t=\varphi^{-1}(x)$ 复合而成的函数，根据复合函数的求导法则，有

$$\frac{dy}{dx}=\frac{dy}{dt}\cdot\frac{dt}{dx}=\frac{dy}{dt}\cdot\frac{1}{\frac{dx}{dt}}=\psi'(t)\frac{1}{\varphi'(t)}。$$

于是得到由参数方程所确定的函数的导数计算公式为

$$\frac{dy}{dx}=\frac{\psi'(t)}{\varphi'(t)}。$$

【例 18】 设参数方程 $\begin{cases}x=t^2-1\\y=t-t^3\end{cases}$ 确定了函数 $y=y(x)$，求 $\frac{dy}{dx}$。

解 由于 $x'(t)=2t$ 、$y'(t)=1-3t^2$，所以有

$$\frac{dy}{dx}=\frac{y'(t)}{x'(t)}=\frac{1-3t^2}{2t}。$$

利用 MATLAB 求参数方程所确定的函数的导数的代码如下。

```
>>clc;close all;clear all;
>>syms t;
>>x = t^2-1;
>>y = t-t^3;
>>disp('参数方程的一阶导数为')
>>dydx=diff(y,t)/diff(x,t)
```

程序运行结果如下。

```
参数方程的一阶导数为
dydx =
    -(3*t^2 - 1)/(2*t)
```

第三节 函数的微分

在实际问题中，知道一个函数 $y=f(x)$ 在某点（如点 x_0）处的函数值很容易，但通常难以计算在点 x_0 附近的点 $x_0+\Delta x$ 的函数值，即 $\Delta y=f(x_0+\Delta x)-f(x_0)$ 的计算往往比较麻烦，那么能否找到一个计算 Δy 的近似方法，使计算变得简便且精度较高呢？这就是函数的微分问题。

一、微分的概念

引例 4 设边长为 x_0 的正方形金属薄片，因受温度变化的影响，边长由 x_0 增加到 $x_0+\Delta x$，问此薄片的面积 $S=x^2$ 改变了多少？

解 如图 3-3 所示，面积 S 的改变量 ΔS 为

$$\Delta S=(x_0+\Delta x)^2-{x_0}^2=2x_0\Delta x+(\Delta x)^2。$$

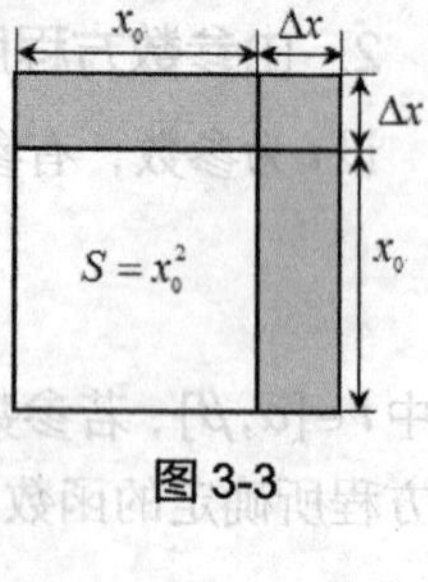

图 3-3

显然，ΔS 被分成两部分，第一部分 $2x_0\Delta x$ 是 Δx 的线性函数，第二部分是 $(\Delta x)^2$。如果 $|\Delta x|$ 很小，且比 $2x_0\Delta x$ 小得多，在近似计算中，

则 $(\Delta x)^2$ 往往可以忽略不计，即

$$\Delta S \approx 2x_0 \Delta x 。$$

例如，当 $\Delta x = 0.01$ 时，$(\Delta x)^2 = 0.0001$，忽略不计后以 $2x_0\Delta x$ 作为 ΔS 的近似值。

由于面积 $S = x^2$，从而有 $S'(x_0) = 2x_0$，所以

$$\Delta S \approx S'(x_0)\cdot\Delta x ,$$

$S'(x_0)\cdot\Delta x$ 为 ΔS 的线性主部，也称它为函数在点 x_0 处的微分。

定义 3.4 设函数 $y = f(x)$ 在点 x_0 处可导，则称 $f'(x_0)\Delta x$ 为函数 $y = f(x)$ 在点 x_0 处的**微分**，记作 $\mathrm{d}y\big|_{x=x_0}$，即 $\mathrm{d}y\big|_{x=x_0} = f'(x_0)\Delta x$，也称函数 $y = f(x)$ 在点 x_0 处**可微**。

自变量 x 的改变量 Δx 称为**自变量的微分**，记作 $\mathrm{d}x$，即 $\mathrm{d}x = \Delta x$。于是有

$$\mathrm{d}y\big|_{x=x_0} = f'(x_0)\mathrm{d}x 。$$

函数 $y = f(x)$ 在任意点 x 处的微分称为**函数的微分**，记作

$$\mathrm{d}y = f'(x)\mathrm{d}x 。$$

函数的微分等于函数的导数与自变量的微分的乘积，求函数的微分只需求出函数的导数与自变量的微分的乘积即可。

【例 19】 求函数 $y = x^4\cos x$ 的微分。

解 函数的导数为

$$y' = (x^4\cos x)' = 4x^3\cos x - x^4\sin x ,$$

所以函数的微分为

$$\mathrm{d}y = y'\mathrm{d}x = (4x^3\cos x - x^4\sin x)\mathrm{d}x 。$$

【例 20】 求函数 $y = \ln\sin 8x$ 的微分。

解 函数的导数为

$$y' = (\ln\sin 8x)' = \frac{1}{\sin 8x}(\sin 8x)'$$

$$= \frac{1}{\sin 8x}8\cos 8x = 8\cot 8x ,$$

所以函数的微分为

$$\mathrm{d}y = y'\mathrm{d}x = 8\cot 8x\mathrm{d}x 。$$

【例 21】 设函数 $y = x^3$，求当 $x = 1$、$\Delta x = 0.01$ 时，函数的微分 $\mathrm{d}y$ 和函数值改变量 Δy。

解 因为 $\mathrm{d}y = 3x^2\mathrm{d}x$，当 $x = 1$、$\Delta x = 0.01$ 时，有

$$\mathrm{d}y = 3\times 1^2 \times 0.01 = 0.03 ,$$

$$\Delta y = f(1.01) - f(1) = 1.01^3 - 1^3 = 0.030301 。$$

例 21 表明：当 $|\Delta x|$ 较小时，$\mathrm{d}y \approx \Delta y$。这个结论具有一般性。

二、微分公式与微分的运算法则

1. 微分公式

根据导数与微分的关系，对应于常数和基本初等函数的导数公式，常用微分公式如表 3-3 所示。

表 3-3 常用微分公式

常用微分公式	常用微分公式
(1) $d(C)=0$	(2) $d(x^{\alpha})=\alpha x^{\alpha-1}dx$
(3) $d(\ln x)=\frac{1}{x}dx$	(4) $d(\log_a x)=\frac{1}{x\ln a}dx$
(5) $d(e^x)=e^x dx$	(6) $d(a^x)=a^x\ln a dx$
(7) $d(\sin x)=\cos x dx$	(8) $d(\cos x)=-\sin x dx$
(9) $d(\tan x)=\frac{1}{\cos^2 x}dx=\sec^2 x dx$	(10) $d(\cot x)=-\frac{1}{\sin^2 x}dx=-\csc^2 x dx$
(11) $d(\sec x)=\sec x\tan x dx$	(12) $d(\csc x)=-\csc x\cot x dx$
(13) $d(\arcsin x)=\frac{1}{\sqrt{1-x^2}}dx$	(14) $d(\arccos x)=-\frac{1}{\sqrt{1-x^2}}dx$
(15) $d(\arctan x)=\frac{1}{1+x^2}dx$	(16) $d(\text{arc}\cot x)=-\frac{1}{1+x^2}dx$

2. 微分的四则运算法则

设函数 $u=u(x)(u\neq 0)$、$v=v(x)$ 都可微，则

(1) $d(u\pm v)=du\pm dv$；

(2) $d(u\cdot v)=udv+vdu$；

(3) $d\left(\frac{v}{u}\right)=\frac{udv-vdu}{u^2}$。

3. 复合函数的微分法则

如果函数 $u=\varphi(x)$ 在点 x 处可微，而函数 $y=f(u)$ 在对应点 $u=\varphi(x)$ 处也可微，则复合函数 $y=f[\varphi(x)]$ 在点 x 处可微，且

$$dy=f'(u)\varphi'(x)dx,$$

又因为函数 $u=\varphi(x)$ 的微分 $du=\varphi'(x)dx$，所以

$$dy=f'(u)du。$$

上式表明，不论 u 是自变量还是中间变量，函数 $y=f(u)$ 的微分形式不变，这一性质称为**微分形式不变性**。

【例 22】 在等式左端的括号中填入适当的函数，使等式成立。

(1) $d(\quad)=x^3dx$　　(2) $d(\quad)=\sin 7x dx$

解 (1) 因为 $dx^4=4x^3dx$，于是得

$$x^3dx=\frac{1}{4}dx^4=d\left(\frac{1}{4}x^4\right),$$

所以 $d\left(\frac{1}{4}x^4\right)=x^3dx$。

(2) 因为 $d(\cos 7x)=-7\sin 7x dx$，于是得

$$\sin 7x dx=-\frac{1}{7}d(\cos 7x)=d\left(-\frac{1}{7}\cos 7x\right),$$

所以 $d\left(-\frac{1}{7}\cos 7x\right)=\sin 7x dx$。

【例 23】 求函数 $y=x^2\cos x$ 的微分 dy。

解 根据微分的四则运算法则，有

$$dy=d(x^2\cos x)=\cos x d(x^2)+x^2 d(\cos x)$$
$$=2x\cos x dx-x^2\sin x dx。$$

【例 24】 求函数 $y=\ln(1+e^{x^2})$ 的微分 dy。

解 **方法一**：利用导数与微分的关系，因为

$$y'=\frac{1}{1+e^{x^2}}\cdot(1+e^{x^2})'=\frac{2xe^{x^2}}{1+e^{x^2}},$$

所以 $dy=y'dx=\frac{2xe^{x^2}}{1+e^{x^2}}dx$。

方法二：利用微分形式不变性，于是有

$$dy=d\ln(1+e^{x^2})=\frac{1}{1+e^{x^2}}d(1+e^{x^2})$$
$$=\frac{1}{1+e^{x^2}}e^{x^2}d(x^2)=\frac{2xe^{x^2}}{1+e^{x^2}}dx。$$

三、微分在近似计算中的应用

由微分的定义可知，当 $|\Delta x|$ 充分小时，有近似计算公式

$$dy\approx\Delta y,$$

即 $f'(x_0)\Delta x\approx f(x_0+\Delta x)-f(x_0)$，所以

$$f(x_0+\Delta x)\approx f(x_0)+f'(x_0)\Delta x,$$

也可以写成 $f(x)\approx f(x_0)+f'(x_0)(x-x_0)$，其中 $x=x_0+\Delta x$。

上式可以用来计算函数 $f(x)$ 在点 x_0 附近的点 x 处的函数值。

【思考】 上述公式在使用时如何选取函数 $f(x)$？选取的点 x_0 要满足什么样的条件？

【例 25】 半径为 15cm 的金属球，遇热后半径变长了 2mm，那么球的体积约增大了多少？

解 球的体积公式为

$$V=\frac{4}{3}\pi r^3,$$

所以 $dV=V'dr=4\pi r^2 dr$，

将 $r=15\text{cm}$、Δr（即 dr）$=2\text{mm}=0.2\text{cm}$ 代入上式，得体积约增大了

$$\Delta V\approx dV=4\times\pi\times 15^2\times 0.2\approx 565.2\ (\text{cm}^3)。$$

【例 26】 求 $\sqrt[4]{255}$ 的近似值。

解 选取函数 $f(x)=\sqrt[4]{x}$，则 $f'(x)=(\sqrt[4]{x})'=\frac{1}{4\sqrt[4]{x^3}}$，取 $x_0=256$、$x=255$，则

$$f(255)\approx f(256)+f'(256)\cdot(255-256),$$

即 $\sqrt[4]{255} \approx \sqrt[4]{256} + \dfrac{1}{4\sqrt[4]{256^3}} \cdot (-1)$

$= 4 + \dfrac{1}{4} \cdot \dfrac{1}{4^3} \cdot (-1) \approx 3.9961$。

第四节 导数的应用

前文介绍了导数的有关概念，并讨论了导数的求法，本节将在此基础上研究导数的应用问题。

一、洛必达法则

定义 3.5 当 $x \to x_0$ 或 $x \to \infty$ 时，若函数 $f(x)$ 与 $g(x)$ 都趋于零或都趋于无穷大，则极限 $\lim\limits_{x \to x_0} \dfrac{f(x)}{g(x)}$ 或 $\lim\limits_{x \to \infty} \dfrac{f(x)}{g(x)}$ 可能存在、也可能不存在，这种极限叫作**未定式**，分别称为 $\dfrac{0}{0}$ 型未定式或 $\dfrac{\infty}{\infty}$ 型未定式。

如，$\lim\limits_{x \to 0} \dfrac{\tan x}{x}$ 是 $\dfrac{0}{0}$ 型未定式，$\lim\limits_{x \to +\infty} \dfrac{\ln x}{x}$ 是 $\dfrac{\infty}{\infty}$ 型未定式。

未定式的极限是不能直接利用极限运算法则来求的，那么如何计算未定式的极限呢？

定理 3.4 设函数 $f(x)$、$g(x)$ 在点 x_0 的某个去心邻域上可导，且 $g'(x) \neq 0$，如果

（1）$\lim\limits_{x \to x_0} f(x) = 0$，$\lim\limits_{x \to x_0} g(x) = 0$；

（2）$\lim\limits_{x \to x_0} \dfrac{f'(x)}{g'(x)}$ 存在（或无穷大），那么 $\lim\limits_{x \to x_0} \dfrac{f(x)}{g(x)} = \lim\limits_{x \to x_0} \dfrac{f'(x)}{g'(x)}$。

这种在一定条件下通过分子、分母分别求导数再求极限来确定未定式的值的方法称为**洛必达（L'Hospital）法则**。

下面对定理 3.4 进行以下说明。

（1）如果将定理中 $x \to x_0$ 改成自变量的其他变化过程（如 $x \to x_0^+$、$x \to x_0^-$、$x \to \infty$、$x \to -\infty$、$x \to +\infty$ 等），定理结论仍然成立。

（2）若运用一次洛必达法则后，问题尚未解决，而函数 $f'(x)$、$g'(x)$ 仍满足定理条件，则可继续使用洛必达法则，即

$$\lim_{x \to x_0} \frac{f(x)}{g(x)} = \lim_{x \to x_0} \frac{f'(x)}{g'(x)} = \lim_{x \to x_0} \frac{f''(x)}{g''(x)} = \cdots。$$

【例 27】 求 $\lim\limits_{x \to 1} \dfrac{x^3 - 3x + 2}{x^3 - x^2 - x + 1}$。

解 这是 $\dfrac{0}{0}$ 型未定式，由洛必达法则，有

$$\lim_{x \to 1} \frac{x^3 - 3x + 2}{x^3 - x^2 - x + 1} = \lim_{x \to 1} \frac{3x^2 - 3}{3x^2 - 2x - 1},$$

上式仍然是 $\dfrac{0}{0}$ 型未定式，可继续使用洛必达法则，有

$$\lim_{x \to 1} \frac{3x^2 - 3}{3x^2 - 2x - 1} = \lim_{x \to 1} \frac{6x}{6x - 2} = \frac{3}{2}。$$

注意：$\lim\limits_{x\to1}\dfrac{6x}{6x-2}$ 不是 $\dfrac{0}{0}$ 型未定式，不能使用洛必达法则，否则会得到错误的结果。

【例28】求 $\lim\limits_{x\to0}\dfrac{x-\arctan x}{x^3}$。

解 这是 $\dfrac{0}{0}$ 型未定式，由洛必达法则，有

$$\lim_{x\to0}\frac{x-\arctan x}{x^3}=\lim_{x\to0}\frac{1-\frac{1}{1+x^2}}{3x^2}=\lim_{x\to0}\frac{1+x^2-1}{3x^2(1+x^2)}=\lim_{x\to0}\frac{1}{3(1+x^2)}=\frac{1}{3}。$$

【例29】求 $\lim\limits_{x\to0^+}\dfrac{\ln\sin x}{\ln x}$。

解 这是 $\dfrac{\infty}{\infty}$ 型未定式，由洛必达法则，有

$$\lim_{x\to0^+}\frac{\ln\sin x}{\ln x}=\lim_{x\to0^+}\frac{\frac{\cos x}{\sin x}}{\frac{1}{x}}=\lim_{x\to0^+}\frac{x\cos x}{\sin x}=\lim_{x\to0^+}\cos x\cdot\lim_{x\to0^+}\frac{x}{\sin x}=1。$$

在求极限的过程中，会碰到求诸如 $0\cdot\infty$、$\infty-\infty$、∞^0、0^0 等未定式的极限的问题。此时，可以将其转化为 $\dfrac{0}{0}$ 或 $\dfrac{\infty}{\infty}$ 型未定式，再利用洛必达法则求解。

例如，$0\cdot\infty\Rightarrow\dfrac{0}{\frac{1}{\infty}}\Rightarrow\dfrac{0}{0}$，$0\cdot\infty\Rightarrow\dfrac{\infty}{\frac{1}{0}}\Rightarrow\dfrac{\infty}{\infty}$，$\infty-\infty\Rightarrow\dfrac{1}{\frac{1}{\infty}}-\dfrac{1}{\frac{1}{\infty}}\Rightarrow\dfrac{\frac{1}{\infty}-\frac{1}{\infty}}{\frac{1}{\infty}\cdot\frac{1}{\infty}}\Rightarrow\dfrac{0}{0}$，

$\infty^0\Rightarrow e^{0\ln\infty}\Rightarrow e^{\frac{0}{0}}$，$0^0\Rightarrow e^{0\ln0}\Rightarrow e^{\frac{\ln0}{\frac{1}{0}}}\Rightarrow e^{\frac{\infty}{\infty}}$。

【例30】求 $\lim\limits_{x\to0^+}x\ln x$。

解 这是 $0\cdot\infty$ 型未定式，可将其转化为 $\dfrac{\infty}{\infty}$ 型未定式，然后利用洛必达法则，有

$$\lim_{x\to0^+}x\ln x=\lim_{x\to0^+}\frac{\ln x}{\frac{1}{x}}=\lim_{x\to0^+}\frac{\frac{1}{x}}{-\frac{1}{x^2}}=\lim_{x\to0^+}(-x)=0。$$

【例31】求 $\lim\limits_{x\to0}\left(\dfrac{1}{x}-\dfrac{1}{e^x-1}\right)$。

解 这是 $\infty-\infty$ 型未定式，通分化成 $\dfrac{0}{0}$ 型未定式，然后利用洛必达法则，有

$$\lim_{x\to0}\left(\frac{1}{x}-\frac{1}{e^x-1}\right)=\lim_{x\to0}\frac{e^x-x-1}{x(e^x-1)}=\lim_{x\to0}\frac{e^x-1}{xe^x+e^x-1}=\lim_{x\to0}\frac{e^x}{2e^x+xe^x}=\frac{1}{2}。$$

【例32】求 $\lim\limits_{x\to+\infty}x^{\frac{1}{x}}$。

解 这是∞^0型未定式，因为$\lim\limits_{x\to+\infty}x^{\frac{1}{x}}=\lim\limits_{x\to+\infty}\mathrm{e}^{\frac{1}{x}\ln x}=\mathrm{e}^{\lim\limits_{x\to+\infty}\frac{1}{x}\ln x}$，又

$\lim\limits_{x\to+\infty}\frac{1}{x}\ln x=\lim\limits_{x\to+\infty}\frac{\ln x}{x}=\lim\limits_{x\to+\infty}\frac{1}{x}=0$，所以

$$\lim_{x\to+\infty}x^{\frac{1}{x}}=\mathrm{e}^0=1。$$

【例 33】 求$\lim\limits_{x\to+\infty}\frac{x+\sin x}{x-\sin x}$。

解 $\lim\limits_{x\to+\infty}\frac{x+\sin x}{x-\sin x}=\lim\limits_{x\to+\infty}\frac{1+\frac{\sin x}{x}}{1-\frac{\sin x}{x}}=\frac{1+0}{1-0}=1$。

需要指出的是，虽然这是一个$\frac{\infty}{\infty}$型未定式，但是极限

$$\lim_{x\to+\infty}\frac{(x+\sin x)'}{(x-\sin x)'}=\lim_{x\to+\infty}\frac{(1+\cos x)'}{(1-\cos x)'}$$

不存在，所以不能用洛必达法则求解。这说明洛必达法则的条件是充分的，并非是必要的，如果极限$\lim\limits_{\substack{x\to x_0\\(x\to\infty)}}\frac{f'(x)}{g'(x)}$不存在，则应考虑用其他方法求解。

二、函数单调性的判定方法

若函数在其定义域上的某个区间上是单调的，则称该区间为函数的**单调区间**。函数的单调性是针对某一个区间而言的，是一个局部性质，因此在讨论函数单调性时需指明单调区间。

函数的单调性也就是函数的增减性，怎样才能判断函数的单调性呢？根据导数的几何意义可知，若函数在某区间上单调递增（或单调递减），则在此区间上函数图像上切线的斜率均为正（或负），也就是函数的导数在此区间上均取正值（或负值），如图 3-4 所示。因此可通过判定函数导数的正负来判定函数的单调性。

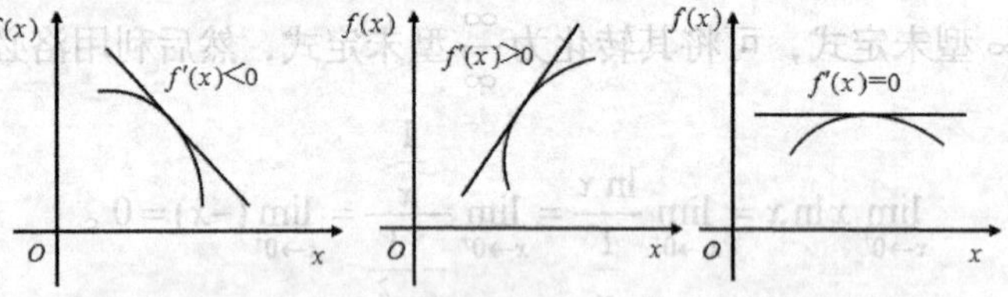

图 3-4

通常，称函数$f(x)$的导数值等于 0 的点为函数$f(x)$的**驻点**。驻点两侧导数的符号可能相异，因此驻点往往是函数单调区间的分界点。一般地，函数单调区间的分界点有两类：**驻点和不可导点**。如函数$y=|x|$在$x=0$处不可导，但$x=0$是该函数单调区间的分界点。

定理 3.5 设函数$y=f(x)$在区间(a,b)上可导：

（1）若在区间(a,b)上$f'(x)>0$，则函数$y=f(x)$在(a,b)上是单调递增的；

（2）若在区间(a,b)上$f'(x)<0$，则函数$y=f(x)$在(a,b)上是单调递减的。

注意：若函数$f(x)$在区间(a,b)上$f'(x)\geqslant 0$，且$f'(x)=0$的点只有有限个，则函数$f(x)$在区间(a,b)上仍然单调递增。

【例 34】 判定函数 $y=x-\cos x$ 在区间 $[0,2\pi]$ 上的单调性。

解 因为 $y'=1+\sin x$，无不可导点，令 $y'=0$，得 $x=\frac{3}{2}\pi$，即 $x=\frac{3}{2}\pi$ 是函数 $y=x-\cos x$ 的驻点，但此时驻点两侧的导数正负值并未发生改变，因此此驻点不是函数单调区间的分界点。事实上在 $(0,2\pi)$ 上，$y'\geqslant 0$，于是函数 $y=x-\cos x$ 在区间 $[0,2\pi]$ 上单调递增。

【例 35】利用 MATLAB 绘制函数 $y=2x^3-3x^2-36x+16$ 的图像并讨论函数的单调性。

解 例 35 的 MATLAB 实现程序如下。

```
>>syms x
>>f = 2*x^3-3*x^2-36*x+16;
>>f1 = diff(f,x);
>>x_answer = solve(f1) %解方程求驻点
%绘制图像
>>x = -10:0.01:10;
>>y = 2*x.^3-3*x.^2-36*x+16;
>>figure('color','w')%设置白色背景
>>plot(x,y,'k','linewidth',2)
>>hold on
>>plot(x_answer(1),subs(f,x_answer(1)),'ko','markerfacecolor','k')
>>plot(x_answer(2),subs(f,x_answer(2)),'ko','markerfacecolor','k')
>>gtext('驻点1');gtext('驻点2');
```

程序运行结果如下。

```
x_answer =
    3
   -2
```

函数图像如图 3-5 所示。

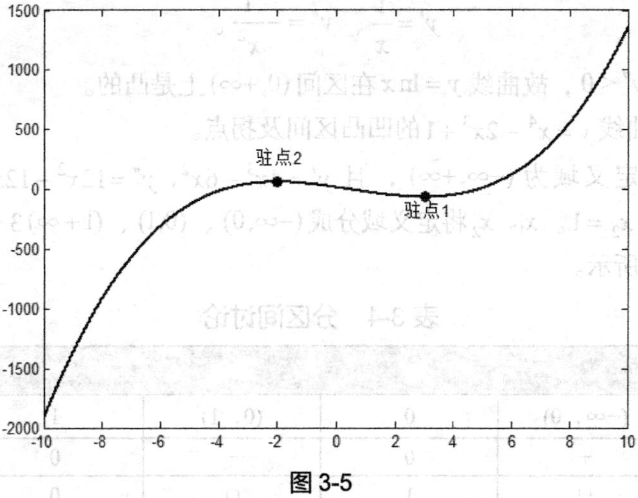

图 3-5

根据函数图像和驻点可知，在区间 $(-\infty,-2)$ 上，函数单调递增；在区间 $(-2,3)$ 上，函数单调递减；在区间 $(3,+\infty)$ 上，函数单调递增。

三、函数的凹凸性及拐点

函数的单调性反映在图像上，就是曲线的上升和下降，而曲线在上升或下降的过程中，还有一个弯曲方向的问题，也就是曲线的凹凸性问题。例如，图 3-6 对应的曲线弧向下凹，图 3-7 对应的曲线弧向上凸。

定义 3.6 设函数 $f(x)$ 在区间 I 上可导，如果 $f(x)$ 在 I 上对应的曲线位于其上任意一点的切线的上方（或下方），则称 $f(x)$ 在区间 I 上的曲线弧是**凹**的（或**凸**的），区间 I 称为**凹区间**（或**凸区间**），如图 3-6 和图 3-7 所示。

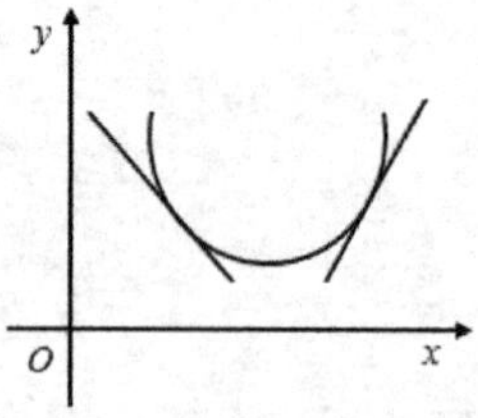

图 3-6

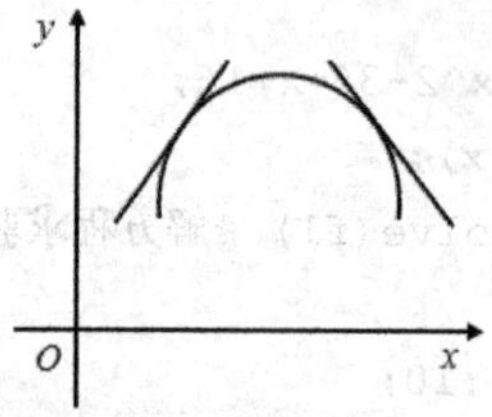

图 3-7

定义 3.7 如果连续曲线 $y=f(x)$ 在点 $(x_0,f(x_0))$ 左右两侧的凹凸性发生改变，那么称点 $(x_0,f(x_0))$ 为该曲线的**拐点**。

如果函数 $f(x)$ 在区间 I 上有二阶导数，那么可以利用二阶导数的符号来判定曲线的凹凸性，这就是下面的曲线凹凸性的判定定理。

定理 3.6 设连续函数 $y=f(x)$ 在区间 (a,b) 上具有二阶导数：

（1）若在区间 (a,b) 上 $f''(x)>0$，则曲线 $y=f(x)$ 在区间 (a,b) 上是凹的；

（2）若在区间 (a,b) 上 $f''(x)<0$，则曲线 $y=f(x)$ 在区间 (a,b) 上是凸的。

如果把这个定理中的区间 (a,b) 换成其他各种区间，结论仍然成立。

【例 36】 判定曲线 $y=\ln x$ 的凹凸性。

解 函数 $y=\ln x$ 的定义域为 $(0,+\infty)$，且

$$y'=\frac{1}{x}、y''=-\frac{1}{x^2}。$$

当 $x>0$ 时，$y''<0$，故曲线 $y=\ln x$ 在区间 $(0,+\infty)$ 上是凸的。

【例 37】 求曲线 $y=x^4-2x^3+1$ 的凹凸区间及拐点。

解 函数的定义域为 $(-\infty,+\infty)$，且 $y'=4x^3-6x^2$、$y''=12x^2-12x=12x(x-1)$，令 $y''=0$，得 $x_1=0$、$x_2=1$。x_1、x_2 将定义域分成 $(-\infty,0)$、$(0,1)$、$(1+\infty)$ 3 个区间，现列表进行讨论，如表 3-4 所示。

表 3-4 分区间讨论

变量	取值				
x	$(-\infty,\ 0)$	0	(0, 1)	1	$(1,\ +\infty)$
y''	+	0	−	0	+
y	∪	1	∩	0	∪

由表 3-4 可知，曲线在区间 $(0,1)$ 上是凸的，在区间 $(-\infty,0)$ 和 $(1,+\infty)$ 上是凹的（表中“∩”表示曲线是凸的，“∪”表示曲线是凹的）；曲线的拐点是 $(0,1)$ 和 $(1,0)$，函数图像如图 3-8 所示。

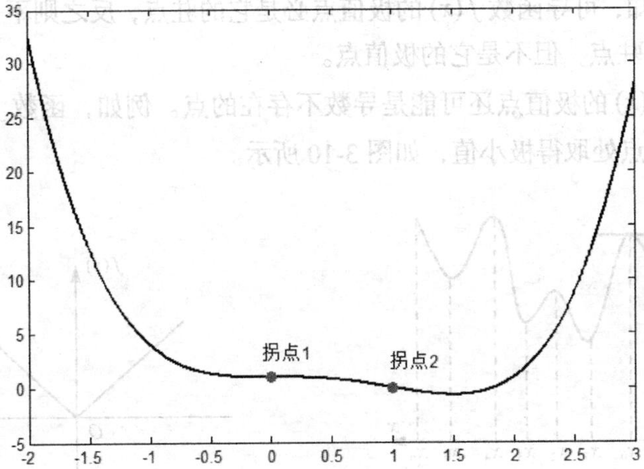

图 3-8

例 37 的 MATLAB 实现程序如下。

```
>>gtext('拐点 2')
>>clc;clear all;close all
>>syms x
>>f = x^4-2*x^3+1;
>>f2 = diff(f,x,2);%求二阶导数
>>x = solve(f2)%解方程求拐点
>>x1 = -2:0.01:3;
>>y1 = x1.^4-2*x1.^3+1;
>>figure('color','w')%设置白色背景
>>plot(x1,y1,'k','linewidth',2)
>>hold on
>>plot(x(1),subs(f,x(1)),'ro','markerfacecolor','r')
>>plot(x(2),subs(f,x(2)),'ro','markerfacecolor','r')
>>gtext('拐点 1');gtext('拐点 2')
```

程序运行结果如下。

```
x =
  0
  1
```

四、函数的极值及其求法

定义 3.8 设函数 $f(x)$ 在 x_0 的某邻域上有定义，如果对于此邻域上的任意一点 $x(x \neq x_0)$，均有 $f(x) < f(x_0)$，则称 $f(x_0)$ 是函数 $f(x)$ 的一个**极大值**；同样，如果对于此邻域上的任意一点 $x(x \neq x_0)$，均有 $f(x) > f(x_0)$，则称 $f(x_0)$ 是函数 $f(x)$ 的一个**极小值**。函数的极大值与极小值统称为函数的**极值**；使函数取得极值的点 x_0，称为函数的**极值点**，如图 3-9 所示。

注意：（1）函数在一个区间上的极值可能不唯一，极大值有可能比极小值小。

（2）函数的极值是函数的局部性质，它与最值不同。

定理 3.7（极值存在的必要条件） 设函数 $f(x)$ 在点 x_0 处可导，且在点 x_0 处取得极值，那么 $f'(x) = 0$。

由定理 3.7 可知，可导函数 $f(x)$ 的极值点必是它的驻点，反之则不一定成立。如 $x=0$ 是函数 $f(x)=x^3$ 的驻点，但不是它的极值点。

此外，函数 $f(x)$ 的极值点还可能是导数不存在的点。例如，函数 $f(x)=|x|$ 在 $x=0$ 处不可导，但它在该点处取得极小值，如图 3-10 所示。

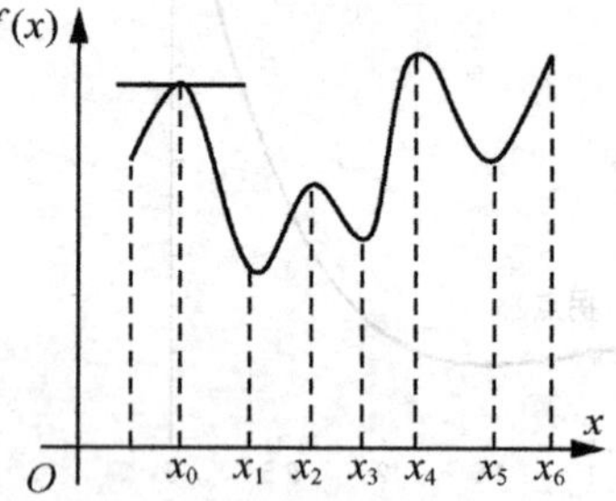

图 3-9

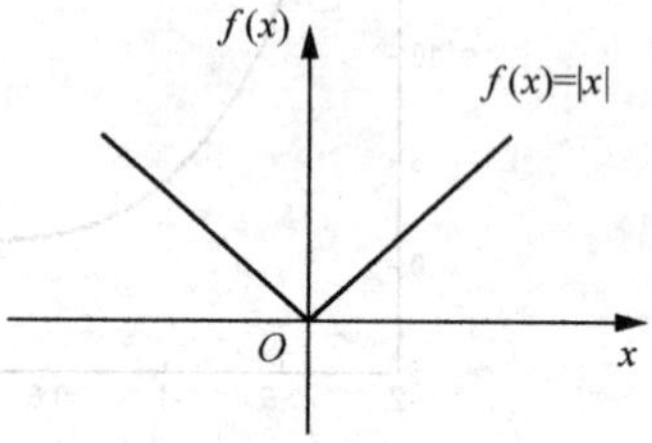

图 3-10

总之，连续函数 $f(x)$ 的可能极值点只能是其驻点或不可导点。判断函数在可能极值点处是否取得极值，有如下定理。

定理 3.8（极值存在的第一充分条件） 设函数 $f(x)$ 在点 x_0 处连续，且在点 x_0 的某一空心邻域 $U(x_0,\delta)$ 上可导。对于任意的 $x\in U(x_0,\delta)$，如果满足：

（1）当 $x<x_0$ 时 $f'(x)>0$，当 $x>x_0$ 时 $f'(x)<0$，那么函数 $f(x)$ 在点 x_0 处取得极大值；

（2）当 $x<x_0$ 时 $f'(x)<0$，当 $x>x_0$ 时 $f'(x)>0$，那么函数 $f(x)$ 在点 x_0 处取得极小值；

（3）当 $x<x_0$ 与 $x>x_0$ 时，$f'(x)$ 不变号，那么函数 $f(x)$ 在 x_0 处没有极值。

定理 3.9（极值的第二充分条件） 设 $f(x)$ 在点 x_0 处具有二阶导数且 $f'(x_0)=0$，$f''(x_0)\neq 0$。

（1）如果 $f''(x_0)>0$，则 $f(x)$ 在点 x_0 取得极小值；

（2）如果 $f''(x_0)<0$，则 $f(x)$ 在点 x_0 取得极大值。

【例 38】 求函数 $f(x)=x^3-6x^2+9x+3$ 的极值。

解 函数 $f(x)=x^3-6x^2+9x+3$ 的定义域为 $(-\infty,+\infty)$，且

$$f'(x)=3x^2-12x+9=3(x-1)(x-3),$$

令 $f'(x)=0$，得驻点 $x_1=1$、$x_2=3$。列表进行讨论，如表 3-5 所示。

表 3-5 分区间讨论

变量	取值				
x	$(-\infty,1)$	1	(1, 3)	3	$(3,+\infty)$
$f'(x)$	+	0	−	0	+
$f(x)$	↗	7	↘	3	↗

表 3-5 中“↗”代表区间上单调递增，“↘”代表区间上单调递减。

在 $(-\infty,1)$ 和 $(3,+\infty)$ 上，$f'(x)>0$；在(1,3)上，$f'(x)<0$。由定理 3.8 可知，$f(1)=7$ 为函数 $f(x)$ 的极大值，$f(3)=3$ 为 $f(x)$ 的极小值。

例 38 的 MATLAB 实现程序如下。

```
>>syms x
>>f = x^3-6*x^2+9*x+3;
>>f1 = diff(f,x);
>>x = solve(f1);
>>figure('color','w');
>>ff = ezplot(f,[-10,10]);
>>set(ff,'color','k','LineWidth',2);%设置线的宽度为 2
>>max = subs(f,x(1))
>>min = subs(f,x(2))
>>hold on
>>plot(1,max,'rd','markerfacecolor','r')
>>plot(3,min,'bo','markerfacecolor','b')
>>gtext('极小值点');gtext('极大值点')
```

程序运行结果如下。

```
max =
    7
min =
    3
```

函数图像如图 3-11 所示。

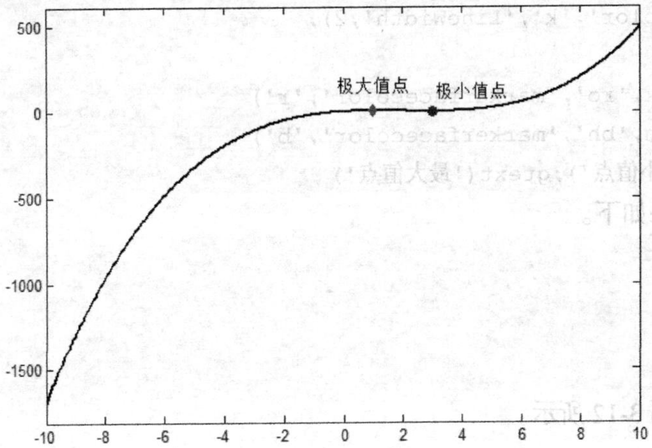

图 3-11

五、函数的最值及其求法

对于区间 $[a,b]$ 上的连续函数 $f(x)$，它在区间 $[a,b]$ 上的最大值和最小值只能在区间 (a,b) 上的极值点或区间端点处取得。因此，求函数最值的步骤如下。

（1）找出 3 类点：驻点、函数 $f(x)$ 导数不存在的点和区间端点。

（2）计算这 3 类点的函数值并比较大小，其中值最大的为最大值，值最小的为最小值。

【例 39】 求函数 $f(x)=x^3-3x^2-9x+2$ 在 $[-2,6]$ 上的最大值和最小值。

解 函数 $f(x)=x^3-3x^2-9x+2$ 在区间 $[-2,6]$ 上连续，因为

$$f'(x)=3x^2-6x-9=3(x+1)(x-3),$$

令 $f'(x)=0$，得驻点 $x_1=-1$、$x_2=3$。且

$f(-1)=7$、$f(3)=-25$，又 $f(-2)=0$、$f(6)=56$

比较可得函数 $f(x)=x^3-3x^2-9x+2$ 在 $[-2,6]$ 上的最大值为 $f(6)=56$ ，最小值为 $f(3)=-25$ 。

例 39 的 MATLAB 实现程序如下。

```
%求最值
>>clc;clear all;syms x
>>f = x^3-3*x^2-9*x+2;
>>f1 = diff(f,x);
>>x = solve(f1)
>>extremal1 = subs(f,x(1));%求极值
>>extremal2 = subs(f,x(2));%求极值
>>point1 = subs(f,-2); %求端点值
>>point2 = subs(f,6); %求端点值
>>max = max([extremal1 extremal2 point1 point2])
>>min = min([extremal1 extremal2 point1 point2])
%绘制函数图像
>>figure('color','w');
>>ff = ezplot(f,[-3,7]);
>>set(ff,'color','k','LineWidth',2);
>>hold on
>>plot(6,max,'ro','markerfacecolor','r')
>>plot(3,min,'bh','markerfacecolor','b')
>>gtext('最小值点');gtext('最大值点')
```

程序运行结果如下。

```
max =
    56
min =
    -25
```

函数图像如图 3-12 所示。

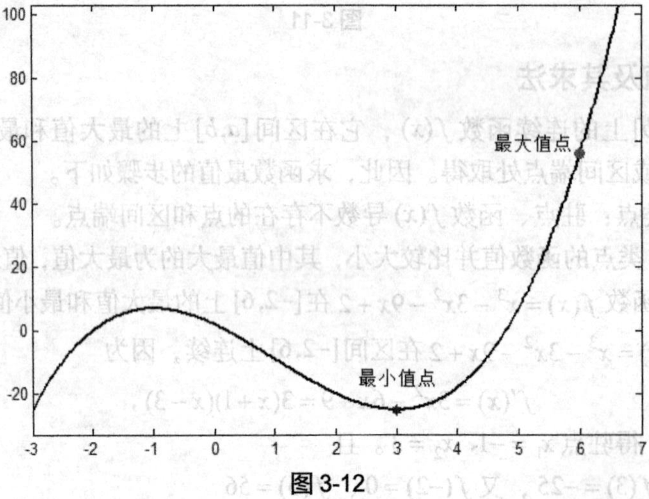

图 3-12

实训 利用 MATLAB 求方程的近似根

【实训目的】

（1）掌握利用二分法求方程的近似根及其 MATLAB 实现方法；

（2）掌握利用牛顿迭代法求方程的近似根及其 MATLAB 实现方法。

【实训内容】

1. 利用二分法求方程的近似根

多数方程不存在求根公式，因此求其精确根非常困难，甚至是不可能的，从而寻找方程的近似根就显得特别重要。对于在区间$[a,b]$上连续且$f(a)f(b)<0$的函数$y=f(x)$，通过不断地把函数$f(x)$的零点所在的区间一分为二，使区间的两个端点逐步逼近零点，进而得到零点近似值的方法叫作**二分法**。

利用二分法求方程的近似根的计算步骤如下。

第一步：输入区间的端点 a，b 及给定的精度 ε。

第二步：令$x_0=\dfrac{a+b}{2}$，计算$f(x_0)$。

第三步：若$f(x_0)=0$，则x_0是$f(x)=0$的根，停止计算，略去第四步，输出结果x_0；若$f(a)\cdot f(x_0)<0$，则令$b_1=x_0$；若$f(a)\cdot f(x_0)>0$，则令$a=x_0$。

第四步：若$|b-a|\leqslant\varepsilon$（$\varepsilon$为预先给定的精度要求值），则退出计算，输出结果$x_0$；反之，返回第二步继续计算。

二分法求方程的近似根的流程图如图 3-13 所示。

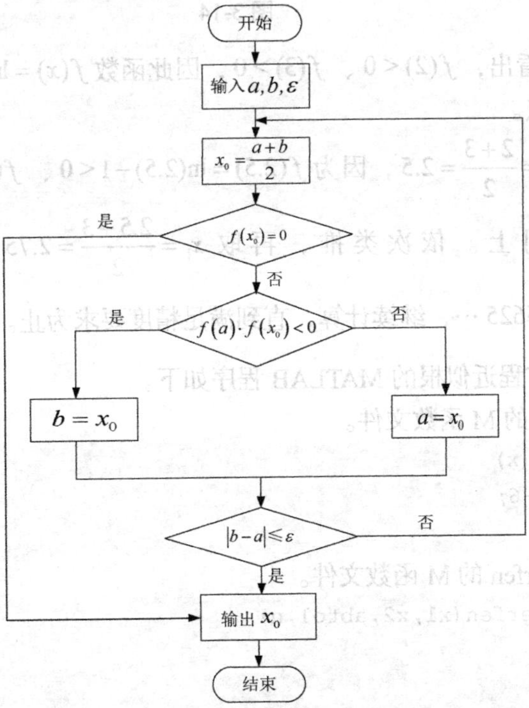

图 3-13

【实训 1】 利用二分法求方程 $\ln x+2x-6=0$ 在区间[2,3]上的根，要求精确到 1×10^{-2}。

第一步： 利用 MATLAB 画出函数 $f(x)=\ln x+2x-6$ 的图像，在命令行窗口中输入如下代码。

```
>>syms x
>>f = log(x)+2*x-6
>>ezplot(f)
```

运行程序，函数图像如图 3-14 所示。

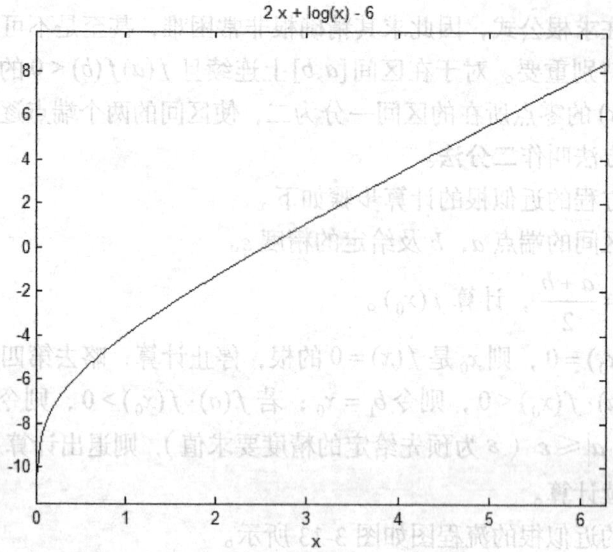

图 3-14

从图 3-14 可以看出，$f(2)<0$、$f(3)>0$，因此函数 $f(x)=\ln x+2x-6$ 在区间[2,3]上至少存在一个零点。

第二步： 令 $x_0=\dfrac{2+3}{2}=2.5$，因为 $f(2.5)=\ln(2.5)-1<0$、$f(3)=\ln(3)>0$，故函数的零点在区间 [2.5,3] 上。依次类推，再取 $x_1=\dfrac{2.5+3}{2}=2.75$，$x_2=\dfrac{2.5+2.75}{2}=2.625$，$x_3=\dfrac{2.5+2.625}{2}=2.5625\cdots$，继续计算，直到满足精度要求为止。

利用二分法求方程近似根的 MATLAB 程序如下。

（1）建立名为 f 的 M 函数文件。

```
function y1=f(x)
y1=log(x)+2*x-6;
end
```

（2）建立名为 erfen 的 M 函数文件。

```
function y2 =erfen(x1,x2,abtol,n)
a=x1;
b=x2;
for k=1:n
```

```
    if f(a)*f(b)<0
        x0=(a+b)/2;
        p0 = b-a; %p0 表示精度
        if f(x0)==0
            x=x0;
        else
            if f(a)*f(x0)<0
                b=x0;
            else
                a=x0;
            end
        end
        [k,x0,p0]
    end
    if p0>abtol
        continue;
    else
        x=x0;
        break;
    end
end
```

（3）在 MATLAB 命令行窗口中输入如下代码。

```
>>erfen(2,3,0.01,10)
```

二分法的计算结果如表 3-6 所示。

表 3-6　二分法的计算结果

k	x_k	p_0
1	2.5	1.0000
2	2.75	0.5000
3	2.625	0.2500
4	2.5625	0.1250
5	2.5313	0.0625
6	2.5469	0.0313
7	2.5391	0.0156
8	2.5352	0.0078

显然，由于 $|b_8 - a_8| = 0.0078 < 1\times10^{-2}$，故方程在区间[2,3]上满足精度要求的根为 2.5352。

2. 利用牛顿迭代法求方程的近似根

牛顿迭代法是求方程近似根的一种重要迭代方法，被广泛应用于计算机编程中。设 x_0 为方程 $f(x)=0$ 零点的初始值，那么过点 $(x_0,f(x_0))$ 的切线的斜率为 $f'(x_0)$，其直线方程为

$$f(x)-f(x_0)=f'(x_0)(x-x_0)。$$

设 $f'(x_0)\neq 0$，则切线与 x 轴的交点 x_1 为方程 $f(x)=f(x_0)+f'(x_0)(x-x_0)$ 的解，即

$$x_1=x_0-\frac{f(x_0)}{f'(x_0)}。$$

通常 x_1 会比 x_0 更接近方程 $f(x)=0$ 的解。因此取 x_1 为方程的新的近似根，进行下一轮迭代，重复上述过程可得一般迭代公式为

$$x_{k+1}=x_k-\frac{f(x_k)}{f'(x_k)}\ (k=0,1,2,3,\cdots)。$$

这种迭代法称为**牛顿迭代法**，上式称为**牛顿迭代公式**。

利用牛顿迭代法求方程的近似根的计算步骤如下。

用 x_0 和 x_1 分别表示相邻两次计算的近似根，然后按以下步骤执行。

第一步：输入方程的初始近似根 x_0 和精度要求值 ε。

第二步：计算 $x_1=x_0-\dfrac{f(x_0)}{f'(x_0)}$。

第三步：当 $|x_1-x_0|<\varepsilon$ 时，执行第四步；否则 $x_0\Leftarrow x_1$（将 x_1 赋值给 x_0），执行第二步。

第四步：输出符合精度要求的根 x_1。

利用牛顿迭代法求方程的近似根的流程图如图 3-15 所示。

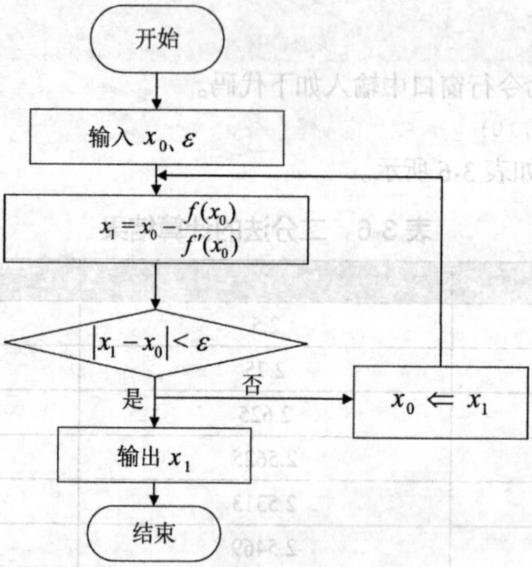

图 3-15

【实训 2】 利用牛顿迭代法求方程 $\ln x+2x-6=0$ 在区间[2,3]上的根，要求精确到 1×10^{-2}。

第一步：令 $f(x)=\ln x+2x-6$，并建立名为 fun 的 M 函数文件。

```
function y1=fun (x)
y1= log(x) + 2*x-6; % y1 即 f(x)
end
```

第二步：利用 MATLAB 求函数 $f(x)$ 的导数。

```
>>syms x
>> y1 = log(x)+2*x-6
>>diff(y1,x)
```

程序运行结果如下。

```
ans =
     1/x + 2
```

建立如下名为 fun2 的 M 函数文件。

```
function  y2=fun2 (x)
y2=1/x+2;
end
```

第三步：编写迭代程序。

建立名为 newton.m 的主函数文件，MATLAB 程序如下。

```
function [k,x,wuca] = newton(x0,tol)
k=1;
y1=fun12(x0);
y2=fun13(x0);
x1=x0-y1/y2;
while abs(x1-x0)>tol
     x0=x1;
     y1=fun12(x0);
     y2=fun13(x0);
     k=k+1;
     x1=x1-y1/y2;
end
k;
x=x1;
wuca=abs(x1-x0);
end
```

第四步：在 MATLAB 命令行窗口中输入如下代码。

```
>> [k,x,wuca] = newton(2.2,0.01)
```

牛顿迭代法的计算结果如表 3-7 所示。

表 3-7　牛顿迭代法的计算结果

k	迭代初始值	迭代结果	精度
1	2.2	2.53063	0.3306
2	2.53063	2.53492	0.00429

由表 3-7 可知，第二次迭代的结果满足精度要求，即

$$\varepsilon = 0.00429 < 1\times10^{-2}\text{。}$$

即方程在区间[2,3]上的一个近似根为 2.53492。

从实训 1、实训 2 中可以发现，当利用二分法求方程的近似根时需要计算 8 次才能得

到满足精度要求的近似根，而利用牛顿迭代法仅需迭代 2 次就可以得到满足精度要求的近似根，效率远高于利用二分法的效率。事实上，牛顿迭代法具有“平方收敛的速度”，在迭代过程中往往只要迭代几次就会得到很精确的解。

拓展学习：交通信号灯的管理

【问题】

某学校旁边有一个十字路口，学生希望通过对十字路口红绿灯开设时间及车流量的调查来分析十字路口红灯和绿灯点亮的时间是否合理。调查数据如下：南北方向绿灯即东西方向红灯的时间为 49s，东西方向绿灯即南北方向红灯的时间为 39s，红绿灯变换一个周期的时间为 88s；在红绿灯变换的一个周期内，相应的车流量为南北方向平均 30 辆，东西方向平均 24 辆；一个周期内的车辆滞留总时间约为 590s。

【问题分析】

这里要分析红绿灯的设置是否合理，从整体上看，就是在红绿灯变换的一个周期内，车辆在此路口的滞留总时间是否为最少。引入以下指标：

（1）红绿灯变换的周期为 T；

（2）从南北方向到达十字路口的车辆数为 a；

（3）从东西方向到达十字路口的车辆数为 b。

【模型假设】

假设 1：黄灯时间忽略不计；只考虑机动车，不考虑人流量及非机动车辆；只考虑东西、南北方向，不考虑拐弯的情况。

假设 2：车流量均匀。

假设 3：一个周期内，南北向绿灯，东西向红灯时间相等；东西向绿灯与南北向红灯周期相同。

【模型建立】

设南北方向绿灯时间（即东西方向红灯时间）为 t 秒，则南北方向红灯时间（即东西方向绿灯时间）为 $T-t$ 秒。设一个周期内车辆在此路口的滞留总时间为 y 秒。

根据假设，一个周期内车辆在此路口的滞留总时间 y 分成两部分，一部分是东西方向车辆在此路口滞留的时间 y_1，另一部分是南北方向车辆在此路口滞留的时间 y_2。

（1）东西方向车辆在此路口滞留的时间。

在一个周期中，从东西方向到达路口的车辆数为 b，该周期中东西方向亮红灯的比率是 $\frac{t}{T}$，需停车等待的车辆数是 $b\cdot\frac{t}{T}$。这些车辆等待时间最短为 0（刚停下，红灯就转换为绿灯），最长为 t（到达路口时，绿灯刚转换为红灯），由假设 2“车流量均匀”可知，该方向的车辆平均等待时间是 $\frac{t}{2}$。由此可知，东西方向车辆在此路口滞留的时间为

$$y_1=\frac{bt}{T}\cdot\frac{t}{2}=\frac{b}{2T}t^2。$$

（2）南北方向车辆在此路口滞留的时间。

在一个周期中，从南北方向到达路口的车辆数为 a，该周期中南北方向亮红灯的比率

是$\frac{T-t}{T}$，需停车等待的车辆数是$a\cdot\frac{T-t}{T}$，平均等待时间是$\frac{T-t}{2}$。由此可知，南北方向车辆在此路口滞留的时间为

$$y_2=\frac{a}{2T}(T-t)^2\text{。}$$

综上所述，可得一个周期内车辆在此路口的滞留总时间

$$\begin{aligned}y&=y_1+y_2\\&=\frac{b}{2T}t^2+\frac{a}{2T}(T-t)^2\\&=(\frac{a+b}{2T})t^2-at+\frac{aT}{2}\end{aligned}$$

是关于t的二次函数。

因为$y'=\frac{a+b}{T}t-a$，令$y'=0$，可得驻点$t=\frac{aT}{a+b}$，又因为

$$y''=\frac{a+b}{T}>0$$

由极值的第二充分条件可知函数在点$t=\frac{aT}{a+b}$取得极小值。

【模型求解】

将调查数据$T=88$，$a=30$，$b=24$代入，可得当$t=\frac{30\times 88}{30+24}=\frac{440}{9}\approx 48.8889$时，一个周期内车辆在此路口的滞留最少总时间为：$y_{\min}=586.6667\text{s}$，如图 3-16 所示。

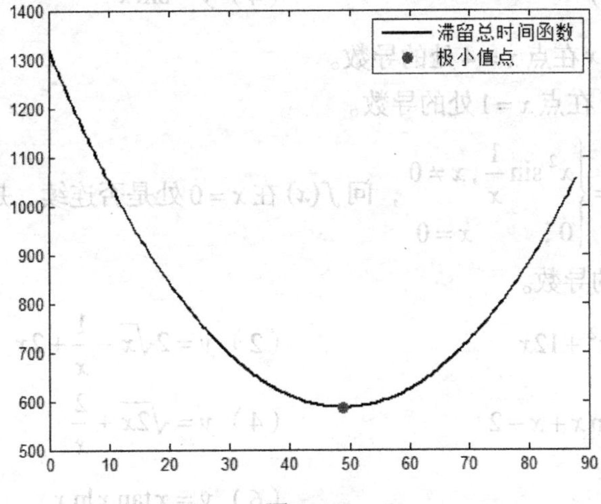

图 3-16

由此可见，计算所得结果和实际观测到的数据是比较接近的，这也说明此路口红灯与绿灯设置的时间比较合理。

本问题的 MATLAB 求解代码如下。

```
>>clc, clear all
>>syms a b t T
>>y=((a+b)/(2*T))*t^2-a*t+a*T/2;
```

```
% 求关于 t 的一阶、二阶导数
>>dy=diff(y,t), dyy=diff(y,t,2)
% 求驻点
>>t1=solve(dy,t)
% 计算结果
>>t2=subs(t1,{a,b,T},{30,24,88}) %代入具体数值
>>t0=double(t2) %符号数转化为数值数
>>y0=double(subs(y,{a,b,T,t},{30,24,88,t2}))
% 绘制函数图像
>>t_value = 0:0.5:88;
>>y_value = ((30+24)/(2*88))*t_value.^2-30*t_value+30*88/2;
>>figure('color','white')
>>plot(t_value,y_value,'k-','linewidth',2)
>>hold on
>>plot(t0,y0,'ro','markerfacecolor','r')
>>legend('滞留总时间函数','极小值点')
```

练习 3

1. 根据导数的定义求下列函数的导数。

（1）$y=2x+1$　　（2）$y=2\sqrt{x}\ (x>0)$

（3）$y=\dfrac{1}{x}\ (x\neq 0)$　　（4）$y=\sin x$

2. 求函数 $y=\ln x$ 在点 $x=4$ 处的导数。

3. 求函数 $y=a^x$ 在点 $x=1$ 处的导数。

4. 设函数 $f(x)=\begin{cases} x^2\sin\dfrac{1}{x}, & x\neq 0 \\ 0, & x=0 \end{cases}$，问 $f(x)$ 在 $x=0$ 处是否连续、是否可导？

5. 求下列函数的导数。

（1）$y=2x^3+2x^2+12x$　　（2）$y=2\sqrt{x}-\dfrac{1}{x}+2x$

（3）$y=3x^2+2\ln x+x-2$　　（4）$y=\sqrt{2x}+\dfrac{2}{x}$

（5）$y=\dfrac{\sin x}{x}$　　（6）$y=x\tan x\ln x$

（7）$y=x^2\sin x$　　（8）$y=\dfrac{e^x}{1+x}$

6. 求下列复合函数的导数。

（1）$y=\sqrt{1+2x}$　　（2）$y=\ln\cos x$

（3）$y=\sin(2x+1)$　　（4）$y=e^{\sqrt{x}}$

（5）$y=\ln\ln x$　　（6）$y=\cos x\arccos 2x$

（7）$y=e^{2x}\cos 3x$　　（8）$y=\dfrac{e^{x}-e^{-x}}{e^{x}+e^{-x}}$

7. 求下列函数的二阶导数。

（1）$y=3x^2+x^3$　　（2）$y=\dfrac{2}{x}+\sqrt{x}$

（3）$y=\dfrac{x^2}{1-x^2}$　　（4）$y=x^2e^x$

（5）$y=x^3\ln x$　　（6）$y=\arctan x$

8. 请利用 MATLAB 求下列方程所确定的隐函数的导数。

（1）$x^2-xy-y^2=0$　　（2）$\sqrt{x}+\sqrt{y}-1=0$

（3）$x\cos y=y$　　（4）$\ln y-x^2+3=0$

9. 请利用 MATLAB 求下列参数方程所确定的函数的导数。

（1）$\begin{cases}x=\arctan t\\ y=3\ln t\end{cases}$　　（2）$\begin{cases}x=e^t\cos t\\ y=t\sin t\end{cases}$

10. 求下列函数的微分。

（1）$y=\tan 5x$　　（2）$y=4x+\dfrac{1}{x}$

（3）$y=\sqrt{2x^2+x}$　　（4）$y=\sin^3 x$

11. 利用洛必达法则求下列函数的极限。

（1）$\lim\limits_{x\to 1}\dfrac{x^2-1+\ln x}{e^x-e}$　　（2）$\lim\limits_{x\to 0}\dfrac{x-\sin x}{x^3}$

（3）$\lim\limits_{x\to +\infty}\dfrac{\ln x}{\sqrt[3]{x}}$　　（4）$\lim\limits_{x\to 0^+}x\ln x$

（5）$\lim\limits_{x\to 1}\left(\dfrac{1}{x-1}-\dfrac{1}{\ln x}\right)$　　（6）$\lim\limits_{x\to 1}\dfrac{1-x}{1-\sin\dfrac{\pi}{2}x}$

（7）$\lim\limits_{x\to 0^+}\dfrac{\ln\sin x}{\ln x}$　　（8）$\lim\limits_{x\to \infty}(x+1)^{\frac{1}{x^2}}$

12. 求下列函数的单调区间。

（1）$y=x^2+4x-1$　　（2）$y=x(1+\sqrt{x})$

（3）$y=\dfrac{x}{1+x^2}$　　（4）$y=2e^{x^2-4x}$

13. 请利用 MATLAB 求下列函数的极值。

（1）$y=x^2-6x+5$　　（2）$y=\sqrt{x^3}-3\sqrt{x}$

（3）$y=\dfrac{x^3}{3-x^2}$　　（4）$y=x^2e^{-x^2}$

14. 请利用 MATLAB 求函数 $y=(x-2)^2+3$ 在区间[1,3]上的最小值和最大值，并绘制出函数图像。

15. 请利用 MATLAB 求函数 $y=\frac{1}{3}x^3-4x+4$ 在区间 $[0,3]$ 上的最小值和最大值，并绘制出函数图像。

16. 请利用 MATLAB 求函数 $y=\frac{1}{2}x+\sin x$ 在区间 $[0,2\pi]$ 上的最小值和最大值，并绘制出函数图像。

17. 已知三次函数 $y=ax^3-6ax^2+b$，问是否存在实数 a、b，使 $f(x)$ 在区间 $[-1,2]$ 上取得最大值 3、最小值−29。若存在，求出 a、b 的值；若不存在，请说明理由。

第 4 章　一元函数积分学及其应用

第 3 章介绍了微积分的微分学部分，对微分学中相关的概念、计算和应用进行了详细的介绍，本章将讨论如何从局部到整体，以“不变代变”的思路来解决实际问题，即积分学的知识和应用。积分学在求不规则图形面积和体积的工程测量领域中，以及在根据变化率求总量的经济学领域中都有着广泛的应用。

第一节　不定积分的概念与性质

一、原函数的概念

引例 1　一个物体做自由落体运动，设它在任意时刻的速度为$v=gt$，其中g是重力加速度，求该物体的位移函数。

解　物体运动的位移$s=s(t)$对时间t的导数，就是物体在任意时刻的运动速度，即

$$s'=gt。$$

根据一元函数的求导法则，不难知道

$$\left(\frac{1}{2}gt^2+C\right)'=gt。$$

当$t=0$时，$s=0$，则$C=0$，因此，物体的位移函数为

$$s=\frac{1}{2}gt^2。$$

引例 2　设曲线上任意一点$M(x,y)$处，其切线的斜率为$K=F'(x)=2x$，若曲线经过坐标原点，求曲线的方程。

解　设所求曲线的方程为$y=F(x)$，则曲线上任一点$M(x,y)$处的切线斜率为

$$y'=F'(x)=2x。$$

由于曲线经过坐标原点，所以当$x=0$时，$y=0$，因此，所求的曲线方程应为

$$y=x^2。$$

以上两个问题，如果抛开其物理意义或几何意义，则可以将它们归为同一个问题，即已知某函数的导数，求原来的函数，从而有如下原函数的概念。

定义 4.1　设函数$f(x)$在区间I上有定义，如果存在函数$F(x)$，使得在区间I上的任一点x都有

$$F'(x)=f(x)\text{或}\,\mathrm{d}F(x)=f(x)\,\mathrm{d}x，$$

则称函数$F(x)$为函数$f(x)$在区间I上的**原函数**。

例如，引例 2 中 x^2 是 $2x$ 在 $(-\infty,+\infty)$ 上的原函数。又如，当 $x>0$ 时，$(\ln x)'=\frac{1}{x}$，故 $\ln x$ 是 $\frac{1}{x}$ 在区间 $(0,+\infty)$ 上的原函数。显然 $\ln x+\sqrt{5}$、$\ln x+2$ 等也都是 $\frac{1}{x}$ 在 $(0,+\infty)$ 上的原函数。

定理 4.1（原函数存在定理） 如果函数 $f(x)$ 在区间 I 上连续，则函数 $f(x)$ 在该区间上的原函数必定存在。

定理 4.1 说明，连续函数一定有原函数。事实上，由导数的运算法则可知，如果 $f(x)$ 有原函数 $F(x)$，那么对于任一常数 C，$F(x)+C$ 也是 $f(x)$ 的原函数。反之若 $F(x)$ 是 $f(x)$ 的一个原函数，$G(x)$ 也是 $f(x)$ 的一个原函数，则这两个原函数之间仅相差一个常数。

综合以上分析可知，如果 $f(x)$ 有一个原函数 $F(x)$，则 $f(x)$ 的所有原函数可写成 $F(x)+C$，通常把 $F(x)+C$ 叫作 $f(x)$ 的**原函数族**。

二、不定积分的概念

定义 4.2 函数 $f(x)$ 在区间 I 上的全体原函数 $F(x)+C$（C 为任意常数）叫作函数 $f(x)$ 在区间 I 上的**不定积分**，记为 $\int f(x)\mathrm{d}x$，即

$$\int f(x)\mathrm{d}x=F(x)+C。$$

其中 $\int$ 称为积分号，$f(x)$ 称为被积函数，$f(x)\mathrm{d}x$ 称为被积表达式，x 称为积分变量，求已知函数的不定积分的过程叫作**对这个函数进行积分**。

求函数 $f(x)$ 的不定积分，就是要求出所有的原函数，而要求所有的原函数，只需要求出一个原函数即可。因此求一个函数的不定积分时，只要求出被积函数的一个原函数，再加上任意常数 C 就可以了。

【例 1】 求 $\int x^2\mathrm{d}x$。

解 根据不定积分的概念可知，要求 x^2 的全体原函数，只需找到一个原函数即可。因为

$$\left(\frac{1}{3}x^3\right)'=x^2,$$

所以 $\frac{1}{3}x^3$ 是 x^2 的一个原函数，因此 $\int x^2\mathrm{d}x=\frac{1}{3}x^3+C$。

【例 2】 求 $\int \frac{1}{x}\mathrm{d}x$，$x\in(-\infty,0)\cup(0,+\infty)$。

解 当 $x>0$ 时，由于 $(\ln x)'=\frac{1}{x}$，所以 $\ln x$ 是 $\frac{1}{x}$ 在 $(0,+\infty)$ 上的一个原函数。因此，在 $(0,+\infty)$ 上，

$$\int\frac{1}{x}\mathrm{d}x=\ln x+C,$$

当 $x<0$ 时，由于 $[\ln(-x)]'=\frac{1}{-x}\times(-1)=\frac{1}{x}$，所以 $\ln(-x)$ 是 $\frac{1}{x}$ 在 $(-\infty,0)$ 上的一个原函数。因此，在 $(-\infty,0)$ 上，

$$\int\frac{1}{x}\mathrm{d}x=\ln(-x)+C,$$

综上所述，可得

$$\int \frac{1}{x}\mathrm{d}x = \ln|x| + C\text{。}$$

三、不定积分的性质

从不定积分的定义可知，求不定积分和求导数（微分）互为逆运算，即当微分号与积分号放在一起时会“抵消”掉，显然有以下两条基本性质：

性质 4.1 $[\int f(x)\mathrm{d}x]' = f(x)$ 或 $\mathrm{d}\int f(x)\mathrm{d}x = f(x)\mathrm{d}x$；

性质 4.2 $\int F'(x)\mathrm{d}x = F(x) + C$ 或 $\int \mathrm{d}F(x) = F(x) + C$。

例如，$(\int \mathrm{e}^x \sin x^2 \mathrm{d}x)' = \mathrm{e}^x \sin x^2$，$\int (\mathrm{e}^x \sin x^2)' \mathrm{d}x = \mathrm{e}^x \sin x^2 + C$。

四、不定积分的几何意义

由 $f(x)$ 的原函数族所确定的无穷多曲线 $y = F(x) + C$ 叫作函数 $f(x)$ 的积分曲线族。

在 $f(x)$ 的积分曲线族上，对应于同一点 x，所有曲线都有相同的切线斜率，这就是不定积分的几何意义。

例如，$\int 2x\mathrm{d}x = x^2 + C$，被积函数 $2x$ 的积分曲线族就是 $y = x^2 + C$，即一族抛物线。对应于同一点 x，这些抛物线上的切线彼此平行且具有相同的斜率，如图 4-1 所示。

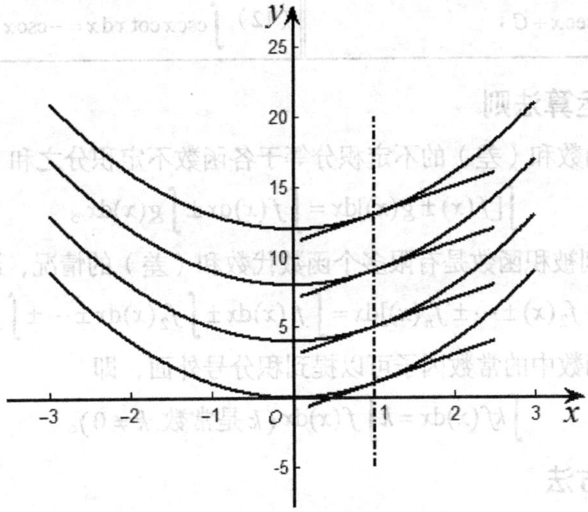

图 4-1

第二节 不定积分的运算

一、不定积分的基本公式

因为积分运算是微分运算的逆运算，所以将第 3 章中介绍的基本初等函数的导数公式“反过来”就可以得到基本积分公式。

例如，由导数公式 $(x^{a+1})'=(\alpha+1)x^{a}$，在 $a\neq-1$ 的条件下，得到 $\left(\dfrac{x^{a+1}}{a+1}\right)'=x^{a}$，所以可得积分公式：

$$\int x^{a}\mathrm{d}x=\frac{x^{a+1}}{a+1}+C\quad(a\neq-1)。$$

类似地，可以推导出其他常用基本积分公式，如表 4-1 所示。

表 4-1　常用基本积分公式（1）

常用基本积分公式	常用基本积分公式
（1）$\int k\,\mathrm{d}x=kx+C$（k 为常数）；	（2）$\int x^{a}\mathrm{d}x=\dfrac{x^{a+1}}{a+1}+C(a\neq-1)$；
（3）$\int\dfrac{1}{x}\mathrm{d}x=\ln\lvert x\rvert+C$；	
（4）$\int a^{x}\,\mathrm{d}x=\dfrac{1}{\ln a}a^{x}+C\,(a>0\,,a\neq1)$，特别地，当 $a=\mathrm{e}$ 时，$\int\mathrm{e}^{x}\,\mathrm{d}x=\mathrm{e}^{x}+C$；	
（5）$\int\cos x\,\mathrm{d}x=\sin x+C$；	（6）$\int\sin x\,\mathrm{d}x=-\cos x+C$；
（7）$\int\dfrac{1}{1+x^{2}}\mathrm{d}x=\arctan x+C$；	（8）$\int\dfrac{1}{\sqrt{1-x^{2}}}\mathrm{d}x=\arcsin x+C$；
（9）$\int\sec^{2}x\mathrm{d}x=\tan x+C$；	（10）$\int\csc^{2}x\,\mathrm{d}x=-\cot x+C$；
（11）$\int\sec x\tan x\mathrm{d}x=\sec x+C$；	（12）$\int\csc x\cot x\,\mathrm{d}x=-\csc x+C$。

二、不定积分的运算法则

法则 1　两个函数和（差）的不定积分等于各函数不定积分之和（差），即

$$\int[f(x)\pm g(x)]\mathrm{d}x=\int f(x)\mathrm{d}x\pm\int g(x)\mathrm{d}x。$$

该性质可推广到被积函数是有限多个函数代数和（差）的情况，即

$$\int[f_1(x)\pm f_2(x)\pm\cdots\pm f_n(x)]\mathrm{d}x=\int f_1(x)\mathrm{d}x\pm\int f_2(x)\mathrm{d}x\pm\cdots\pm\int f_n(x)\mathrm{d}x。$$

法则 2　被积函数中的常数因子可以提到积分号外面，即

$$\int kf(x)\mathrm{d}x=k\int f(x)\mathrm{d}x\,(k\text{ 是常数}, k\neq0)。$$

三、不定积分的方法

1. 直接积分法

直接利用不定积分的运算法则和常用基本积分公式求不定积分的方法称为**直接积分法**。直接积分法可用于求一些较简单的不定积分，在积分过程中只需对被积函数做适当的变形、组合等即可求出不定积分。

【例 3】 求 $\int(x^{2}+x+2)\mathrm{d}x$。

解　$\int(x^{2}+x+2)\mathrm{d}x=\int x^{2}\mathrm{d}x+\int x\mathrm{d}x+\int 2\mathrm{d}x=\dfrac{1}{3}x^{3}+\dfrac{1}{2}x^{2}+2x+C$。

注意：在分项积分后，每个不定积分的结果都应含有一个任意常数，但由于任意常数之和仍是任意常数，因此只写一个任意常数即可。

【例 4】 求$\int\frac{x^4}{1+x^2}\mathrm{d}x$。

解
$$\begin{aligned}\int\frac{x^4}{1+x^2}\mathrm{d}x&=\int\frac{x^4-1+1}{1+x^2}\mathrm{d}x\\&=\int\frac{(x^2-1)(x^2+1)+1}{1+x^2}\mathrm{d}x\\&=\int\left(x^2-1+\frac{1}{1+x^2}\right)\mathrm{d}x\\&=\frac{1}{3}x^3-x+\arctan x+C\text{。}\end{aligned}$$

MATLAB 提供了求符号函数不定积分的 int 函数，其调用格式如下。

```
int(expr,var)   %expr 表示被积函数，var 表示积分变量。
```

例 4 的 MATLAB 求解代码如下。

```
>>syms x
>>f = x^4/(1+x^2);
>>int(f,x)
```

注意：利用 MATLAB 的 int 函数求不定积分时，只是求出被积函数的一个原函数，不会自动补充常数项C。

程序运行结果如下。

```
ans=
    atan(x)-x+x^3/3
```

【例 5】 求$\int\sin^2\frac{x}{2}\mathrm{d}x$。

解
$$\begin{aligned}\int\sin^2\frac{x}{2}\mathrm{d}x&=\int\frac{1-\cos x}{2}\mathrm{d}x\\&=\frac{1}{2}\int\mathrm{d}x-\frac{1}{2}\int\cos x\mathrm{d}x\\&=\frac{1}{2}x-\frac{1}{2}\sin x+C\text{。}\end{aligned}$$

2. 换元积分法

用直接积分法所能计算的不定积分是非常有限的，因此，有必要进一步研究不定积分的求法。下面将介绍第一类换元积分法和第二类换元积分法。

（1）第一类换元积分法

第一类换元积分法也称凑微分法，是指将不定积分中难以直接得到原函数的被积函数，通过凑微分变成在常用基本积分公式里能够找到的函数，进而求出原不定积分的方法。

例如，不定积分$\int f[\varphi(x)]\varphi'(x)\mathrm{d}x$的被积函数$f[\varphi(x)]\varphi'(x)$的原函数没有在常用基本积分公式里，但$\int f(u)\mathrm{d}u$的被积函数的原函数很容易找到，如$F(u)$。于是，将被积表达式中

的因子 $\varphi'(x)$ 放到微分号里面，即把不定积分变成 $\int f[\varphi(x)]\mathrm{d}\varphi(x)$，然后进行变量代换，令 $u=\varphi(x)$，从而求出不定积分，即

$$
\begin{aligned}
\int f[\varphi(x)]\,\varphi'(x)\mathrm{d}x &\xlongequal{\text{凑微分}} \int f[\varphi(x)]\mathrm{d}\varphi(x) \\
&\xlongequal{u=\varphi(x)} \int f(u)\mathrm{d}u \\
&= F(u)+C \\
&= F[\varphi(x)]+C\text{。}
\end{aligned}
$$

事实上，有如下定理。

定理 4.2 设 $f(u)$ 在区间 I 上存在原函数 $F(u)$，$u=\varphi(x)$ 在区间 J 上可导，且 $\varphi(J)\subset I$，则在区间 J 上有

$$\int f[\varphi(x)]\varphi'(x)\,\mathrm{d}x=\int f(u)\,\mathrm{d}u=F(u)+C=F[\varphi(x)]+C\text{。}$$

【例 6】 求 $\int(3x+1)^8\mathrm{d}x$。

解
$$
\begin{aligned}
\int(3x+1)^8\,\mathrm{d}x &= \frac{1}{3}\int(3x+1)^8\cdot 3\mathrm{d}x \\
&\xlongequal{\text{凑微分}} \frac{1}{3}\int(3x+1)^8\,\mathrm{d}(3x+1) \\
&\xlongequal{3x+1=u} \frac{1}{3}\int u^8\,\mathrm{d}u \\
&\xlongequal{\text{积分}} \frac{1}{27}u^9+C \\
&\xlongequal{u=3x+1} \frac{1}{27}(3x+1)^9+C\text{。}
\end{aligned}
$$

【例 7】 求 $\int 2x\mathrm{e}^{x^2}\mathrm{d}x$。

解
$$
\begin{aligned}
\int 2x\mathrm{e}^{x^2}\,\mathrm{d}x &\xlongequal{\text{凑微分}} \int \mathrm{e}^{x^2}\,\mathrm{d}(x^2) \\
&\xlongequal{x^2=u} \int \mathrm{e}^u\,\mathrm{d}(u) \\
&\xlongequal{\text{积分}} \mathrm{e}^u+C \\
&\xlongequal{u=x^2} \mathrm{e}^{x^2}+C\text{。}
\end{aligned}
$$

当运算比较熟练后，可以不把 $u=\varphi(x)$ 写出来，只需默记在心里。

【例 8】 求 $\int\frac{1}{\sqrt{5x-2}}\mathrm{d}x$。

解
$$
\begin{aligned}
\int\frac{1}{\sqrt{5x-2}}\mathrm{d}x &= \frac{1}{5}\int\frac{1}{\sqrt{5x-2}}\mathrm{d}(5x-2) \\
&= \frac{1}{5}\int(5x-2)^{-\frac{1}{2}}\,\mathrm{d}(5x-2)
\end{aligned}
$$

$$=\frac{2}{5}(5x-2)^{\frac{1}{2}}+C\text{。}$$

例 8 的 MATLAB 求解代码如下。

```
>>syms x
>> f = 1/sqrt(5*x-2);
>>int(f,x)
```

程序运行结果如下。

```
ans=
    (2*(5*x - 2)^(1/2))/5
```

【例 9】 求 $\int\frac{1}{ax+b}\mathrm{d}x(a\neq 0)$。

解 $\int\frac{1}{ax+b}\mathrm{d}x=\frac{1}{a}\int\frac{1}{ax+b}\mathrm{d}(ax+b)=\frac{1}{a}\ln|ax+b|+C$。

【例 10】 求 $\int\tan x\mathrm{d}x$。

解 $\int\tan x\mathrm{d}x=\int\frac{\sin x}{\cos x}\mathrm{d}x=-\int\frac{\mathrm{d}(\cos x)}{\cos x}=-\ln|\cos x|+C$。

类似可得

$$\int\cot x\mathrm{d}x=\ln|\sin x|+C\text{。}$$

【例 11】 求 $\int\frac{1}{\sqrt{a^2-x^2}}\mathrm{d}x(a>0)$。

解 $\int\frac{1}{\sqrt{a^2-x^2}}\mathrm{d}x=\int\frac{\mathrm{d}x}{a\sqrt{1-\left(\frac{x}{a}\right)^2}}=\int\frac{\mathrm{d}\left(\frac{x}{a}\right)}{\sqrt{1-\left(\frac{x}{a}\right)^2}}=\arcsin\frac{x}{a}+C$。

【例 12】 求 $\int\frac{1}{a^2+x^2}\mathrm{d}x(a\neq 0)$。

解 $\int\frac{1}{a^2+x^2}\mathrm{d}x=\frac{1}{a^2}\int\frac{\mathrm{d}x}{1+\left(\frac{x}{a}\right)^2}=\frac{1}{a}\int\frac{\mathrm{d}\left(\frac{x}{a}\right)}{1+\left(\frac{x}{a}\right)^2}=\frac{1}{a}\arctan\frac{x}{a}+C$。

（2）第二类换元积分法

在求不定积分时，如果被积函数中没有合适的因子可用于凑微分，例如 $\int\sqrt{4-x^2}\mathrm{d}x$（若根号前有因子 x，则可通过凑微分来求解），就不能用凑微分来求不定积分。此时，可通过变量代换设法把被积函数变成能凑微分或能积分出来的形式。

例如，不定积分 $\int x^2\sqrt{x+1}\mathrm{d}x$，令 $t=\sqrt{x+1}$，可得 $x=t^2-1$，从而 $\mathrm{d}x=2t\mathrm{d}t$，则原不定积分可化为 $\int(2t^4-4t^2+2)t^2\mathrm{d}t$，此时再利用直接积分法即可求出原不定积分。

定理 4.3 设 $x=\psi(t)$ 是单调的可导函数，并且 $\psi'(t)\neq 0$，又设 $f[\psi(t)]\psi'(t)\mathrm{d}t$ 具有原函数，则有换元公式

$$\int f(x)\mathrm{d}x=\int f[\psi(t)]\psi'(t)\mathrm{d}t=F(t)+C=F[\psi^{-1}(x)]+C。$$

其中，$t=\psi^{-1}(x)$ 是 $x=\psi(t)$ 的反函数。

定理 4.3 所述的求积分方法称为**第二类换元积分法**。第二类换元积分法经常用于消去被积函数中的根式。关于被积函数含根式的不定积分，下面讨论两种基本情况。

（1）被积函数含根式 $\sqrt[n]{ax+b}$（$a\neq 0,b$ 为常数, n 为正整数且 $n>1$）。

当不定积分的被积函数中含有根式 $\sqrt[n]{ax+b}$ 时，令 $t=\sqrt[n]{ax+b}$，进行变量代换，再求解不定积分。

【例 13】 求 $\int\frac{\mathrm{d}x}{1+\sqrt{x}}$。

解　进行如下变量代换：令 $\sqrt{x}=t$，即 $x=t^2(t>0)$、$\mathrm{d}x=2t\mathrm{d}t$。于是

$$\begin{aligned}\int\frac{\mathrm{d}x}{1+\sqrt{x}}&=\int\frac{2t\mathrm{d}t}{1+t}=2\int\frac{1+t-1}{1+t}\mathrm{d}t\\&=2\left(\int\mathrm{d}t-\int\frac{1}{1+t}\mathrm{d}t\right)\\&=2(t-\ln|1+t|)+C\\&=2(\sqrt{x}-\ln|1+\sqrt{x}|)+C。\end{aligned}$$

【例 14】 求 $\int\frac{x}{\sqrt{2x-1}}\mathrm{d}x$。

解　进行如下变量代换：令 $t=\sqrt{2x-1}$，得 $x=\frac{1}{2}t^2+\frac{1}{2}$、$\mathrm{d}x=t\mathrm{d}t$。于是

$$\begin{aligned}\int\frac{x}{\sqrt{2x-1}}\mathrm{d}x&=\int\frac{\frac{1}{2}t^2+\frac{1}{2}}{t}\cdot t\mathrm{d}t=\frac{1}{2}\int t^2\mathrm{d}t+\frac{1}{2}\int\mathrm{d}t\\&=\frac{1}{6}t^3+\frac{1}{2}t+C=\frac{1}{6}\left[(2x-1)^{\frac{3}{2}}+3(2x-1)^{\frac{1}{2}}\right]+C。\end{aligned}$$

【例 15】 求 $\int\frac{\mathrm{d}x}{\sqrt{x}+\sqrt[3]{x}}$。

解
$$\begin{aligned}\int\frac{\mathrm{d}x}{\sqrt{x}+\sqrt[3]{x}}&\overset{令\sqrt[6]{x}=t}{=\!=\!=}\int\frac{6t^5}{t^3+t^2}\mathrm{d}t=6\int\frac{t^3}{t+1}\mathrm{d}t\\&=6\int\frac{t^3+1-1}{t+1}\mathrm{d}t=6\int\left(t^2-t+1-\frac{1}{t+1}\right)\mathrm{d}t\\&=6\left(\frac{t^3}{3}-\frac{t^2}{2}+t-\ln|t+1|\right)+C\\&\overset{回代}{=\!=\!=}2\sqrt{x}-3\sqrt[3]{x}+6\sqrt[6]{x}-6\ln|\sqrt[6]{x}+1|+C。\end{aligned}$$

（2）被积函数含根式 $\sqrt{a^2-x^2}$（$a>0$）。

当不定积分的被积函数中含有根式 $\sqrt{a^2-x^2}$ 时，令 $x=a\sin t\left(-\frac{\pi}{2}\leqslant t\leqslant\frac{\pi}{2}\right)$，进行变

量代换消去根号，再求解不定积分。

【例 16】 求$\int\frac{x^3}{\sqrt{1-x^2}}\mathrm{d}x$。

解 令$x=\sin t\left(-\frac{\pi}{2}\leqslant t\leqslant\frac{\pi}{2}\right)$，则$\mathrm{d}x=\cos t\mathrm{d}t$。注意到当$-\frac{\pi}{2}\leqslant t\leqslant\frac{\pi}{2}$时，$\cos t>0$，于是$\sqrt{1-x^2}=\sqrt{1-\sin^2 t}=|\cos t|=\cos t$，则

$$\begin{aligned}\int\frac{x^3}{\sqrt{1-x^2}}\mathrm{d}x&=\int\frac{\cos t\sin^3 t}{\sqrt{1-\sin^2 t}}\mathrm{d}t=\int\sin^3 t\mathrm{d}t\\&=\int\sin^2 t\sin t\mathrm{d}t\\&=-\int(1-\cos^2 t)\mathrm{d}\cos t\\&=-\cos t+\frac{1}{3}\cos^3 t+C。\end{aligned}$$

因为$x=\sin t$，所以$\cos t=\sqrt{1-\sin^2 t}=\sqrt{1-x^2}$，故

$$\int\frac{x^3}{\sqrt{1-x^2}}\mathrm{d}x=-\sqrt{1-x^2}+\frac{1}{3}\sqrt{(1-x^2)^3}+C。$$

在本例中，要想将t还原为x，还可以利用直角三角形的边角关系。由$x=\sin t$，得一锐角为t的直角三角形，其斜边为1，对边为x，如图4-2所示。

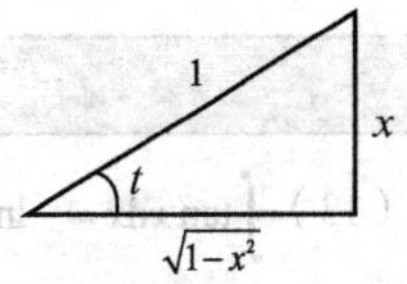

图 4-2

从图4-2中可以很容易得出，

$$\cos t=\sqrt{1-x^2}。$$

此外，当被积函数中含有$\sqrt{x^2+a^2}$和$\sqrt{x^2-a^2}$时，可将被积表达式做如下三角变换，去掉根号：

① 含有$\sqrt{x^2+a^2}$时，令$x=a\tan t$；

② 含有$\sqrt{x^2-a^2}$时，令$x=a\sec t$。

【例 17】 求$\int\frac{1}{\sqrt{x^2+a^2}}\mathrm{d}x\,(a>0)$。

解 令$x=a\tan t\left(-\frac{\pi}{2}\leqslant t\leqslant\frac{\pi}{2}\right)$，则$\mathrm{d}x=a\sec^2 t\mathrm{d}t$，如图4-3所示。

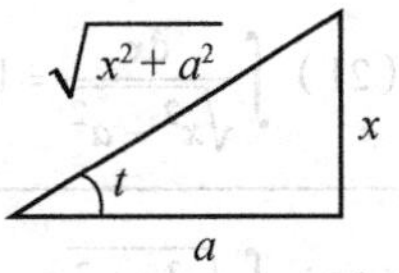

图 4-3

利用三角公式可得

$$1+\tan^2 t=\sec^2 t，$$

有$\int\frac{1}{\sqrt{x^2+a^2}}\mathrm{d}x=\int\frac{a\sec^2 t}{a\sec t}\mathrm{d}t=\int\sec t\mathrm{d}t$。

而

$$\int\sec t\mathrm{d}t=\int\frac{\sec t(\sec t+\tan t)}{\sec t+\tan t}\mathrm{d}t=\int\frac{\mathrm{d}(\sec t+\tan t)}{\sec t+\tan t}=\ln(\sec t+\tan t)+C，$$

所以$\int\frac{1}{\sqrt{x^2+a^2}}\mathrm{d}x=\ln(\sec t+\tan t)+C$。

为了将 t 还原为 x，由 $\tan t=\frac{x}{a}$，得一锐角为 t 的直角三角形，其对边为 x，邻边为 a，可以很容易得出

$$\sec t=\frac{\sqrt{x^2+a^2}}{a},$$

因此

$$\int\frac{1}{\sqrt{x^2+a^2}}\mathrm{d}x=\ln\left|\frac{x}{a}+\frac{\sqrt{x^2+a^2}}{a}\right|+C_1=\ln\left|x+\sqrt{x^2+a^2}\right|+C,$$

其中 $C=C_1-\ln a$。

类似可得$\int\frac{1}{x^2-a^2}\mathrm{d}x=\frac{1}{2a}\ln\left|\frac{x-a}{x+a}\right|+C$。

实际上，在本节的例题中，有些例题在计算不定积分时会经常用到，通常也被当作公式直接使用。因此，除了前文介绍的几个常用基本积分公式外，再介绍几个公式（其中常数 $a>0$），如表 4-2 所示。

表 4-2　常用基本积分公式（2）

常用基本积分公式	常用基本积分公式
（13）$\int\tan x\mathrm{d}x=-\ln\lvert\cos x\rvert+C$	（14）$\int\cot x\mathrm{d}x=\ln\lvert\sin x\rvert+C$
（15）$\int\sec x\mathrm{d}x=\ln\lvert\sec x+\tan x\rvert+C$	（16）$\int\csc x\mathrm{d}x=-\ln\lvert\csc x-\cot x\rvert+C$
（17）$\int\frac{\mathrm{d}x}{x^2+a^2}=\frac{1}{a}\arctan\frac{x}{a}+C$	（18）$\int\frac{\mathrm{d}x}{x^2-a^2}=\frac{1}{2a}\ln\left\lvert\frac{x-a}{x+a}\right\rvert+C$
（19）$\int\frac{\mathrm{d}x}{\sqrt{a^2-x^2}}=\arcsin\frac{x}{a}+C$	（20）$\int\frac{\mathrm{d}x}{\sqrt{a^2+x^2}}=\ln\left\lvert x+\sqrt{x^2+a^2}\right\rvert+C$
（21）$\int\frac{\mathrm{d}x}{\sqrt{x^2-a^2}}=\ln\left\lvert x+\sqrt{x^2-a^2}\right\rvert+C$	
（22）$\int\sqrt{a^2-x^2}\mathrm{d}x=\frac{a^2}{2}\arcsin\frac{x}{a}+\frac{x}{2}\sqrt{a^2-x^2}+C$	

3．分部积分法

前文介绍的直接积分法与换元积分法，虽然能够用于求解一些不定积分，但对于某些不定积分，如$\int x\cos x\mathrm{d}x$、$\int x\mathrm{e}^x\mathrm{d}x$等，仍然无法求解。为了解决这类不定积分问题，下面将介绍求不定积分的另外的方法——分部积分法。

设函数 $u=u(x)$、$v=v(x)$ 有连续的导数，根据两个函数的积的求导法则得

$$(uv)' = u'v + uv',$$

从而有

$$uv' = (uv)' - u'v。$$

对上式两边同时求不定积分可得

$$\int uv'\mathrm{d}x = \int (uv)'\mathrm{d}x - \int u'v\mathrm{d}x,$$

即

$$\int u\mathrm{d}v = uv - \int v\mathrm{d}u。$$

这个等式就称为**分部积分公式**，这种积分方法就是**分部积分法**。

【例 18】 求$\int x\cos x\mathrm{d}x$。

解　令$u = x$，$\mathrm{d}v = \cos x\mathrm{d}x = \mathrm{d}(\sin x)$，即$v = \sin x$，由分部积分公式得

$$\int x\cos x\mathrm{d}x = \int x\mathrm{d}(\sin x) = x\sin x - \int \sin x\mathrm{d}x,$$

于是

$$\int x\cos x\mathrm{d}x = x\sin x + \cos x + C。$$

但是如果选取$u = \cos x$，$\mathrm{d}v = x\mathrm{d}x = \mathrm{d}\left(\frac{x^2}{2}\right)$，即$v = \frac{x^2}{2}$，则有

$$\int x\cos x\mathrm{d}x = \int \cos x\mathrm{d}\left(\frac{x^2}{2}\right) = \frac{x^2}{2}\cos x + \frac{1}{2}\int x^2\sin x\mathrm{d}x。$$

显然，上式右端的积分$\int x^2\sin x\mathrm{d}x$比原来的积分$\int x\cos x\mathrm{d}x$更难求出。

由此可见，使用分部积分法的关键是要适当地选择$u(x)$和$v(x)$，使得等式右边的积分比较容易求出。

一般地，选取u和$\mathrm{d}v$一般要考虑以下两点：

（1）v要容易求；

（2）$\int v\mathrm{d}u$要比$\int u\mathrm{d}v$容易求出。

【例 19】 求$\int xe^x\mathrm{d}x$。

解　令$u = x$，$\mathrm{d}v = \mathrm{e}^x\mathrm{d}x = \mathrm{d}\mathrm{e}^x$，则

$$\int x\mathrm{e}^x\mathrm{d}x = \int x\mathrm{d}\mathrm{e}^x = x\mathrm{e}^x - \int \mathrm{e}^x\mathrm{d}x = x\mathrm{e}^x - \mathrm{e}^x + C = \mathrm{e}^x(x-1) + C。$$

【例 20】 求$\int \mathrm{e}^x\cos x\mathrm{d}x$。

解
$$\begin{aligned}\int \mathrm{e}^x\cos x\mathrm{d}x &= \int \cos x\mathrm{d}\mathrm{e}^x = \mathrm{e}^x\cos x - \int \mathrm{e}^x\mathrm{d}(\cos x)\\ &= \mathrm{e}^x\cos x + \int \mathrm{e}^x\sin x\mathrm{d}x\\ &= \mathrm{e}^x\cos x + \int \sin x\mathrm{d}(\mathrm{e}^x)\\ &= \mathrm{e}^x\cos x + \mathrm{e}^x\sin x - \int \mathrm{e}^x\cos x\mathrm{d}x,\end{aligned}$$

移项，化简得

$$2\int e^x \cos x dx = e^x(\cos x + \sin x) + C_1,$$

故

$$\int e^x \cos x dx = \frac{1}{2}e^x(\cos x + \sin x) + C \left(C = \frac{1}{2}C_1\right)。$$

【例 21】 求 $\int e^{\sqrt{x}} dx$。

解 被积函数含有根号，因此先利用第二类换元积分法消去根号，然后利用分部积分公式求积分。

令 $\sqrt{x} = t$，可得 $x = t^2$、$dx = 2tdt$，于是

$$\int e^{\sqrt{x}} dx = 2\int te^t dt。$$

由分部积分公式可得

$$\int te^t dt = \int t de^t = (te^t - e^t) + C,$$

因此

$$\int e^{\sqrt{x}} dx = 2\int te^t dt = 2(te^t - e^t) + C = 2e^{\sqrt{x}}(\sqrt{x} - 1) + C。$$

例 21 的 MATLAB 求解代码如下。

```
>>syms x
>> f = exp(sqrt(x));
>>int(f,x)
```

程序运行结果如下。

```
ans=
    2*exp(x^(1/2))*(x^(1/2) - 1)
```

第三节 定积分的概念及性质

一、曲边梯形的面积

曲边梯形是指在直角坐标系下，由闭区间 $[a,b]$ 上的连续曲线 $y = f(x) \geqslant 0$，以及直线 $x = a$、$x = b$ 与 x 轴所围成的平面图形。那么应如何计算曲边梯形的面积？

在第 2 章讲述极限的概念时，曾介绍用正多边形的面积逼近圆的面积，从而得圆周率 π。受这种“以直代曲”的思想启发，可设想是否能用直边形（如矩形或梯形）的面积逼近曲边梯形的面积，答案是肯定的。

求曲边梯形的面积的基本思路是：把曲边梯形分割成 n 个小曲边梯形→用小矩形面积近似代替小曲边梯形面积→求各小矩形的面积之和→求各小矩形面积之和的极限。

引例 3 求由抛物线 $f(x) = x^2$ 与 x 轴、直线 $x = 2$、$x = 3$ 围成的曲边梯形的面积。

解 曲边梯形的曲线边为 $f(x) = x^2 (2 \leqslant x \leqslant 3)$，如图 4-4 所示。接下来具体描述当 $n = 10$ 时，曲边梯形面积近似值的计算过程。

（1）取分点 $2 = x_0 < x_1 < x_2 < \cdots < x_{10} = 3$ 把区间 $[2,3]$ 等分为 10 个小区间 $[x_0, x_1]$，$[x_1, x_2]$，$\cdots$，$[x_9, x_{10}]$，这些小区间的长度记为 $\Delta x_i = x_i - x_{i-1} = 0.1 (i = 1, 2, \cdots, 10)$。过每个分点

$x_i(i=1,2,\cdots,9)$ 作 x 轴的垂线，把曲边梯形分成 10 个小曲边梯形 $A_i(i=1,2,\cdots,10)$ ，如图 4-5 所示，每个小曲边梯形的面积记为 $\Delta S_i(i=1,2,\cdots,10)$ 。

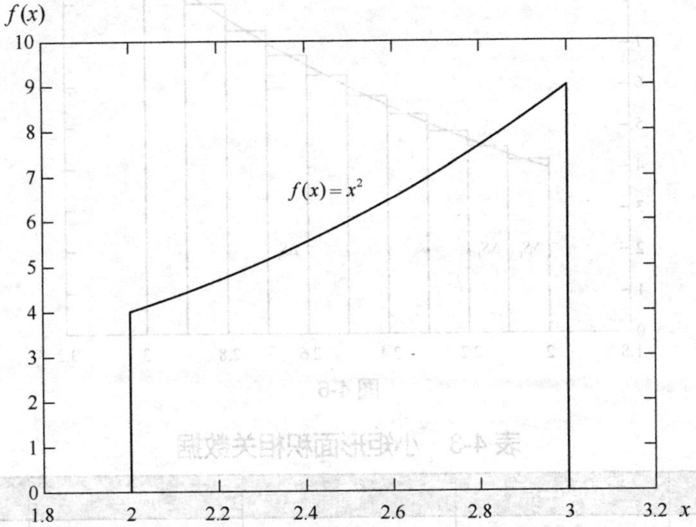

图 4-4

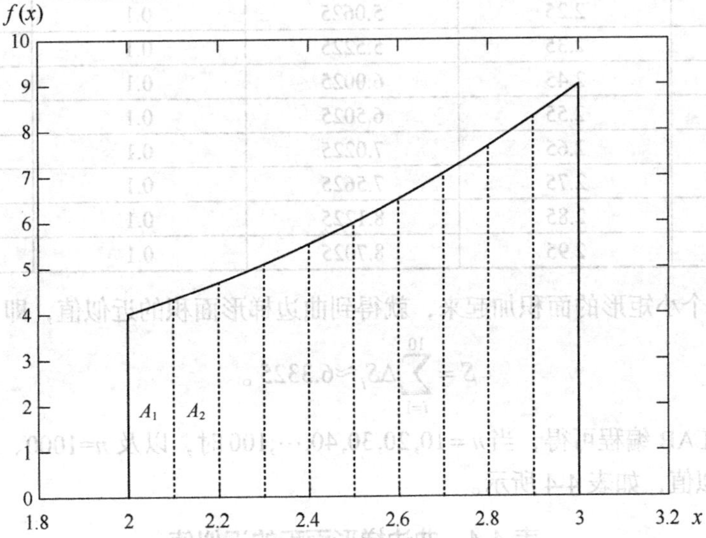

图 4-5

（2）取区间 $[2,2.1]$ 的中点 $\xi_1=2+\dfrac{1}{2}\times0.1=2.05$ ，作以 $f(\xi_1)=4.2025$ 为高、底边长度为 0.1 的小矩形，用此小矩形的面积近似代替小曲边梯形 A_1 的面积，如图 4-6 所示，即

$$\Delta S_1\approx4.2025\times0.1=0.42025\text{。}$$

同理，取区间 $[2.1,2.2]$ 的中点 $\xi_2=2.1+\dfrac{1}{2}\times0.1=2.15$ ，作以 $f(\xi_2)=4.6225$ 为高、底边长度为 0.1 的小矩形，用此小矩形的面积近似代替小曲边梯形 A_2 的面积，即 $\Delta S_2\approx0.46225$ 。依次类推可得其他小曲边梯形的面积 $\Delta S_i(i=3,4,\cdots,10)$ ，小矩形面积相关数据如表 4-3 所示。

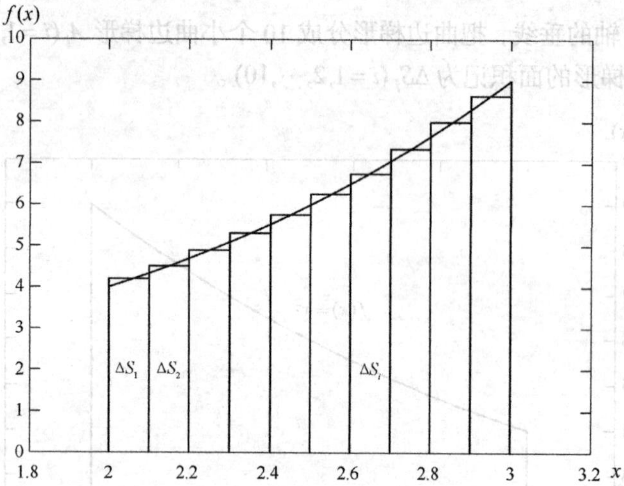

图 4-6

表 4-3 小矩形面积相关数据

区间	区间中点	高	底边	小矩形面积
[2,2.1]	2.05	4.2025	0.1	0.42025
[2.1,2.2]	2.15	4.6225	0.1	0.46225
[2.2,2.3]	2.25	5.0625	0.1	0.50625
[2.3,2.4]	2.35	5.5225	0.1	0.55225
[2.4,2.5]	2.45	6.0025	0.1	0.60025
[2.5,2.6]	2.55	6.5025	0.1	0.65025
[2.6,2.7]	2.65	7.0225	0.1	0.70225
[2.7,2.8]	2.75	7.5625	0.1	0.75625
[2.8,2.9]	2.85	8.1225	0.1	0.81225
[2.9,3]	2.95	8.7025	0.1	0.87025

（3）把 10 个小矩形的面积加起来，就得到曲边梯形面积的近似值，即

$$S=\sum_{i=1}^{10}\Delta S_i \approx 6.3325\text{。}$$

利用 MATLAB 编程可得，当 $n=10,20,30,40,\cdots,100$ 时，以及 n=1000、n=10000，曲边梯形面积的近似值，如表 4-4 所示。

表 4-4 曲边梯形面积的近似值

n	近似值
10	6.3325
20	6.3331
30	6.3332
40	6.3333
50	6.3333
⋮	⋮
100	6.3333
1000	6.3333
10000	6.3333

事实上，随着n的增大，即区间分割得越"细"，近似程度越大。从表4-4中可以看出，随着n增大，曲边梯形面积的近似值趋近于6.3333，根据极限的定义可知曲边梯形的面积为

$$S=\lim_{n\to\infty}\sum_{i=1}^{n}\Delta S_i=6.3333。$$

二、定积分的概念

定义 4.3 设函数$f(x)$在区间$[a,b]$上有定义，任取分点$a=x_0<x_1<x_2<\cdots<x_n=b$，把区间$[a,b]$分成$n$个小区间$[x_{i-1},x_i](i=1,2,\cdots,n)$，记$\Delta x_i=x_i-x_{i-1}$，在每个小区间上任取一点$\xi_i(x_{i-1}\leqslant\xi_i\leqslant x_i)$，计算积$f(\xi_i)\Delta x_i$，并计算和式$S_n=\sum\limits_{i=1}^{n}f(\xi_i)\Delta x_i$，记$\lambda=\max\{\Delta x_1,\Delta x_2,\cdots,\Delta x_n\}$，若不论对区间$[a,b]$如何进行分割，也不论对各区间$[x_{i-1},x_i]$上的点$\xi_i$如何进行选取，只要当$\lambda\to 0$时，上述和式$S_n$的极限均存在，则称函数$f(x)$在区间$[a,b]$上可积，并将此极限值称为函数$f(x)$在区间$[a,b]$上的**定积分**，记为$\int_a^b f(x)\mathrm{d}x$，即

$$\int_a^b f(x)\mathrm{d}x=\lim_{\lambda\to 0}\sum_{i=1}^{n}f(\xi_i)\Delta x_i。$$

其中x称为**积分变量**，$f(x)$称为**被积函数**，$f(x)\mathrm{d}x$称为**被积表达式**，a、b分别称为**积分下限和积分上限**，$[a,b]$称为**积分区间**。

【例 22】 根据定义计算定积分$\int_2^3 x^2\mathrm{d}x$。

解 **第一步**：分割。对区间进行任意分割，方便起见，将区间$[2,3]$划分为n等份，分点为

$$x_i=2+\frac{i}{n}(i=1,2,3,\cdots,n-1),$$

每个小区间的长度均为$\Delta x_i=\frac{1}{n}(i=1,2,3,\cdots,n)$。

第二步：取近似。取ξ_i为每个小区间的右端点$2+\frac{i}{n}$，计算积

$$f(\xi_i)\Delta x_i=\left(2+\frac{i}{n}\right)^2\times\frac{1}{n}$$
$$=\frac{4}{n}+\frac{i^2}{n^3}+\frac{4i}{n^2}。$$

第三步：求和。积分和式为

$$\begin{aligned}\sum_{i=1}^{n}f(\xi_i)\Delta x_i&=\sum_{i=1}^{n}\left(\frac{4}{n}+\frac{i^2}{n^3}+\frac{4i}{n^2}\right)\\&=4+\frac{1}{n^3}(1^2+2^2+\cdots+n^2)+\frac{4}{n^2}(1+2+\cdots+n)\\&=4+\frac{1}{n^3}\times\frac{1}{6}n(n+1)(2n+1)+\frac{2(n+1)}{n}\\&=4+\frac{1}{6}\left(1+\frac{1}{n}\right)\left(2+\frac{1}{n}\right)+\frac{2(n+1)}{n}。\end{aligned}$$

第四步：取极限。取 $\lambda=\max\limits_{1\leqslant i\leqslant n}\{\Delta x_i\}=\dfrac{1}{n}\to 0$，即 $n\to\infty$，于是

$$\int_2^3 x^2\mathrm{d}x=\lim_{n\to\infty}\left[4+\frac{1}{6}\left(1+\frac{1}{n}\right)\left(2+\frac{1}{n}\right)+\frac{2(n+1)}{n}\right]=\frac{19}{3}\approx 6.3333\text{。}$$

关于定积分定义的几点说明如下。

（1）从定积分的定义不难发现，定积分的值只取决于被积函数与积分上、下限，而与积分变量的选取无关，即 $\int_a^b f(x)\mathrm{d}x=\int_a^b f(t)\mathrm{d}t$。

（2）定积分的定义中 $a<b$，为方便运算，规定：

当 $a=b$ 时，$\int_a^b f(x)\mathrm{d}x=0$；当 $a>b$ 时，$\int_a^b f(x)\mathrm{d}x=-\int_b^a f(x)\mathrm{d}x$。

（3）定积分的存在性：当 $f(x)$ 在 $[a,b]$ 上连续或只有有限个第一类间断点时，$f(x)$ 在 $[a,b]$ 上可积。

（4）定积分的几何意义如下：

① 若在区间 $[a,b]$ 上 $f(x)\geqslant 0$，积分区域在 x 轴上方，则积分值为正，即

$$\int_a^b f(x)\mathrm{d}x=A(A>0)\text{。}$$

② 若在区间 $[a,b]$ 上 $f(x)\leqslant 0$，积分区域在 x 轴下方，则积分值为负，即

$$\int_a^b f(x)\mathrm{d}x=-A(A>0)\text{。}$$

③ 若在区间 $[a,b]$ 上 $f(x)$ 有正有负，则定积分 $\int_a^b f(x)\mathrm{d}x$ 的值等于 $[a,b]$ 上位于 x 轴上方的图形的面积减去 x 轴下方的图形的面积，即

$$\int_a^b f(x)\mathrm{d}x=-A_1+A_2-A_3\text{。}$$

其中 A_1、A_2、A_3 分别表示图 4-7 中所对应的阴影部分的面积。

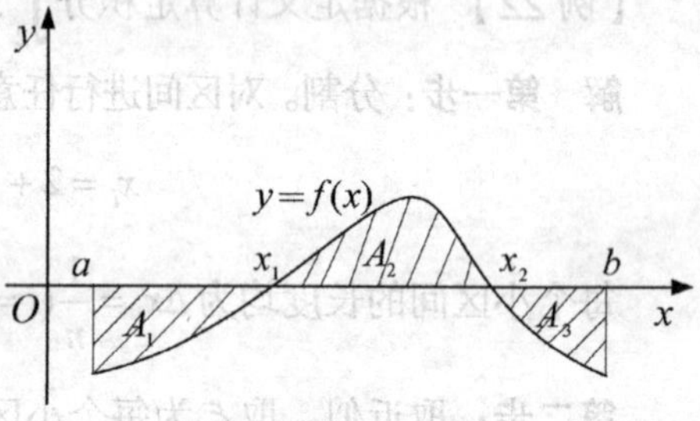

图 4-7

定积分的基本思想是以直代曲、以静制动、化繁为简。生活中的许多复杂的实际问题都可以利用定积分的思想来解决。例如，我们可以将一个复杂的大问题分割成许许多多的小问题，然后逐个击破，最终解决问题。同学们在求学的道路上，虽然每天的进步很微小，但是只要怀抱梦想又脚踏实地、敢想敢为又善作善成，最终都能够实现从量变到质变的飞跃。

三、定积分的性质

由定积分的定义，可以直接推证定积分具有以下性质。

性质 4.3 被积函数中的常数因子可提到积分号外面，即

$$\int_a^b kf(x)\mathrm{d}x=k\int_a^b f(x)\mathrm{d}x\ (k\text{ 为常数})\text{。}$$

性质 4.4 函数的和、差的定积分等于定积分的和、差，即

$$\int_a^b[f(x)\pm g(x)]\mathrm{d}x=\int_a^b f(x)\mathrm{d}x\pm\int_a^b g(x)\mathrm{d}x\text{。}$$

本性质可推广到有限多个函数的代数和的情况。

性质 4.5（积分区间的可加性） 如果$a<c<b$，则总有

$$\int_a^b f(x)\mathrm{d}x=\int_a^c f(x)\mathrm{d}x+\int_c^b f(x)\mathrm{d}x。$$

性质 4.6 如果在区间$[a,b]$上有$f(x)\leqslant g(x)$，则$\int_a^b f(x)\mathrm{d}x\leqslant\int_a^b g(x)\mathrm{d}x$。

性质 4.7（定积分积分估值定理） 设m和M分别是函数$f(x)$在区间$[a,b]$上的最小值和最大值，则

$$m(b-a)\leqslant\int_a^b f(x)\mathrm{d}x\leqslant M(b-a)。$$

证 因为$m\leqslant f(x)\leqslant M$，由性质4.6得

$$\int_a^b m\mathrm{d}x\leqslant\int_a^b f(x)\mathrm{d}x\leqslant\int_a^b M\mathrm{d}x，$$

再将常数因子提出，并利用$\int_a^b \mathrm{d}x=b-a$，即可证得。

该性质的几何解释是：曲线$y=f(x)$在$[a,b]$上的曲边梯形的面积介于以区间$[a,b]$的长度为底，分别以m和M为高的两个矩形的面积之间，如图4-8所示。

性质 4.8（积分中值定理） 如果函数$y=f(x)$在区间$[a,b]$上连续，则在区间$[a,b]$上至少存在一点ξ，使得

$$\int_a^b f(x)\mathrm{d}x=f(\xi)(b-a)。$$

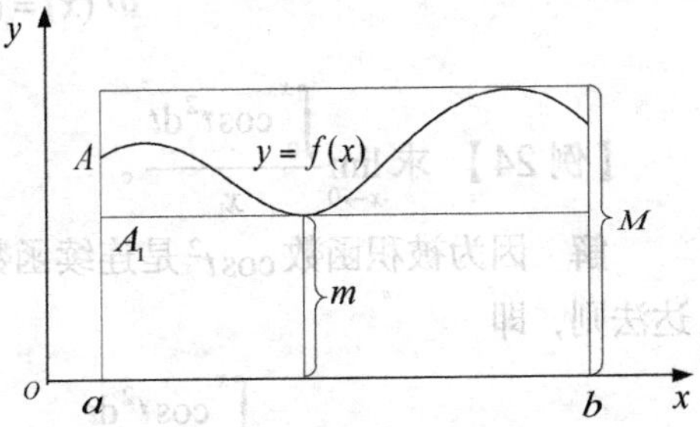

图 4-8

证 因为$b-a>0$，由定积分积分估值定理得

$$m\leqslant\frac{1}{b-a}\int_a^b f(x)\mathrm{d}x\leqslant M，$$

由闭区间上连续函数的介值定理可知在$[a,b]$上至少存在一点ξ，使得

$$f(\xi)=\frac{1}{b-a}\int_a^b f(x)\mathrm{d}x，$$

于是

$$\int_a^b f(x)\mathrm{d}x=f(\xi)\cdot(b-a)\ (a\leqslant\xi\leqslant b)。$$

该性质的几何解释是：曲线$y=f(x)$在$[a,b]$上的曲边梯形的面积等于以区间$[a,b]$的长度为底，以$[a,b]$中某一点ξ的函数值$f(\xi)$为高的矩形的面积。

第四节 定积分的计算

根据定积分的定义计算定积分十分繁杂，在数学研究过程中，人们自然会去寻找更简单的方法计算定积分。

一、变上限定积分

由定积分的定义可知定积分的值取决于被积函数$f(x)$以及积分下限a、积分上限b。如果被积函数$f(x)$确定不变，积分下限a固定，只有积分上限b变化，则称这样的定积分

为变上限定积分。

当 x 在区间 $[a,b]$ 上变化时，都有一个定积分值与之对应，因此变上限定积分为积分上限 x 的函数，记作

$$\Phi(x)=\int_a^x f(t)\mathrm{d}t\ (a\leqslant x\leqslant b)。$$

变上限定积分有如下重要性质。

定理 4.4 若函数 $y=f(x)$ 在区间 $[a,b]$ 上连续，则积分上限的函数 $\Phi(x)=\int_a^x f(t)\mathrm{d}t$ 在区间 $[a,b]$ 上可导，并且它的导数等于被积函数，即

$$\Phi'(x)=(\int_a^x f(t)\mathrm{d}t)'=f(x)。$$

该定理揭示了定积分与原函数之间的内在联系，即变上限定积分 $\Phi(x)=\int_a^x f(t)\mathrm{d}t$ 是函数 $y=f(x)$ 在区间 $[a,b]$ 上的一个原函数，所以，定理 4.4 也叫作**原函数存在定理**。

【例 23】 求 $\Phi(x)=\int_0^x \mathrm{e}^{-3t+1}\mathrm{d}t$ 的导数。

解 因为被积函数 $f(t)=\mathrm{e}^{-3t+1}$ 是连续函数，所以由定理 4.4 得

$$\Phi'(x)=(\int_0^x \mathrm{e}^{-3t+1}\mathrm{d}t)'=\mathrm{e}^{-3x+1}。$$

【例 24】 求 $\lim\limits_{x\to 0}\dfrac{\int_0^x \cos t^2\mathrm{d}t}{x}$。

解 因为被积函数 $\cos t^2$ 是连续函数，且该极限的分子、分母都趋向于 0，故可用洛必达法则，即

$$\lim_{x\to 0}\frac{\int_0^x \cos t^2\mathrm{d}t}{x}=\lim_{x\to 0}\frac{(\int_0^x \cos t^2\mathrm{d}t)'}{x'}=\lim_{x\to 0}\frac{\cos x^2}{1}=1。$$

二、牛顿-莱布尼茨公式

定理 4.5 如果函数 $F(x)$ 是连续函数 $f(x)$ 在区间 $[a,b]$ 上的一个原函数，则

$$\int_a^b f(x)\mathrm{d}x=F(b)-F(a)。$$

证 由定理 4.4 知，变上限定积分 $\Phi(x)=\int_a^x f(t)\mathrm{d}t$ 也是 $f(x)$ 在区间 $[a,b]$ 上的一个原函数，而且这两个原函数之间只相差一个常数，于是有

$$F(x)-\Phi(x)=C\ (C\text{为常数}),$$

即

$$F(x)-\int_a^x f(t)\mathrm{d}t=C。$$

在上式中令 $x=a$，得到 $F(a)=C$，因此

$$F(x)-\int_a^x f(t)\mathrm{d}t=F(a),$$

再令 $x=b$，得到

$$F(b)-F(a)=\int_a^b f(t)\mathrm{d}t,$$

再把积分变量t换成x，得到

$$\int_a^b f(x)\mathrm{d}x=F(b)-F(a)。$$

此外为计算方便，常将上述公式写成如下形式：

$$\int_a^b f(x)\mathrm{d}x=F(x)\Big|_a^b=F(b)-F(a)。$$

称该式为**牛顿-莱布尼茨公式**，也称微积分的基本公式。该公式把定积分的计算问题转化为求原函数的问题，从而给定积分的计算提供了一个简便而有效的方法。

【例 25】 求$\int_2^3 x^2\mathrm{d}x$。

解 因为$f(x)=x^2$在区间$[2,3]$上连续，且$F(x)=\frac{1}{3}x^3$是$f(x)$的一个原函数，所以由牛顿-莱布尼茨公式，有

$$\int_2^3 x^2\mathrm{d}x=\frac{1}{3}x^3\Big|_2^3=\frac{27}{3}-\frac{8}{3}=\frac{19}{3}。$$

【例 26】 求$\int_0^1(5+3\cos x)\mathrm{d}x$。

解 因为$f(x)=5+3\cos x$的原函数为$F(x)=5x+3\sin x$，所以

$$\begin{aligned}\int_0^1(5x+3\sin x)\mathrm{d}x&=(5x+3\sin x)\Big|_0^1\\&=(5\times1+3\sin1)-(5\times0-3\sin0)\\&=5+3\sin1。\end{aligned}$$

【例 27】 $f(x)=\begin{cases}x+1,x\geqslant0\\ \mathrm{e}^{-x},x<0\end{cases}$，求$\int_{-1}^2 f(x)\mathrm{d}x$。

解 由定积分的积分区间的可加性和牛顿-莱布尼茨公式，有

$$\begin{aligned}\int_{-1}^2 f(x)\mathrm{d}x&=\int_{-1}^0 f(x)\mathrm{d}x+\int_0^2 f(x)\mathrm{d}x\\&=\int_{-1}^0\mathrm{e}^{-x}\mathrm{d}x+\int_0^2(x+1)\mathrm{d}x\\&=(-\mathrm{e}^{-x})\Big|_{-1}^0+\left(\frac{1}{2}x^2+x\right)\Big|_0^2\\&=\mathrm{e}+3。\end{aligned}$$

注意：在应用牛顿-莱布尼茨公式求定积分时，要求被积函数在积分区间上是连续的。

三、定积分的换元积分法

由牛顿-莱布尼茨公式可以看到定积分的计算主要是求被积函数的原函数。故计算定积分的关键之处在于找出被积函数的原函数。因此，定积分的计算方法基本上与不定积分的计算方法相同。下面介绍定积分的换元积分法。

1. 第一类换元积分法（凑微分法）

当用凑微分法求定积分时，由于并不是用新的变量替换原变量，因此不需要变换积分的上限、下限。

【例 28】 计算$\int_1^e \frac{\ln x}{x}dx$。

解 $\int_1^e \frac{\ln x}{x}dx = \int_1^e \ln x \, d\ln x = \frac{1}{2}(\ln x)^2\Big|_1^e = \frac{1}{2}$。

【例 29】 计算$\int_{-1}^2 e^{-3x}dx$。

解 $\int_0^{\sqrt{2}} x^2 e^{x^2} dx = \frac{1}{2}\int_0^{\sqrt{2}} e^{x^2} dx^2 = \frac{1}{2}e^{x^2}\Big|_0^{\sqrt{2}} = \frac{1}{2}(e^2 - 1)$。

2. 第二类换元积分法

定理 4.6 若函数$y = f(x)$在区间$[a,b]$上连续，函数$x = \varphi(t)$在$[\alpha,\beta]$或$[\beta,\alpha]$上有连续导数，$x = \varphi(t)$的值在$[a,b]$上变化，且$\varphi(\alpha) = a$、$\varphi(\beta) = b$，则

$$\int_a^b f(x)dx = \int_\alpha^\beta f[\varphi(t)]\varphi'(t)dt。$$

上式称为**定积分的换元公式**。运用定积分的换元公式计算定积分时，要特别注意“换元的同时要换上限和下限”以及“α不一定小于β”这两点。

【例 30】 求$\int_0^9 \frac{1}{1+\sqrt{x}}dx$。

解 设$\sqrt{x} = t$，则$x = t^2$，$dx = 2tdt$。

因为当$x = 0$时，$t = 0$；当$x = 9$时，$t = 3$。所以

$$\begin{aligned}\int_0^9 \frac{1}{1+\sqrt{x}}dx &= \int_0^3 \frac{2t}{1+t}dt \\ &= 2\int_0^3 \left(1 - \frac{1}{1+t}\right)dt \\ &= (2t - 2\ln|1+t|)\Big|_0^3 \\ &= 6 - 4\ln 2。\end{aligned}$$

【例 31】 求$\int_{-1}^1 \frac{x}{\sqrt{5-4x}}dx$。

解 令$\sqrt{5-4x} = t$，$x = \frac{5-t^2}{4}$，$dx = -\frac{t}{2}dt$。

因为当$x = -1$时，$t = 3$；当$x = 1$时，$t = 1$。所以

$$\begin{aligned}\int_{-1}^1 \frac{x}{\sqrt{5-4x}}dx &= \int_3^1 \frac{5-t^2}{4} \times \frac{1}{t} \times \left(-\frac{1}{2}t\right)dt \\ &= \int_3^1 \frac{1}{8}(t^2 - 5)dt \\ &= \left(\frac{t^3}{24} - \frac{5}{8}t\right)\Big|_3^1 = \frac{1}{6}。\end{aligned}$$

MATLAB 提供了求符号函数定积分的 int 函数，其调用格式如下。

```
int(expr,var,a,b) %expr 表示被积函数，var 表示积分变量，a 表示积分下限，b 表示积分上限。
```

例 31 的 MATLAB 求解代码如下。

```
>>syms x
>>f = x/sqrt(5-4*x);
>>int(f,x,-1,1)
```

程序运行结果如下。

```
ans=
    1/6
```

四、定积分的分部积分法

设函数 $u=u(x)$、$v=v(x)$ 在区间 $[a,b]$ 上具有连续导数 $u'=u'(x)$、$v'=v'(x)$。由不定积分的分部积分公式

$$\int u(x)v'(x)\mathrm{d}x = u(x)v(x)-\int v(x)u'(x)\mathrm{d}x,$$

可得

$$\int_a^b u(x)v'(x)\mathrm{d}x = \left[u(x)v(x)-\int v(x)u'(x)\mathrm{d}x\right]\Big|_a^b,$$

即

$$\int_a^b u(x)v'(x)\mathrm{d}x = u(x)v(x)\Big|_a^b-\int_a^b v(x)u'(x)\mathrm{d}x,$$

简记为

$$\int_a^b u\mathrm{d}v = uv\Big|_a^b-\int_a^b v\mathrm{d}u。$$

上式称为**定积分的分部积分公式**。

【例 32】求 $\int_0^{\frac{\pi}{2}} x\cos x\mathrm{d}x$。

解 $\int_0^{\frac{\pi}{2}} x\cos x\mathrm{d}x = \int_0^{\frac{\pi}{2}} x\,\mathrm{d}(\sin x)$

$$= x\sin x\Big|_0^{\frac{\pi}{2}}-\int_0^{\frac{\pi}{2}}\sin x\mathrm{d}x$$

$$= \frac{\pi}{2}+\cos x\Big|_0^{\frac{\pi}{2}}$$

$$= \frac{\pi}{2}-1。$$

【例 33】求 $\int_0^1 \mathrm{e}^{\sqrt{x}}\mathrm{d}x$。

解 先用第二类换元积分法将根式去掉，令 $\sqrt{x}=t$，则 $x=t^2$ 且 $t\in[0,1]$，$\mathrm{d}x=2t\mathrm{d}t$，于是

$$\int_0^1 \mathrm{e}^{\sqrt{x}}\mathrm{d}x = \int_0^1 \mathrm{e}^t\cdot 2t\mathrm{d}t = \int_0^1 2t\mathrm{d}\mathrm{e}^t = 2t\mathrm{e}^t\Big|_0^1-\int_0^1 \mathrm{e}^t\,\mathrm{d}(2t)$$

$$=2\mathrm{e}-2\int_0^1 \mathrm{e}^t\mathrm{d}t$$
$$=2\mathrm{e}-2\mathrm{e}^t\Big|_0^1$$
$$=2。$$

第五节 定积分在几何上的应用

定积分是从解决实际问题的过程中产生的，由定积分的定义可以看出，定积分能够用于解决计算平面图形的面积、立体的体积、曲线的弧长等几何问题。

一、微元法

为了更好地说明定积分的微元法，先回顾求曲边梯形面积 A 的方法和步骤。

第一步：将区间 $[a,b]$ 分成 n 个小区间，得到 n 个小曲边梯形，每个小曲边梯形的面积记为 $\Delta A_i(i=1,2,3,\cdots n)$ 。

第二步：用小矩形的面积近似代替小曲边梯形的面积，即 $\Delta A_i\approx f(\xi_i)\Delta x_i$ （其中 $\Delta x_i=x_i-x_{i-1}$ ，$\xi_i\in[x_{i-1},x_i]$ ）。

第三步：求和得曲边梯形面积 A 的近似值，即 $A\approx\sum\limits_{i=1}^{n}f(\xi_i)\Delta x_i$ 。

第四步：求极限可得曲边梯形的面积为 $A=\lim\limits_{\lambda\to 0}\sum\limits_{i=1}^{n}f(\xi_i)\Delta x_i=\int_a^b f(x)$ 。

在上述曲边梯形面积的几种过程中，第二步的“近似”是关键，因为最后的被积表达式的形式就是在这一步被确定的。事实上，在第二步中任一小区间 $[x,x+\mathrm{d}x]$ 上，找出面积微元

$$\mathrm{d}A=f(x)\mathrm{d}x 。$$

然后从 a 到 b 积分，就可求出 A 。这种在微小的局部上进行数量分析的方法叫作**微元法**。

例如，已知质点运动的速度为 $v(t)$，计算在时间间隔 $[a,b]$ 上质点所经过的路程 S，任取一小段时间间隔 $[t,t+\mathrm{d}t]$，在这一段时间 $\mathrm{d}t$ 内，以匀速代替变速，得到路程的微分

$$\mathrm{d}S=v(t)\mathrm{d}t 。$$

有了这个微分式子，只要从 a 到 b 进行积分，就可得到质点在 $[a,b]$ 这段时间内经过的路程

$$S=\int_a^b v(t)\mathrm{d}t 。$$

二、直角坐标系中平面图形的面积

【例 34】 求由 $y=x^2$ 、$y^2=x$ 所围成图形的面积。

解　第一步：绘制函数图像，解方程组 $\begin{cases}y=x^2\\ y=\sqrt{x}\end{cases}$ 得交点为 $(0,0)$ 和 $(1,1)$，从而可知积分区域为 $[0,1]$，平面图形的面积可通过对 x 进行积分得到，如图 4-9 所示。

第二步：在区间 $[0,1]$ 上任取一小区间 $[x,x+\mathrm{d}x]$，并考虑该区间内的图形的面积，这部分面积可用以 $\sqrt{x}-x^2$ 为高、以 $\mathrm{d}x$ 为底的矩形的面积作为近似，即面积微元为 $\mathrm{d}A=$

$(\sqrt{x}-x^2)\mathrm{d}x$，如图 4-9 所示。

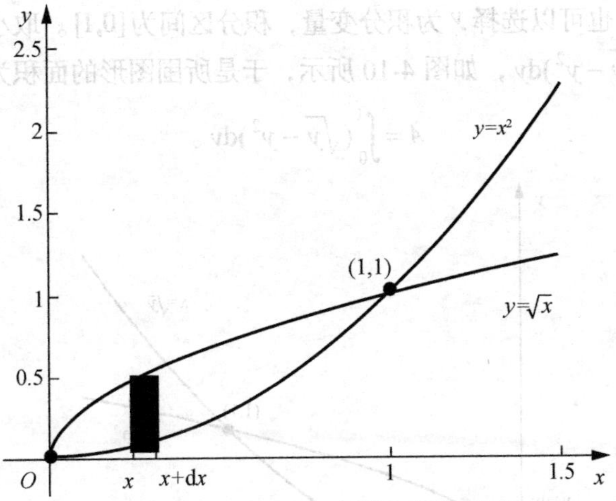

图 4-9

第三步：计算定积分，求围成图形的面积，有

$$A=\int_0^1(\sqrt{x}-x^2)\mathrm{d}x=\left(\frac{2}{3}x^{\frac{3}{2}}-\frac{1}{3}x^3\right)\Bigg|_0^1=\frac{1}{3}。$$

例 34 的 MATLAB 求解代码如下。

```
%绘制图形，找出积分区域
>>x = 0:0.01:1.5;
>>y1 = x.^2;
>>y2 = sqrt(x);
>>plot(x,y1,'k-','linewidth',2);
>>hold on
>>plot(x,y2,'k-','linewidth',2);
%解方程组求出交点
>>syms x y;
>> [a,b] = solve('y-x^2=0','y-sqrt(x)=0');
>>min = a(1);
>>max = a(2);
>>plot(a(1),b(1),'ro','markerfacecolor','r');
>>plot(a(2),b(2),'ro','markerfacecolor','r');
%求积分
>>syms x
>>A = int(sqrt(x)-x^2,min,max)
```

程序运行结果如下。

```
A=
    1/3
```

（1）若连续函数 $f(x)$ 和 $g(x)$ 满足条件 $g(x)\leqslant f(x)$，$x\in[a,b]$，则曲线 $y=f(x)$、$y=g(x)$ 以及直线 $x=a$、$x=b$ 所围成的平面图形的面积可通过对 x 进行积分得到，有

$$A=\int_a^b [f(x)-g(x)]\mathrm{d}x\text{。}$$

事实上，例 34 也可以选择y为积分变量，积分区间为$[0,1]$。取小区间$[y,y+\mathrm{d}y]$时，面积微元为$\mathrm{d}A=(\sqrt{y}-y^2)\mathrm{d}y$，如图 4-10 所示，于是所围图形的面积为

$$A=\int_0^1 (\sqrt{y}-y^2)\mathrm{d}y\text{。}$$

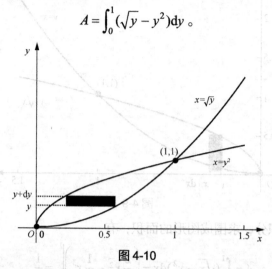

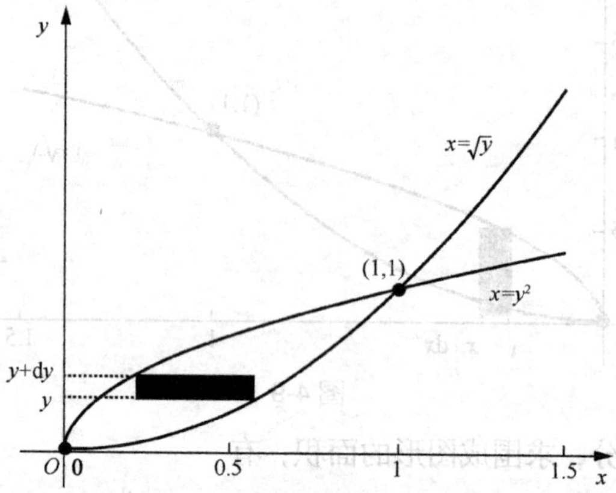

图 4-10

在 MATLAB 中输入如下代码。

```
%积分变量为 y 时
>>syms y
>>A=int(sqrt(y)-y^2,0,1)
```

程序运行结果如下。

```
A=
    1/3
```

（2）由连续曲线$x=\phi(y)$、$x=\psi(y)$（$\phi(y)\geqslant\psi(y)$）与直线$y=c$、$y=d$所围成的平面图形的面积可通过对y积分进行得到，有

$$A=\int_c^d [\phi(y)-\psi(y)]\mathrm{d}y\text{。}$$

【例 35】 求由$y=\sin x$、$y=\cos x$、x轴在$[0,\frac{\pi}{2}]$区间上所围成的图形的面积。

解 绘制函数围成的平面图形，并解方程组$\begin{cases}y=\sin x\\ y=\cos x\end{cases}$得交点为$\left(\frac{\pi}{4},\frac{\sqrt{2}}{2}\right)$。

① 选择x为积分变量，用直线$x=\frac{\pi}{4}$将积分区间分成左、右两部分，即A_1、A_2，在这两部分上的面积微元分别为$\mathrm{d}A_1=\sin x\mathrm{d}x$、$\mathrm{d}A_2=\cos x\mathrm{d}x$，对应的积分区间分别是$\left[0,\frac{\pi}{4}\right]$、$\left[\frac{\pi}{4},\frac{\pi}{2}\right]$，如图 4-11 所示，则平面图形的面积可由对$x$进行积分得到，即

$$A=A_1+A_2=\int_0^{\frac{\pi}{4}}\sin x\mathrm{d}x+\int_{\frac{\pi}{4}}^{\frac{\pi}{2}}\cos x\mathrm{d}x=(-\cos x)\Big|_0^{\frac{\pi}{4}}+\sin x\Big|_{\frac{\pi}{4}}^{\frac{\pi}{2}}=2-\sqrt{2}\text{。}$$

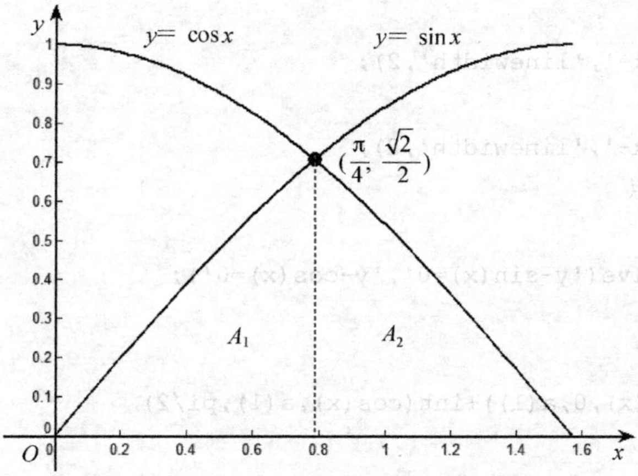

图 4-11

② 选择 y 为积分变量，积分区间为 $\left[0,\dfrac{\sqrt{2}}{2}\right]$。取小区间 $[y,y+\mathrm{d}y]$ 时，面积微元为 $\mathrm{d}A=(\arccos y-\arcsin y)\mathrm{d}y$，如图 4-12 所示，于是所围图形的面积为

$$A=\int_0^{\frac{\sqrt{2}}{2}}(\arccos y-\arcsin y)\mathrm{d}y$$

$$=\left(y\arccos y-\sqrt{1-y^2}\right)\Big|_0^{\frac{\sqrt{2}}{2}}-\left(y\arcsin y+\sqrt{1-y^2}\right)\Big|_0^{\frac{\sqrt{2}}{2}}$$

$$=2-\sqrt{2}\text{。}$$

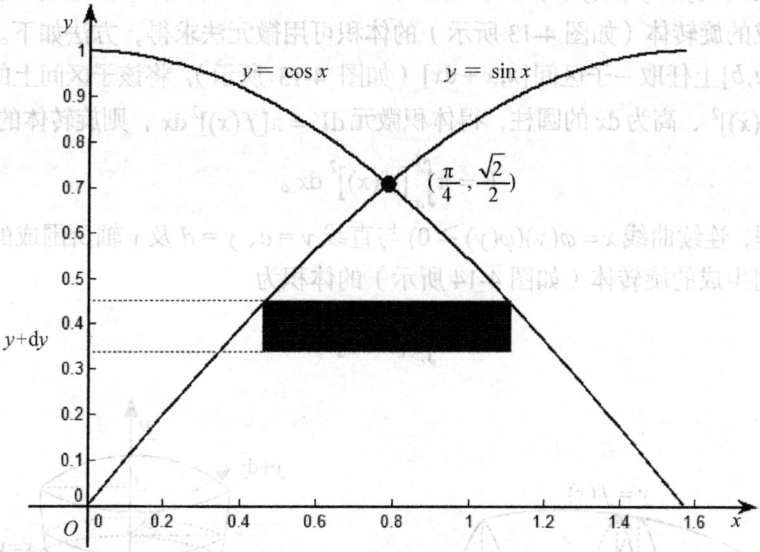

图 4-12

例 35 的 MATLAB 求解代码如下。

```
%绘制图形，找出积分区域
>>x = 0:0.01:pi/2;
>>y1 = sin(x);
```

```
>>y2 = cos(x);
>>plot(x,y1,'k-','linewidth',2);
>>hold on
>>plot(x,y2,'k-','linewidth',2);
%解方程组，求交点
>>syms x y;
>> [a,b] = solve('y-sin(x)=0','y-cos(x)=0');
%积分变量为 x 时
>>syms x
>>A_1=int(sin(x),0,a(1))+int(cos(x),a(1),pi/2)
%积分变量为 y 时
>>syms y
>>A_2=int(acos(y)-asin(y),0,sqrt(2)/2)
```

程序运行结果如下。

```
A_1=
    2-2^(1/2)
A_2=
    2-2^(1/2)
```

三、旋转体的体积

由连续曲线 $y=f(x)$ 与直线 $x=a$、$x=b$ 及 x 轴围成的曲边梯形，绕 x 轴旋转一周而成的几何体，称为**旋转体**。现在讨论旋转体的体积 V 的计算方法。

（1）连续曲线 $y=f(x)(f(x)\geqslant 0)$ 与直线 $x=a$ 、$x=b$ 及 x 轴所围成的曲边梯形绕 x 轴旋转一周生成的旋转体（如图 4-13 所示）的体积可用微元法求得，方法如下。

在区间 $[a,b]$ 上任取一子区间 $[x,x+\mathrm{d}x]$（如图 4-13 所示），将该子区间上的旋转体视作底面积为 $\pi[f(x)]^2$ 、高为 $\mathrm{d}x$ 的圆柱，得体积微元 $\mathrm{d}V=\pi[f(x)]^2\mathrm{d}x$ ，则旋转体的体积为

$$V=\pi\int_a^b[f(x)]^2\mathrm{d}x。$$

（2）同理，连续曲线 $x=\varphi(y)(\varphi(y)\geqslant 0)$ 与直线 $y=c$、$y=d$ 及 y 轴所围成的曲边梯形绕 y 轴旋转一周生成的旋转体（如图 4-14 所示）的体积为

$$V=\pi\int_c^d[\varphi(y)]^2\mathrm{d}y。$$

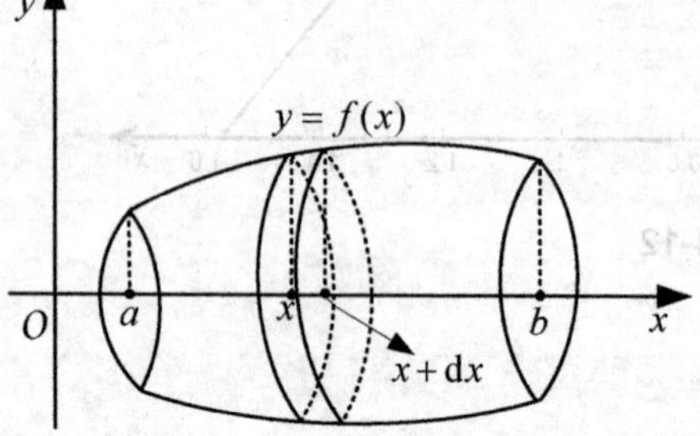

图 4-13

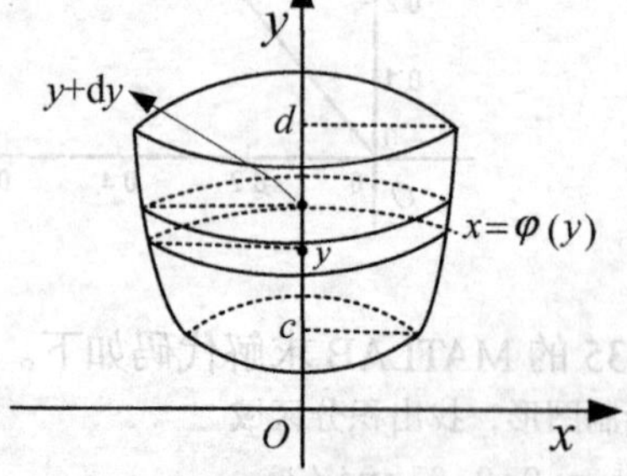

图 4-14

【例 36】设平面图形由曲线 $y=\sqrt{x}$ 与直线 $x=1$、$y=0$ 围成，试求：

（1）绕 x 轴旋转而成的旋转体的体积；

（2）绕 y 轴旋转而成的旋转体的体积。

解 绘制函数围成的平面图形，得交点为 $(1,1)$，如图 4-15 所示。

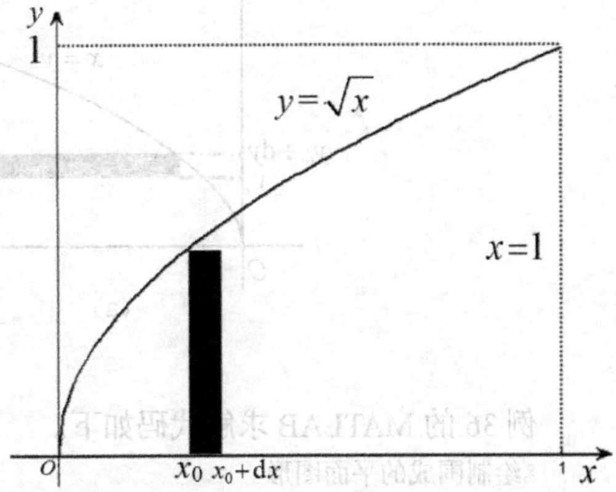

（1）绕 x 轴旋转，取 x 为积分变量，积分区间为 $[0,1]$，对应于小区间 $\left[x_0,x_0+\mathrm{d}x\right]$ 的小旋转体的体积为 $\mathrm{d}V_x$（如图 4-16 所示），用小矩形绕 x 轴旋转而成的小圆柱体的体积作为近似，即得体积微元为 $\mathrm{d}V_x=\pi(\sqrt{x})^2\mathrm{d}x$。于是，绕 x 轴旋转而成的旋转体的体积为

$$V_x=\pi\int_0^1(\sqrt{x})^2\mathrm{d}x=\pi\int_0^1 x\mathrm{d}x=\pi\left[\frac{1}{2}x^2\right]_0^1=\frac{\pi}{2}。$$

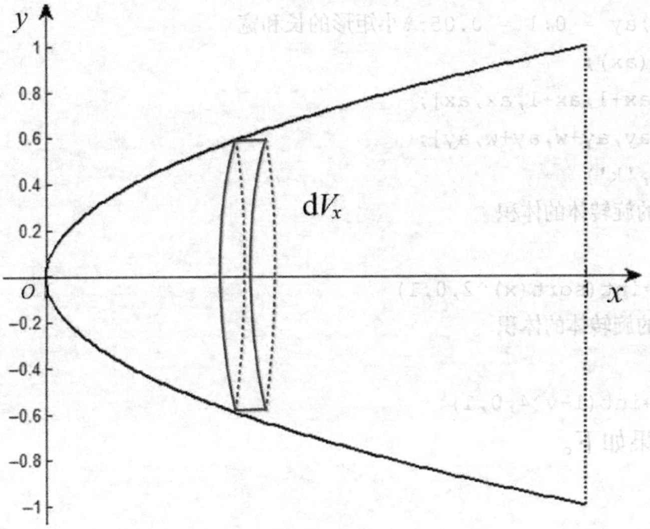

图 4-16

（2）绕 y 轴旋转，取 y 为积分变量，积分区间仍为 $[0,1]$，对应于小区间 $\left[y_0,y_0+\mathrm{d}y\right]$ 的小旋转体的体积为 $\mathrm{d}V_y$，用图 4-17（a）中阴影部分绕 y 轴旋转所得的空心圆柱体（如图 4-17（b）所示）的体积作为近似，而空心圆柱体的体积等于以 $\mathrm{d}y$ 为高、半径为 1 的圆柱体的体积减去半径为 y^2 的圆柱体的体积，如图 4-17 所示，即得体积微元为

$$\mathrm{d}V_y=\pi\cdot 1^2\cdot\mathrm{d}y-\pi(y^2)^2\mathrm{d}y=\pi(1-y^4)\mathrm{d}y。$$

于是，绕 y 轴旋转的旋转体的体积为

$$V_y=\pi\int_0^1(1-y^4)\mathrm{d}y=\pi\left[y-y^5\right]_0^1=\frac{4}{5}\pi$$

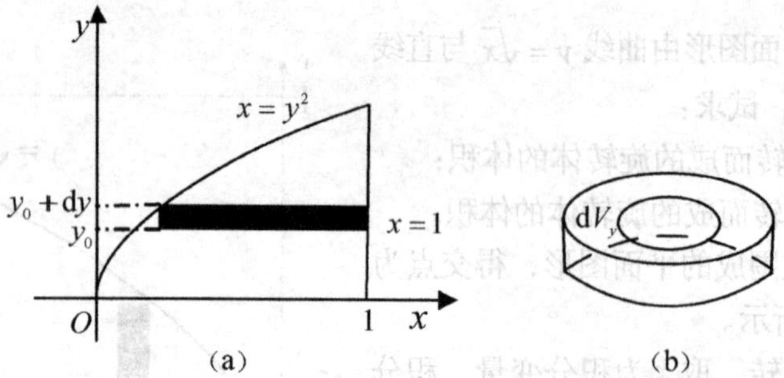

图 4-17

例 36 的 MATLAB 求解代码如下。

```
%绘制围成的平面图形
>>clc;clear all
>>x = 0:0.01:1;
>>y1 = sqrt(x);
>>plot(x,y1,'k-','linewidth',2)
>>hold on
>>plot([1,1],[0,1],'k:','linewidth',2)
>>ax = 0.3;ay = 0;l = 0.05;%小矩形的长和宽
>>w = sqrt(ax);
>>x = [ax,ax+l,ax+l,ax,ax];
>>y = [ay,ay,ay+w,ay+w,ay];
>>fill(x,y,'k')
%绕 x 轴旋转的旋转体的体积
>>syms x
>>V_x = pi*int(sqrt(x)^2,0,1)
%绕 y 轴旋转的旋转体的体积
>>syms y
>>V_y = pi*int(1-y^4,0,1)
```

程序运行结果如下。

```
V_x=
    pi/2
V_y=
    (4*pi)/5
```

实训　定积分的近似计算及 MATLAB 实现

【实训目的】

（1）掌握利用矩形法、梯形法、抛物线法近似计算定积分的原理。

（2）掌握利用矩形法、梯形法、抛物线法近似计算定积分的 MATLAB 实现方法。

【实训内容】

计算定积分的基本公式是牛顿-莱布尼茨公式，但是在实际工程计算中，有时被积函数的原函数未知甚至没有解析表达式（如一条实验记录曲线或一组离散数值）时，应如何计算定积分呢？这时就需要利用近似计算方法来计算定积分。

一、利用矩形法计算定积分的近似值

在介绍曲边梯形的面积时，讲解了可以沿着积分区间 $[a,b]$ 将大的曲边梯形分割成许多小的曲边梯形并求它们的面积的和，然后用小矩形的面积近似代替各个小曲边梯形的面积。这种用小矩形的面积近似代替各个小曲边梯形的面积，从而得到曲边梯形面积近似值的方法就是**矩形法**。

矩形法的具体做法：为计算方便，把区间 $[a,b]$ 等分成 n 个小区间，每个小区间的长度（小矩形的宽）均为 $h=\dfrac{b-a}{n}$。此时，若取每个小区间 $[x_{i-1},x_i](i=1,2,\cdots,n)$ 的左端点 x_{i-1} 对应的函数值为小矩形的高，则称为**左点法**；若取右端点 x_i 对应的函数值为小矩形的高，则称为**右点法**；若取小区间中点 $x_{i-1}+\dfrac{h}{2}$ 对应的函数值为小矩形的高，则称为**中点法**。根据定积分的定义，有如下公式。

左点法：$\int_a^b f(x)\mathrm{d}x \approx h\sum_{i=1}^{n} f(x_{i-1})$。

右点法：$\int_a^b f(x)\mathrm{d}x \approx h\sum_{i=1}^{n} f(x_i)$。

中点法：$\int_a^b f(x)\mathrm{d}x \approx h\sum_{i=1}^{n} f\left(\dfrac{x_{i-1}+x_i}{2}\right)$。

【实训 1】 用 3 种不同的矩形法计算定积分 $\int_0^1 \dfrac{1}{1+x^2}\mathrm{d}x$ 的近似值，并比较 3 种方法的相对误差。

第一步：取 $n=100$，将区间 $[0,1]$ 等分，则 $h=1/100=0.01$，在命令行窗口中输入如下代码。

```
>>a = 0;b = 1;%积分上限、下限
>>x = linspace(a,b,101);
>>h = (b-a)/100; %小矩形的宽
```

第二步：取每一个小区间的右端点对应的函数值作为小矩形的高，输入如下代码。

```
>>s = [];
>>for i = 2:length(x)
    yy = 1/(1+x(i)^2); %右点法
    s(i-1) = h*yy;%小矩形的面积
>>end
```

第三步：求和得到定积分的近似值（保留小数点后 6 位），输入如下代码。

```
>>S = vpa(sum(s),6)
```

程序运行结果如下。

```
S=
    0.782894
```

在 MATLAB 中建立名为 int_squre 的函数，程序代码如下。

```
>>function [S_right,S_left,S_median]=int_squre(a,b,n)
>>x = linspace(a,b,n+1);
>>h = (b-a)/100;
>>s_right = [];
>>s_left = [];
>>s_median = [];
>>for i = 2:length(x)
    yy = 1/(1+x(i)^2);
    s_right(i-1) = h*yy;%右点法
    s_left(i-1) = h*(1/(1+x(i-1)^2));%左点法
    s_median(i-1) = h*(1/(1+(x(i-1)+h/2)^2));%中点法
>>end
>>S_right = vpa(sum(s_right),8);
>>S_left = vpa(sum(s_left),8);
>>S_median = vpa(sum(s_median),8);
>>end
```

取 $n=100$，在命令行窗口中运行如下代码。

```
>> [S_right,S_left,S_median]=int_squre(0,1,100);
%理论值
>>syms x
>>S_true = int(1/(1+x^2),0,1)
%计算相对误差
>>wucha_rigth = vpa(abs((S_right-S_true)/S_true),6)
>>wucha_left = vpa(abs((S_left-S_true)/S_true),6)
>>wucha_median = vpa(abs((S_median-S_true)/S_true),6)
```

运行结果数据如表 4-5 所示。

表 4-5 运行结果数据

算法	近似值	相对误差
S_right	0.782894	0.0031884
S_left	0.787894	0.00317779
S_median	0.78540025	2.65258E-06

从表 4-5 中可以看出，不同的算法得出的数据有不同的精度，在实际计算中选择合适的算法尤为重要。

二、利用梯形法计算定积分的近似值

将曲边梯形分割成许多小的曲边梯形，然后用相应的小梯形的面积来近似代替各个小曲边梯形的面积，以小梯形的面积和作为曲边梯形面积近似值的方法称为**梯形法**，如图 4-18 所示。

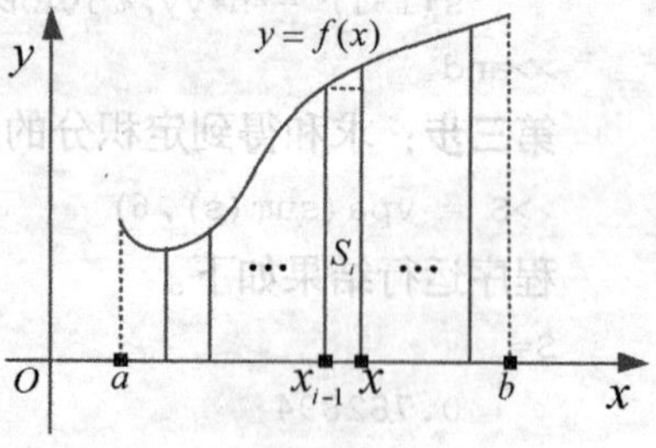

图 4-18

梯形法的具体做法：把区间$[a,b]$等分成n个小区间，每个小区间的长度（小梯形的高）均为$h=\dfrac{b-a}{n}$。在区间$[x_{i-1},x_i]$（i=1,2,⋯，n）上，函数$y=f(x)$对应的函数值分别为$f(x_{i-1})$、$f(x_i)$，则对应的小梯形的面积为

$$S_i=\frac{f(x_{i-1})+f(x_i)}{2}\times h。$$

根据定积分的定义，有

$$S=\int_a^b f(x)\mathrm{d}x\approx\sum_{i=1}^{n}\frac{f(x_{i-1})+f(x_i)}{2}\times h。$$

【实训 2】 用梯形法计算定积分$\int_0^1\frac{1}{1+x^2}\mathrm{d}x$的近似值，并计算相对误差。

第一步：在 MATLAB 中建立名为 f_trape 的函数，在命令行窗口中输入如下代码。

```
>>function y = f_trape(x)
>>y = 1/(1+x.^2) ;
>>end
```

第二步：在 MATLAB 中建立名为 int_trape 的函数，在命令行窗口中输入如下代码。

```
>>function [S_trape]=int_trape(a,b,n)
>>x = linspace(a,b,n+1);
>>h = (b-a)/100; %将区间[a,b]等分为100份
>>s_trape = [];
>>for i = 2:length(x)
    s_trape(i-1) = ((f_trape(x(i-1))+f_trape(x(i)))/2)*h;
>>end
>>S_trape = vpa(sum(s_trape),10);
>>end
```

第三步：在命令行窗口中运行如下代码。

```
>>[S_trape]=int_trape(0,1,100);
>>%理论值
>>syms x
>>S_true = int(1/(1+x^2),0,1);
>>%计算相对误差
>>wucha_trape = vpa(abs((S_trape-S_true)/S_true),6)
```

运行结果数据如表 4-6 所示。

表 4-6 运行结果数据

	近似值	相对误差
S_trape	0.7853939967	5.30516E-06

三、利用抛物线法计算定积分的近似值

矩形法和梯形法分别用矩形和梯形的面积来近似计算每个小曲边梯形的面积，都运用

了“以直代曲”的思想。实际上“以直代曲”必定会产生一定的误差，那么在近似计算中能否运用“以曲代曲”的思想来提升近似计算的精度呢?

用以抛物线为曲边的小曲边梯形的面积来近似代替原来各个小曲边梯形的面积的方法称为**抛物线法(辛普森法)**，该方法是“以曲代曲”的方法，即将在每个小区间上的原曲边换成二次函数的曲线。

抛物线法的具体做法：用分点 $a=x_0<x_1<x_2<\cdots<x_{2n}=b$ 把区间 $[a,b]$ 等分成 $2n$ 个小区间，每个小区间的长度(小曲边梯形的高)均为 $h=\dfrac{b-a}{2n}$。每个分点在曲线上对应的函数值记为 $y_i=f(x_i)(i=0,1,2,\cdots,2n)$，曲线 $y=f(x)$ 上对应的点记为 $P_i(i=0,1,2,\cdots,2n)$，把区间 $[x_{i-1},x_{i+1}]$ 上的曲线段用通过三点 P_{i-1}、P_i、P_{i+1} 的抛物线(如图 4-19 所示) $p_i(x)=\alpha_i x^2+\beta_i x+\gamma_i$ 来近似代替，然后求函数 $p_i(x)$ 从 x_{i-1} 到 x_{i+1} 的定积分。

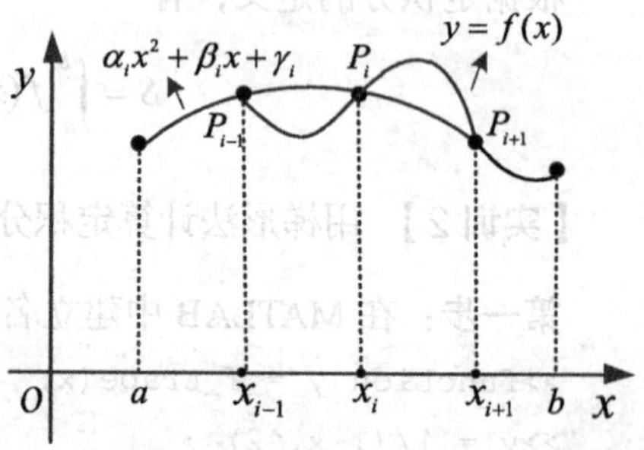

图 4-19

例如，在区间 $[x_0,x_2]$ 上的曲线段 $y=f(x)$ 用通过三点 P_0、P_1、P_2 的抛物线

$$p_1(x)=\alpha_1 x^2+\beta_1 x+\gamma_1$$

来近似代替，则在区间 $[x_0,x_2]$ 上有

$$\int_{x_0}^{x_2} f(x)\mathrm{d}x \approx \int_{x_0}^{x_2} p_1(x)\mathrm{d}x=\int_{x_0}^{x_2}(\alpha_1 x^2+\beta_1 x+\gamma_1)\mathrm{d}x=\left[\frac{\alpha_1}{3}x^3+\frac{\beta_1}{2}x^2+\gamma_1 x\right]_{x_0}^{x_2}$$

$$=\frac{\alpha_1}{3}(x_2^3-x_0^3)+\frac{\beta_1}{2}(x_2^2-x_0^2)+\gamma_1(x_2-x_0)$$

$$=\frac{x_2-x_0}{6}[(\alpha_1 x_0^2+\beta_1 x_0+\gamma_1)+(\alpha_1 x_2^2+\beta_1 x_2+\gamma_1)+$$

$$\alpha_1(x_0+x_2)^2+2\beta_1(x_0+x_2)+4\gamma_1]。$$

由于 $x_1=\dfrac{x_0+x_2}{2}$，将它代入上式整理后可得

$$\int_{x_0}^{x_2} p_1(x)\mathrm{d}x=\frac{x_2-x_0}{6}[y_0+4y_1+y_2]=\frac{b-a}{6n}[y_0+4y_1+y_2]。$$

同理可得

$$\int_{x_2}^{x_4} f(x)\mathrm{d}x \approx \int_{x_2}^{x_4} p_2(x)\mathrm{d}x=\frac{b-a}{6n}[y_2+4y_3+y_4];$$

$$\int_{x_{2n-2}}^{x_{2n}} f(x)\mathrm{d}x \approx \int_{x_{2n-2}}^{x_{2n}} p_n(x)\mathrm{d}x=\frac{b-a}{6n}[y_{2n-2}+4y_{2n-1}+y_{2n}]。$$

将 n 个积分相加即得原来所要计算的定积分的近似值，即

$$\int_a^b f(x)\mathrm{d}x=\sum_{i=1}^{n}\int_{x_{2i-2}}^{x_{2i}} f(x)\mathrm{d}x \approx \sum_{i=1}^{n}\frac{b-a}{6n}[y_{2i-2}+4y_{2i-1}+y_{2i}]。$$

【实训 3】 用抛物线法计算定积分 $\int_0^1 \dfrac{1}{1+x^2}\mathrm{d}x$ 的近似值，取 $n=100$，并计算相对误差。

第一步：在 MATLAB 中建立名为 f_curve 的函数，在命令行窗口中输入如下代码。

```
>>function y = f_curve(x)
>>y = 1/(1+x.^2) ;
>>end
```

第二步：在 MATLAB 中建立名为 int_curve 的函数，在命令行窗口中输入如下代码。

```
>>function [S_curve] = int_curve(a,b,n)
>>x = linspace(a,b,2*n+1);
>>h = (b-a)/(2*n);
>>s_curve = [];
>>for i = 1:n
      s_curve(i) = ((b-a)/(6*n))*(f_curve(x(2*i-1))+4*f_ curve(x(2*i))
  +f_ curve (x(2*i+1)));
>>end
>>S_curve = vpa(sum(s_curve),10);
>>end
```

第三步：在命令行窗口中运行如下程序代码。

```
>>[S_curve] = int_curve(0,1,100);
%理论值
>>syms x
>>S_true = int(1/(1+x^2),0,1);
%计算相对误差
>>wucha_curve = vpa(abs((S_curve-S_true)/S_true),6)
```

运行结果数据如表 4-7 所示。

表 4-7 运行结果数据

	近似值	相对误差
S_curve	0.7853981634	3.43235E-15

拓展学习：火箭飞出地球问题

【问题】

2013 年 12 月 2 日，“嫦娥三号”成功发射。这体现了中国强大的综合国力。人们期盼着有朝一日也能坐上火箭遨游太空，这是多么令人兴奋的事！对此，需要考虑的一个基本问题是，火箭要用多大的初速度才能摆脱地球的引力呢？

【问题分析】

地球的赤道半径约为 6378km，其表面的重力加速度约是 9.8m/s^2。火箭在上升过程中，主要通过克服地球引力做功。如果能把火箭摆脱地球引力所需要的总功 W 求出（这一总功是由火箭所获得的动能转化而得的），便可进一步求出所需要的初速度 v_0。

【模型建立】

设地球的半径为 R，质量为 M，火箭的质量为 m，根据万有引力定律，当火箭离开地

球表面距离为x时，它所受地球的引力为

$$f=\frac{GMm}{(R+x)^2} \quad (1)$$

其中G为万有引力常量。

因为当$x=0$时，即物体在地球上所受的引力为$f=mg$，因此可得

$$G=\frac{R^2g}{M} \quad (2)$$

将式（2）代入式（1）可得

$$f=\frac{R^2mg}{(R+x)^2}$$

由于引力f随着火箭上升高度x的变化而变化，当火箭再上升Δx时，需要做的功为

$$\Delta W \approx f\cdot\Delta x=\frac{R^2mg}{(R+x)^2}\Delta x。$$

根据定积分的定义可知，当火箭自地球表面$x=0$达到高度h时，所要做的功总共为

$$W=\int_0^h\frac{R^2mg}{(R+x)^2}\mathrm{d}x=R^2mg\left(\frac{1}{R}-\frac{1}{R+h}\right)。$$

【模型求解】

火箭要摆脱地球的引力，意味着$h\to\infty$，此时，$W\to Rmg$，所以初速度v_0必须使得火箭的动能$\frac{1}{2}mv_0^2\geqslant Rmg$（如图 4-20 所示），得$v_0\geqslant\sqrt{2Rg}$，代入数据$g=0.0098\text{km/s}^2$、$R=6378\text{km}$，得

$$v_0\geqslant\sqrt{2\times0.0098\times6378}\approx11.2(\text{km/s})。$$

这就是第二宇宙速度。

本问题的 MATLAB 求解代码如下。

```
%计算定积分
>>syms R m g x h;
>>f = R^2*m*g/(R+x)^2
>>ff = int(f,x)
>>s = subs(ff,x,h)-subs(ff,x,0)
>>limit(s,h,inf)   %求 h 趋向于无穷大时的极限
%绘图
>>R = 6378;
>>g = 0.0098;
>>x = 0:0.1:100;
>>f2 = (1/2)*x.^2-R*g;%初速度的动能与火箭自地球表面到达高度 h 时的总功之差
>>plot(x,f2,'k-','linewidth',2)
>>hold on
>>plot([0,100],[0,0],'k:','linewidth',2)
%解方程找到使得动能大于等于火箭自地球表面到达高度 h 时的总功之差的初速度
```

```
>>syms x
>>f3 = (1/2)*x^2-R*g;
>>v = vpa(solve(f3));
>>v0 = v(find(v>0));%找到大于 0 的初速度
>>plot(v0,0,'ro','markerfacecolor','r')
>>xlabel('初速度')
>>ylabel('火箭动能与火箭上升到高度 h 时所需总功之差')
```

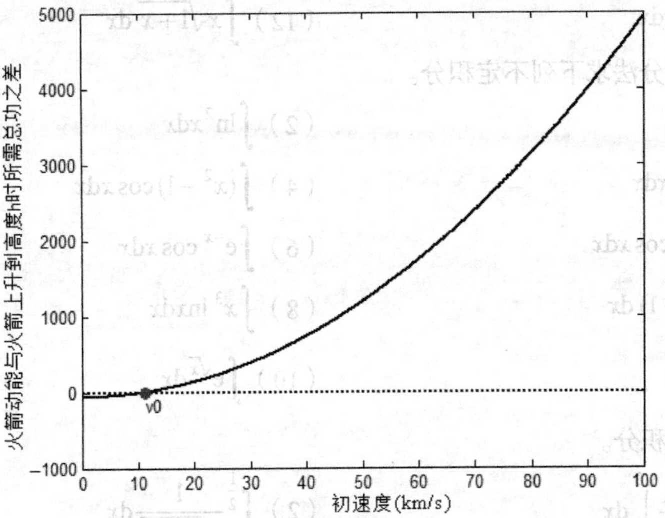

图 4-20

练习 4

1. 求下列函数的原函数。

（1）x^3 （2）$(x+1)^3$ （3）$\sin 2x$ （4）$\sin^2 x$

2. 求过点 $(1,2)$，且在任一点处的切线斜率为 $3x^2$ 的曲线方程。

3. 已知动点在时刻 t 时的速度为 $v=3t-2$，且 $t=0$ 时 $s=5$，求此动点的运动方程。

4. 用直接积分法求下列不定积分。

（1）$\int x\sqrt{x}\mathrm{d}x$ （2）$\int (x^2-3x+2)\mathrm{d}x$

（3）$\int \frac{(1-x)^2}{\sqrt{x}}\mathrm{d}x$ （4）$\int \frac{3x^4+3x^2+1}{x^2+1}\mathrm{d}x$

（5）$\int \left(2\mathrm{e}^x+\frac{1}{x}\right)\mathrm{d}x$ （6）$\int \left(\frac{3}{1+x^2}-\frac{2}{\sqrt{1-x^2}}\right)\mathrm{d}x$

（7）$\int (3^x-2^x)\mathrm{d}x$ （8）$\int \sec x(\sec x-\tan x)\mathrm{d}x$

5. 用换元积分法求下列不定积分。

（1）$\int \mathrm{e}^{2x}\mathrm{d}x$ （2）$\int (1-2x)^3\mathrm{d}x$

（3）$\int x\sin x^2\mathrm{d}x$　　（4）$\int \frac{\ln^2 x}{x}\mathrm{d}x$

（5）$\int \frac{x}{1+x^2}\mathrm{d}x$　　（6）$\int \frac{\cos x}{\sin^2 x}\mathrm{d}x$

（7）$\int \frac{\mathrm{e}^{\frac{1}{x}}}{x^2}\mathrm{d}x$　　（8）$\int \frac{(\arctan x)^2}{1+x^2}\mathrm{d}x$

（9）$\int \frac{x}{\sqrt{2x^2+3}}\mathrm{d}x$　　（10）$\int \frac{\arcsin x}{\sqrt{1-x^2}}\mathrm{d}x$

（11）$\int \sin^2 x\mathrm{d}x$　　（12）$\int x\sqrt{1+x}\,\mathrm{d}x$

6. 用分部积分法求下列不定积分。

（1）$\int x\mathrm{e}^x\mathrm{d}x$　　（2）$\int \ln^2 x\mathrm{d}x$

（3）$\int x\cos 3x\mathrm{d}x$　　（4）$\int (x^2-1)\cos x\mathrm{d}x$

（5）$\int x\sin x\cos x\mathrm{d}x$　　（6）$\int \mathrm{e}^{-x}\cos x\mathrm{d}x$

（7）$\int \ln(x^2+1)\,\mathrm{d}x$　　（8）$\int x^3\ln x\mathrm{d}x$

（9）$\int \frac{\ln x}{\sqrt{x}}\mathrm{d}x$　　（10）$\int \mathrm{e}^{\sqrt{x}}\mathrm{d}x$

7. 求下列定积分。

（1）$\int_1^3\left(x+\frac{1}{x}\right)^2\mathrm{d}x$　　（2）$\int_0^{\frac{1}{2}}\frac{1}{\sqrt{1-x^2}}\mathrm{d}x$

（3）$\int_{\frac{1}{\pi}}^{\frac{2}{\pi}}\frac{\sin\frac{1}{x}}{x^2}\mathrm{d}x$　　（4）$\int_{-(\mathrm{e}+1)}^{-2}\frac{1}{x+1}\mathrm{d}x$

（5）$\int_0^1 2x\mathrm{e}^{x^2}\mathrm{d}x$　　（6）$\int_{-2}^{-1}\frac{1}{x^2+4x+5}\mathrm{d}x$

8. 求下列定积分。

（1）$\int_1^4\frac{\sqrt{x}}{\sqrt{x}+1}\mathrm{d}x$　　（2）$\int_{-2}^{1}\frac{\mathrm{d}x}{(1+2x)^3}$

（3）$\int_1^2\frac{\sqrt{x^2-1}}{x}\mathrm{d}x$　　（4）$\int_0^{\ln 2}\mathrm{e}^x\sqrt{\mathrm{e}^x-1}\mathrm{d}x$

（5）$\int_0^{\pi}\theta\sin\theta\mathrm{d}\theta$　　（6）$\int_0^{\frac{1}{2}}\arcsin x\mathrm{d}x$

（7）$\int_1^{\mathrm{e}}x\ln x\mathrm{d}x$　　（8）$\int_0^{\frac{\pi}{2}}\mathrm{e}^{2x}\cos x\mathrm{d}x$

（9）$\int_0^1 x\arctan x\mathrm{d}x$　　（10）$\int_1^9\frac{\ln x}{\sqrt{x}}\mathrm{d}x$

9. 设函数 $y=f(x)$ 在 $[a,b]$ 上连续，证明 $\int_a^b f(x)\mathrm{d}x=\int_a^b f(a+b-x)\mathrm{d}x$ 。

10. 利用 MATLAB 求由曲线 $y=\sqrt{x}$ 与直线 $y=x$ 所围成的平面图形的面积。

11. 利用 MATLAB 求由曲线 $y=-e^x$ 与直线 $x=\ln 2$、$x=\ln 5$、$y=0$ 所围成的平面图形的面积。

12. 利用 MATLAB 求由曲线 $y=\dfrac{1}{x}$ 以及直线 $y=x$、$x=2$ 所围成的平面图形的面积。

13. 利用 MATLAB 求由抛物线 $y^2=2x$ 以及直线 $y=x-4$ 所围成的平面图形的面积。

14. 求由抛物线 $y=-x^2+4x-3$ 及其在点 $(0,3)$ 和点 $(3,0)$ 处的切线所围成的平面图形的面积。

15. 求由曲线 $y=e^x$，直线 $x=1$、$x=2$ 以及 x 轴所围成的平面图形绕 x 轴旋转一周所得旋转体的体积。

16. 求由椭圆 $\dfrac{x^2}{a^2}+\dfrac{y^2}{b^2}=1$ 所围成的图形绕 x 轴旋转而成的旋转体的体积。

17. 利用 MATLAB 求由 $y=3-\left|x^2-1\right|$ 与 x 轴所围成的封闭图形绕 $y=3$ 旋转而成的旋转体的体积。

18. 分别用矩阵法、梯形法和抛物线法计算定积分 $\int_0^2 \dfrac{1}{x^3-2x-5}\mathrm{d}x$ 的近似值，并比较 3 种方法的相对误差。

第5章 多元函数微积分

人们常常说的一元函数是因变量与一个自变量之间的关系，即因变量的值只依赖于一个自变量。然而在许多自然现象和实际问题中，往往多个因素之间相互制约，对此需要研究因变量与多个自变量之间的关系，即因变量的值依赖于多个自变量。要全面研究这类问题，就需要学习多元函数微积分。

第一节 多元函数的概念、极限与连续性

引例 日常生活中，人们常常碰到如何分配定量的钱来购买两种物品的问题，由于钱的总额固定，则如果购买其中一种物品较多，那么势必要少买（甚至不能再买）另一种物品，这样就可能会令人不满意。如何花费定量的钱，才能实现最满意的效果呢?

经济学家试图借助“效用函数”来解决这一问题。所谓效用函数，就是用来表示消费者在消费中所获得的效用与所消费的商品之间数量关系的函数。它被用以衡量消费者从消费既定的商品组合中所获得满足的程度。如人们同时购买x单位、y单位时满意程度的函数为:

$$U(x,y)=xy,$$

当x、y任取一组具体数值，根据效用函数可知，有唯一确定的函数值与之对应。当效用函数的值达到最大值时，人们购物分配的方案最佳。

一、多元函数的概念

1. 二元函数的定义

定义 5.1 设D是平面上的一个非空点集，如果对于每个点$(x,y)\in D$，变量z按照一定的法则总有确定的值和它对应，则称z是变量x、y的**二元函数**，记为$z=f(x,y)$。其中x、y称为**自变量**，z称为**因变量**，自变量x、y的取值范围D称为函数的**定义域**。

【例 1】 设圆锥体的底面半径为r，高为h，则体积$V=\dfrac{1}{3}\pi r^2h$。这是一个以r、h为自变量，V为因变量的二元函数。根据问题的实际意义，函数的定义域为

$$D=\{(r,h)\mid r>0,h>0\}。$$

类似地，可以定义三元函数$u=f(x,y,z)$以及三元以上的函数。二元以及二元以上的函数统称为**多元函数**。

2. 二元函数的定义域

二元函数的定义域比较复杂，可以是坐标系中全部的区域，也可以是由曲线所围成的

部分区域。围成区域的曲线称为区域的**边界**。不包括边界的区域称为**开区域**，连同边界在内的区域称为**闭区域**；开区域内的点称为**内点**，而边界上的点称为**边界点**。

如果一个区域D上任意两点之间的距离都不超过某一正常数M，则D称为**有界区域**，否则称为**无界区域**。

【例 2】 求二元函数$z=\sqrt{a^2-x^2-y^2}$的定义域D。

解　由函数的要求可知，函数的定义域应满足$x^2+y^2\leqslant a^2$。圆内的所有点都满足不等式，圆$x^2+y^2=a^2$是定义域的边界。定义域为连同边界在内的闭区域。

$$D=\{(x,y)\mid x^2+y^2\leqslant a^2\}。$$

【例 3】 求二元函数$z=\ln(x+y)$的定义域D。

解　由对数函数性质可知x、y必须满足$x+y>0$。直线$x+y=0$是它的边界，定义域为不包括边界在内的开区域。

$$D=\{(x,y)\mid x+y>0\}。$$

二、多元函数的极限

在介绍一元函数时曾讨论过当$x\to x_0$时，函数$y=f(x)$的极限。对于二元函数$z=f(x,y)$，类似讨论当$x\to x_0$、$y\to y_0$时函数z的变化趋势。

定义 5.2 设二元函数$z=f(x,y)$，如果当点$P(x,y)$以任意方式趋向于点$P_0(x_0,y_0)$时，$f(x,y)$总趋向于一个确定的常数A，则称A是二元函数$f(x,y)$当$(x,y)\to(x_0,y_0)$时的极限，记为

$$\lim_{(x,y)\to(x_0,y_0)} f(x,y)=A \text{或} \lim_{\substack{x\to x_0\\ y\to y_0}} f(x,y)=A。$$

二元函数的极限称为**二重极限**，二重极限的运算法则与一元函数的类似。

【例 4】 求$\lim\limits_{(x,y)\to(0,2)}\dfrac{\sin(xy)}{x}$。

解　$$\lim_{(x,y)\to(0,2)}\frac{\sin(xy)}{x}=\lim_{(x,y)\to(0,2)}\left(\frac{\sin(xy)}{xy}\cdot y\right)=\lim_{xy\to 0}\frac{\sin(xy)}{xy}\cdot\lim_{y\to 2} y=1\times 2=2。$$

在 MATLAB 中并没有直接求二重极限的函数，但可以通过计算累次极限来代替计算二重极限。

例 4 的 MATLAB 求解代码如下。

```
>>syms x y
>>z = sin(x*y)/x;
>>limit(limit(z,x,0),y,2)
```

程序运行结果如下。

```
ans =
    2
```

注意：由定义知，二重极限存在，是指点$P(x,y)$以任何方式趋向于点$P_0(x_0,y_0)$时，函数$f(x,y)$都无限接近于常数A。因此，如果点$P(x,y)$以某一特殊的方式（如沿某一条定直线或定曲线）趋向于点$P_0(x_0,y_0)$，即使函数无限接近于某一确定的值，也不能由此断定函数的二重极限存在。但是，如果点$P(x,y)$以不同的方式趋向于点$P_0(x_0,y_0)$，函数趋向于不

同的值，则可以断定此函数在点 $P_0(x_0,y_0)$ 的二重极限必不存在。

【例 5】 考察 $f(x,y)=\begin{cases}\dfrac{xy}{x^2+y^2}, & x^2+y^2\neq 0,\\ 0, & x^2+y^2=0\end{cases}$ 当 $(x,y)\to(0,0)$ 时的极限是否存在。

解 当点 (x,y) 沿 x 轴趋向于原点 $(0,0)$ 时，即当 $y=0$ 而 $x\to 0$ 时，有

$$\lim_{\substack{x\to 0\\ y=0}} f(x,y)=\lim_{x\to 0} f(x,0)=\lim_{x\to 0}\frac{x\cdot 0}{x^2+0^2}=0\text{。}$$

但是当点 (x,y) 沿着直线 $y=x$ 趋向于点 $(0,0)$ 时，即 $y=x$ 而 $x\to 0$ 时，有

$$\lim_{\substack{x\to 0\\ y=x}} f(x,y)=\lim_{x\to 0}\frac{x\cdot x}{x^2+x^2}=\frac{1}{2}\text{。}$$

可见 (x,y) 沿不同的路线趋向于 $(0,0)$ 时，$f(x,y)$ 趋向于不同的值。

因此，当 $(x,y)\to(0,0)$ 时，$f(x,y)$ 的极限不存在。

三、多元函数的连续性

定义 5.3 设函数 $z=f(x,y)$ 在点 $P_0(x_0,y_0)$ 的某个邻域 δ 上有定义，如果

$$\lim_{\substack{x\to x_0\\ y\to y_0}} f(x,y)=f(x_0,y_0)\text{，}$$

则称二元函数 $z=f(x,y)$ 在点 $P_0(x_0,y_0)$ 处连续。如果 $f(x,y)$ 在区域 D 上的每一点都连续，则称 $z=f(x,y)$ 在区域 D 上**连续**。如果函数 $z=f(x,y)$ 在点 $P_0(x_0,y_0)$ 处不连续，则称点 $P_0(x_0,y_0)$ 为函数 $f(x,y)$ 的**不连续点或间断点**。

与一元函数一样，如果两个二元函数是连续的，则这两个函数的和、差、积、商（分母不为 0）及复合函数仍是连续的。由此可以得出多元初等函数在其定义域上都是连续的，所以在对多元初等函数求极限时，只要函数在该点有定义，则该点的函数值就是函数在该点的极限值。

【例 6】 求 $\lim\limits_{(x,y)\to(0,\frac{1}{2})}\arcsin\sqrt{x^2+y^2}$。

解 函数 $f(x,y)=\arcsin\sqrt{x^2+y^2}$ 是多元初等函数，它的定义域为

$D=\{(x,y)\,|\,0\leqslant x^2+y^2\leqslant 1\}$，而点 $\left(0,\dfrac{1}{2}\right)\in D$，所以

$$\lim_{(x,y)\to\left(0,\frac{1}{2}\right)}\arcsin\sqrt{x^2+y^2}=\arcsin\sqrt{0^2+\left(\frac{1}{2}\right)^2}=\arcsin\frac{1}{2}=\frac{\pi}{6}\text{。}$$

有界闭区域上连续的二元函数的性质如下。

性质 5.1（最大值和最小值定理） 如果二元函数在有界闭区域 D 上连续，那么在 D 上一定有最大值和最小值。

性质 5.2（介值定理） 在有界闭区域上连续的二元函数必能取得介于它的两个不同函数值之间的任何值至少一次。

前文关于二元函数极限与连续性的讨论，完全可以推广到三元以及三元以上的函数。

第二节　偏导数与全微分

在研究一元函数时，通过讨论物体运动的瞬时速度引入了导数的概念。对于多元函数，因为自变量不止一个，所以变化率会存在各种不同的情况，但同样需要研究某个受到多种因素制约的变量，在其他因素不变的情况下，只随一种因素变化的变化率的问题。同时，在实际问题中有时还需要研究多元函数中各个自变量都取得增量时因变量所获得的增量，即所谓全增量的问题，这就产生了偏导数和全微分。

一、多元函数的偏导数

1. 偏导数的定义

定义 5.4　设函数 $z=f(x,y)$ 在点 (x_0,y_0) 的某一邻域上有定义，当 y 固定为 y_0，而在 x_0 处有增量 Δx 时，相应地函数 z 有偏增量

$$\Delta z_x=f(x_0+\Delta x,y_0)-f(x_0,y_0),$$

如果极限

$$\lim_{\Delta x\to 0}\frac{f(x_0+\Delta x,y_0)-f(x_0,y_0)}{\Delta x}$$

存在，则称此极限为函数 $z=f(x,y)$ 在点 (x_0,y_0) 处对 x 的偏导数，记为

$$\left.\frac{\partial z}{\partial x}\right|_{(x_0,y_0)} \text{ 或 } f_x(x_0,y_0)。$$

类似地，当 x 固定为 x_0 时，函数 z 在点 (x_0,y_0) 处对 y 的偏导数为

$$f_y(x_0,y_0)=\lim_{\Delta y\to 0}\frac{f(x_0,y_0+\Delta y)-f(x_0,y_0)}{\Delta y}。$$

如果函数 $z=f(x,y)$ 在区域 D 上每一点 (x,y) 处对 x（对 y）的偏导数都存在，那么这个偏导数仍是 x、y 的函数，称为 $z=f(x,y)$ 对 x（对 y）的偏导函数，记作 $\frac{\partial z}{\partial x}$、$\frac{\partial f}{\partial x}$、$z_x$ 或 $f_x(x,y)$（$\frac{\partial z}{\partial y}$、$\frac{\partial f}{\partial y}$、$z_y$ 或 $f_y(x,y)$），通常把偏导函数简称为**偏导数**。

二元函数的偏导数也可推广到三元及三元以上的函数。例如，函数 $u=f(x,y,z)$ 在 (x,y,z) 处对 x、y、z 的偏导数分别为

$$f_x(x,y,z)=\lim_{\Delta x\to 0}\frac{f(x+\Delta x,y,z)-f(x,y,z)}{\Delta x};$$

$$f_y(x,y,z)=\lim_{\Delta y\to 0}\frac{f(x,y+\Delta y,z)-f(x,y,z)}{\Delta y};$$

$$f_z(x,y,z)=\lim_{\Delta z\to 0}\frac{f(x,y,z+\Delta z)-f(x,y,z)}{\Delta z}。$$

2. 偏导数的计算

从多元函数偏导数的定义可以看出，在求偏导数时，因为始终只有一个自变量在变动，其余自变量均看成常量，因此可以运用求一元函数导数的方法求出多元函数对每一个自变量的偏导数。多元函数中有几个自变量就有几个偏导数。

【例 7】 求函数 $z=x^2+2xy+5y^2$ 在点 $(1,2)$ 处的偏导数。

解 （1）将 y 看成常量，求 z 对 x 的导数，得 $\frac{\partial z}{\partial x}=2x+2y$。

（2）将 x 看成常量，求 z 对 y 的导数，得 $\frac{\partial z}{\partial y}=2x+10y$。

故 $\left.\frac{\partial z}{\partial x}\right|_{(1,2)}=2\times1+2\times2=6$；$\left.\frac{\partial z}{\partial y}\right|_{(1,2)}=2\times1+10\times2=22$。

【例 8】 设 $z=x^y$，求 $\frac{\partial z}{\partial x}$、$\frac{\partial z}{\partial y}$。

解 （1）求 z 对 x 的偏导数时，把 y 看成常量，x^y 是幂函数，则有

$$\frac{\partial z}{\partial x}=y\cdot x^{y-1}。$$

（2）求 z 对 y 的偏导数时，把 x 看成常量，x^y 是指数函数，则有

$$\frac{\partial z}{\partial y}=x^y\cdot\ln x。$$

例 8 的 MATLAB 求解代码如下。

```
>>syms x y
>>f = x^y;
>>dfx = diff(f,x)
>>dfy = diff(f,y)
```

程序运行结果如下。

```
dfx =
    x^(y - 1)*y
dfy =
    x^y*log(x)
```

【例 9】 设 x、y、z 是自变量，而 $f(x,y,z)=x\sin y\cos z$，求 $\frac{\partial f}{\partial x}$、$\frac{\partial f}{\partial y}$、$\frac{\partial f}{\partial z}$。

解 （1）求 f 对 x 的偏导数时，把 y、z 看成常量，则有

$$\frac{\partial f}{\partial x}=\sin y\cos z。$$

（2）求 f 对 y 的偏导数时，把 x、z 看成常量，则有

$$\frac{\partial f}{\partial y}=x\cos y\cos z。$$

（3）求 f 对 z 的偏导数时，把 x、y 看成常量，则有

$$\frac{\partial f}{\partial z}=-x\sin y\sin z。$$

例 9 的 MATLAB 求解代码如下。

```
>>syms x y z
>>f = x*sin(y)*cos(z);
>>dfx = diff(f,x)
>>dfy = diff(f,y)
>>dfz = diff(f,z)
```

程序运行结果如下。

```
dfx =
    cos(z)*sin(y)
dfy =
    x*cos(y)*cos(z)
dfz =
    -x*sin(y)*sin(z)
```

3. 高阶偏导数

对于二元函数 $z=f(x,y)$ 来说，如果它的一阶偏导数 $f_x(x,y)$、$f_y(x,y)$ 仍是关于每个自变量的函数，并且一阶偏导数对每个自变量的偏导数存在，则称这个二元函数具有**二阶偏导数**。

按照对变量的不同求导次序，一个二元函数有 4 个二阶偏导数，分别记为

$$\frac{\partial}{\partial x}\left(\frac{\partial z}{\partial x}\right)=\frac{\partial^2 z}{\partial x^2};\quad \frac{\partial}{\partial y}\left(\frac{\partial z}{\partial x}\right)=\frac{\partial^2 z}{\partial x\partial y};$$

$$\frac{\partial}{\partial x}\left(\frac{\partial z}{\partial y}\right)=\frac{\partial^2 z}{\partial y\partial x};\quad \frac{\partial}{\partial y}\left(\frac{\partial z}{\partial y}\right)=\frac{\partial^2 z}{\partial y^2}。$$

或记为 f_{xx}、f_{xy}、f_{yx}、f_{yy}。其中 $f_{xx}(x,y)$ 和 $f_{yy}(x,y)$ 称为**二阶纯偏导数**，$f_{xy}(x,y)$ 和 $f_{yx}(x,y)$ 称为**二阶混合偏导数**。

以此类推，多元函数还具有三阶偏导数、四阶偏导数等。通常将二阶和二阶以上的偏导数统称为**高阶偏导数**。

【例 10】 求函数 $z=2x^3y^2-xy^3-2xy+1$ 的所有二阶偏导数。

解 因为 $\frac{\partial z}{\partial x}=6x^2y^2-y^3-2y$，$\frac{\partial z}{\partial y}=4x^3y-3xy^2-2x$，

所以二阶纯偏导数为

$$\frac{\partial^2 z}{\partial x^2}=12xy^2,\quad \frac{\partial^2 z}{\partial y^2}=4x^3-6xy。$$

二阶混合偏导数为

$$\frac{\partial^2 z}{\partial x\partial y}=\frac{\partial}{\partial y}(6x^2y^2-y^3-2y)=12x^2y-3y^2-2,$$

$$\frac{\partial^2 z}{\partial y\partial x}=\frac{\partial}{\partial x}(4x^3y^2-3xy^2-2x)=12x^2y-3y^2-2。$$

例 10 的 MATLAB 求解代码如下。

```
>>syms x y
>>z = 2*x^3*y^2-x*y^3-2*x*y+1;
>>dz_dx2 = diff(z,x,2)
>>dz_dy2 = diff(z,y,2)
>>dz_dxdy = diff(diff(z,x),y)
>>dz_dydx = diff(diff(z,y),x)
```

程序运行结果如下。

```
dz_dx2 =
    12*x*y^2
dz_dy2 =
    4*x^3 - 6*y*x
dz_dxdy =
    12*x^2*y - 3*y^2 - 2
dz_dydx =
    12*x^2*y - 3*y^2-2
```

【例 11】 已知函数 $z=\ln\sqrt{x^2+y^2}$，请利用 MATLAB 求函数的二阶偏导数，并验证 $\frac{\partial^2 z}{\partial x^2}+\frac{\partial^2 z}{\partial y^2}=0$。

解 MATLAB 求解代码如下。

```
>>syms x y
>>z = log(sqrt(x^2+y^2));
>>dz_dx2 = diff(diff(z,x),x)
>>dz_dy2 = diff(diff(z,y),y)
>>dz_dxdy = diff(diff(z,x),y)
>>dz_dydx = diff(diff(z,y),x)
>>a = simplify(dz_dx2+dz_dy2)
```

程序运行结果如下。

```
dz_dx2 =
    1/(x^2 + y^2) - (2*x^2)/(x^2 + y^2)^2
dz_dy2 =
    1/(x^2 + y^2) - (2*y^2)/(x^2 + y^2)^2
dz_dxdy =
    -(2*x*y)/(x^2 + y^2)^2
dz_dydx =
    -(2*x*y)/(x^2 + y^2)^2
a =
    0
```

对于例 10 和例 11，均有 $\frac{\partial^2 z}{\partial x\partial y}=\frac{\partial^2 z}{\partial y\partial x}$，这不是偶然，有如下定理。

定理 5.1 如果函数 $z=f(x,y)$ 在区域 D 上的两个二阶混合偏导数 $\frac{\partial^2 z}{\partial x\partial y}$、$\frac{\partial^2 z}{\partial y\partial x}$ 连续，则在区域 D 上有 $\frac{\partial^2 z}{\partial x\partial y}=\frac{\partial^2 z}{\partial y\partial x}$。

也就是说，二阶混合偏导数在区域 D 上连续，对自变量求二阶混合偏导数时可不区分顺序，求得的二阶混合偏导数都是相等的。这同样可以推广到更高阶的混合偏导数。

例如，对于三元函数 $u=f(x,y,z)$，当三阶混合偏导数在点 (x,y,z) 处连续时，有

$$\begin{aligned}f_{xyz}(x,y,z)&=f_{xzy}(x,y,z)=f_{yzx}(x,y,z)\\&=f_{yxz}(x,y,z)=f_{zxy}(x,y,z)\\&=f_{zyx}(x,y,z)。\end{aligned}$$

特别地，初等函数的偏导数仍为初等函数，而初等函数在其定义域上是连续的，因此初等函数的高阶混合偏导数相等，在实际计算中可以选择方便的求导顺序求解。

二、全微分

对于函数 $z=f(x,y)$，若两个自变量中只有一个发生变化，则函数值的增量称为**偏增量**，若两个自变量都取得增量，则函数值的增量称为**全增量**。

例如，矩形金属板受热膨胀时，其长和宽都会发生改变，这时矩形金属板面积的改变量就是全增量。

定义 5.5 二元函数 $z=f(x,y)$ 在点 (x,y) 处的全增量

$$\Delta z=f(x+\Delta x,y+\Delta y)-f(x,y)$$

可以表示为 $\Delta z=A\Delta x+B\Delta y+o(\rho)$。其中 A、B 与 Δx、Δy 无关，只与 x、y 有关，$\rho=\sqrt{(\Delta x)^2+(\Delta y)^2}$，$o(\rho)$ 是当 $\rho\to0$ 时比 ρ 高阶的无穷小，则称二元函数 $z=f(x,y)$ 在点 (x,y) 处可微，并称 $A\Delta x+B\Delta y$ 是 $z=f(x,y)$ 在点 (x,y) 处的全微分，记作 $\mathrm{d}z=A\Delta x+B\Delta y$。

与一元函数类似，若二元函数 $z=f(x,y)$ 在点 (x,y) 处可微，则 $z=f(x,y)$ 在点 (x,y) 处连续，且有偏导数。

定理 5.2 若 $z=f(x,y)$ 在点 (x,y) 处可微，则它在该点一定连续。

定理 5.3（可微的必要条件） 若函数 $z=f(x,y)$ 在点 (x,y) 处可微，则 $z=f(x,y)$ 在点 (x,y) 处的两个偏导数必定存在，且 $A=\dfrac{\partial z}{\partial x}$、$B=\dfrac{\partial z}{\partial y}$。

注意：此命题不可逆。即若函数 $z=f(x,y)$ 的两个偏导数存在，也不能保证函数在点 (x,y) 处可微。

定理 5.4（可微的充分条件） 若函数 $z=f(x,y)$ 在点 (x,y) 处的两个偏导数连续，则 $z=f(x,y)$ 在该点一定可微。

习惯上将自变量增量 Δx、Δy 记为 $\mathrm{d}x$、$\mathrm{d}y$，并分别称为自变量 x、y 的微分，从而把全微分记为

$$\mathrm{d}z=\frac{\partial z}{\partial x}\mathrm{d}x+\frac{\partial z}{\partial y}\mathrm{d}y。$$

全微分的概念也可推广到三元或三元以上的函数。例如，若三元函数 $u=f(x,y,z)$ 具有连续的偏导数，则全微分的表达式为

$$\mathrm{d}u=\frac{\partial u}{\partial x}\mathrm{d}x+\frac{\partial u}{\partial y}\mathrm{d}y+\frac{\partial u}{\partial z}\mathrm{d}z。$$

【例 12】 求函数 $z=4xy^5+5x^3y^5$ 的全微分。

解 因为 $\dfrac{\partial z}{\partial x}=4y^5+15x^2y^5$、$\dfrac{\partial z}{\partial y}=20xy^4+25x^3y^4$，

所以全微分 $dz=\frac{\partial z}{\partial x}dx+\frac{\partial z}{\partial y}dy$

$$=(4y^5+15x^2y^5)dx+(20xy^4+25x^3y^4)dy\text{。}$$

【例 13】 求函数 $z=x^2y+e^{xy}$ 在点 $(1,2)$ 处的全微分。

解 因为 $\frac{\partial z}{\partial x}=2xy+ye^{xy}$、$\frac{\partial z}{\partial y}=x^2+xe^{xy}$，

所以全微分 $dz=\left.\frac{\partial z}{\partial x}\right|_{(1,2)}dx+\left.\frac{\partial z}{\partial y}\right|_{(1,2)}dy$

$$=(4+2e^2)dx+(1+e^2)dy\text{。}$$

例 13 的 MATLAB 求解代码如下。

```
>>syms x y dx dy
>>z = x^2*y+exp(x*y);
>>dzx = diff(z,x);
>>dzy = diff(z,y);
>>A = subs(dzx,{x,y},{1,2});
>>B = subs(dzy,{x,y},{1,2});
>>dz = A*dx+B*dy
```

程序运行结果如下。

```
dz =
    dy*(exp(2) + 1) + dx*(2*exp(2) + 4)
```

【例 14】 求三元函数 $u=x+\sin\frac{y}{2}+e^{yz}$ 的全微分 du。

解 因为 $\frac{\partial u}{\partial x}=1$、$\frac{\partial u}{\partial y}=\frac{1}{2}\cos\frac{y}{2}+ze^{yz}$、$\frac{\partial u}{\partial z}=ye^{yz}$，

所以全微分 $du=dx+(\frac{1}{2}\cos\frac{y}{2}+ze^{yz})dy+ye^{yz}dz$。

第三节 多元复合函数与隐函数的偏导数

与一元复合函数不同，多元复合函数的“复合”方式多种多样，这就使得对多元复合函数求偏导数的问题相应地比一元函数的情形复杂。本节将介绍如何求多元复合函数与隐函数的偏导数。

一、多元复合函数的偏导数

若函数 $z=f(u,v)$ 的自变量 u 和 v 是 x 和 y 的函数，即 $u=\varphi(x,y)$、$v=\psi(x,y)$，则称 $z=f[\varphi(x,y),\psi(x,y)]$ 为 x 和 y 的复合函数。其中，$f(u,v)$ 称为外层函数，u 和 v 为中间变量；$u=\varphi(x,y)$ 和 $v=\psi(x,y)$ 为内层函数。

定理 5.5 设 $u=\varphi(x,y)$、$v=\psi(x,y)$，在点 (x,y) 处有连续偏导数，函数 $z=f(u,v)$ 在相应的点 (u,v) 处有连续偏导数，则复合函数 $z=f[\varphi(x,y),\psi(x,y)]$ 在点 (x,y) 处有偏导数，且有链式求导法则

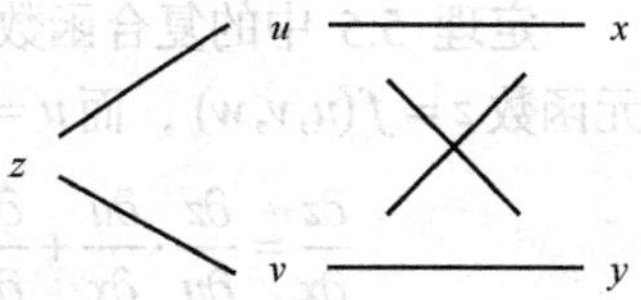

图5-1

$$\frac{\partial z}{\partial x}=\frac{\partial z}{\partial u}\cdot\frac{\partial u}{\partial x}+\frac{\partial z}{\partial v}\cdot\frac{\partial v}{\partial x}，\quad \frac{\partial z}{\partial y}=\frac{\partial z}{\partial u}\cdot\frac{\partial u}{\partial y}+\frac{\partial z}{\partial v}\cdot\frac{\partial v}{\partial y}。$$

通常用函数变量关系图来描述函数与中间变量、自变量的关系，如图5-1所示。

一般地，求函数对某个自变量的偏导数时，无论复合函数的复合关系如何，只需看因变量到该自变量有几条“路线”，相应的链式求导法则中就有几项；每条“路线”有几根连线，每项就有几个偏导数相乘。

【例15】 设 $z=u^2$ 、$u=x^2+y^2$，求 $\frac{\partial z}{\partial x}$ 和 $\frac{\partial z}{\partial y}$。

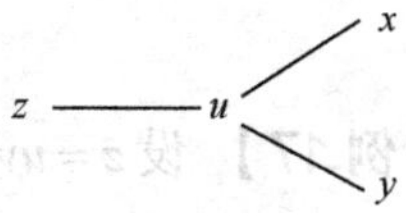

图5-2

解 绘制函数变量关系图，如图5-2所示。

由图5-2可得

$$\frac{\partial z}{\partial x}=\frac{\mathrm{d}z}{\mathrm{d}u}\cdot\frac{\partial u}{\partial x}=2u\cdot 2x=4x^3+4xy^2，$$

$$\frac{\partial z}{\partial y}=\frac{\mathrm{d}z}{\mathrm{d}u}\cdot\frac{\partial u}{\partial y}=2u\cdot 2y=4x^2y+4y^3。$$

【例16】 设 $z=u^2\ln v$，而 $u=\frac{x}{y}$、$v=3x+y$，求 $\frac{\partial z}{\partial x}$ 和 $\frac{\partial z}{\partial y}$。

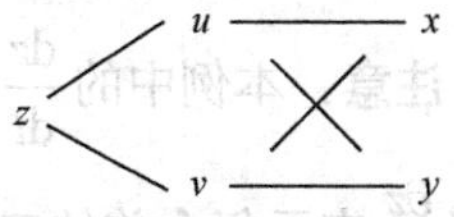

图5-3

解 绘制函数变量关系图，如图5-3所示。

由图5-3可得

$$\frac{\partial z}{\partial x}=\frac{\partial z}{\partial u}\cdot\frac{\partial u}{\partial x}+\frac{\partial z}{\partial v}\cdot\frac{\partial v}{\partial x}=2u\ln v+\frac{u^2}{v}\cdot 3$$

$$=\frac{2x}{y^2}\ln(3x+y)+\frac{3x^2}{(3x+y)y^2}，$$

$$\frac{\partial z}{\partial y}=\frac{\partial z}{\partial u}\cdot\frac{\partial u}{\partial y}+\frac{\partial z}{\partial v}\cdot\frac{\partial v}{\partial y}=2u\cdot\ln v\cdot\left(-\frac{x}{y^2}\right)+\frac{u^2}{v}$$

$$=-\frac{2x^2}{y^3}\ln(3x+y)+\frac{x^2}{(3x+y)y^2}。$$

例16的MATLAB求解代码如下。

```
>>syms x y u v;
>>u= x/y;
>>v = 3*x+y;
>>f = u^2*log(v);
>>df_x = diff(f,x)
>>df_y = diff(f,y)
```

程序运行结果如下。

```
df_x =
    (3*x^2)/(y^2*(3*x + y)) + (2*x*log(3*x + y))/y^2
df_y =
    x^2/(y^2*(3*x + y)) - (2*x^2*log(3*x + y))/y^3
```

定理 5.5 中的复合函数链式求导法则可以推广到中间变量多于两个的情况，如对于三元函数 $z=f(u,v,w)$，而 $u=\varphi(x,y)$、$v=\psi(x,y)$、$w=\phi(x,y)$，链式求导法则如下

$$\frac{\partial z}{\partial x}=\frac{\partial z}{\partial u}\cdot\frac{\partial u}{\partial x}+\frac{\partial z}{\partial v}\cdot\frac{\partial v}{\partial x}+\frac{\partial z}{\partial w}\cdot\frac{\partial w}{\partial x}，\quad \frac{\partial z}{\partial y}=\frac{\partial z}{\partial u}\cdot\frac{\partial u}{\partial y}+\frac{\partial z}{\partial v}\cdot\frac{\partial v}{\partial y}+\frac{\partial z}{\partial w}\cdot\frac{\partial w}{\partial y}。$$

特别地，如果多元函数最终是关于一个自变量的一元函数，此时函数的导数称为**全导数**。例如，二元函数 $z=f(u,v)$，$u=\varphi(t)$，$v=\varphi(t)$，则全导数的链式求导法则如下

$$\frac{\mathrm{d}z}{\mathrm{d}t}=\frac{\partial z}{\partial u}\cdot\frac{\mathrm{d}u}{\mathrm{d}t}+\frac{\partial z}{\partial v}\cdot\frac{\mathrm{d}v}{\mathrm{d}t}。$$

【例 17】 设 $z=uv+\sin t$，而 $u=\mathrm{e}^t$、$v=\cos t$，求全导数 $\frac{\mathrm{d}z}{\mathrm{d}t}$。

解 因为二元复合函数的中间变量 u、v 是关于 t 的一元函数，可得

$$\begin{aligned}\frac{\mathrm{d}z}{\mathrm{d}t}&=\frac{\partial z}{\partial u}\cdot\frac{\mathrm{d}u}{\mathrm{d}t}+\frac{\partial z}{\partial v}\cdot\frac{\mathrm{d}v}{\mathrm{d}t}+\frac{\partial z}{\partial t}\\&=v\mathrm{e}^t-u\sin t+\cos t\\&=\mathrm{e}^t\cos t-\mathrm{e}^t\sin t+\cos t\\&=\mathrm{e}^t(\cos t-\sin t)+\cos t。\end{aligned}$$

注意：本例中的 $\frac{\mathrm{d}z}{\mathrm{d}t}$、$\frac{\partial z}{\partial t}$ 的含义是不同的，左端 $\frac{\mathrm{d}z}{\mathrm{d}t}$ 表示复合后的函数对 t 的全导数，右端 $\frac{\partial z}{\partial t}$ 表示复合前的三元函数对自变量 t 的偏导数。

【例 18】 已知函数 $z=\ln u$、$u=\sqrt{x^2+y^2}$，请利用 MATLAB 求复合函数的偏导数，并验证 $\frac{\partial^2 z}{\partial x^2}+\frac{\partial^2 z}{\partial y^2}=0$。

解 MATLAB 求解代码如下。

```
>>syms x y u
>>u=sqrt(x^2+y^2);
>>z = log(u);
>>dz_dx2 = diff(diff(z,x),x)
>>dz_dy2 = diff(diff(z,y),y)
>>a = simplify(dz_dx2+dz_dy2)
```

程序运行结果如下。

```
dz_dx2 =
    1/(x^2 + y^2) - (2*x^2)/(x^2 + y^2)^2
dz_dy2 =
    1/(x^2 + y^2) - (2*y^2)/(x^2 + y^2)^2
a =
    0
```

二、隐函数的偏导数

第 3 章介绍过对一元函数隐函数求导数的方法，但未能给出一般的求导公式，下面介绍通过多元函数的全微分来推出隐函数的求导公式的方法。

定理 5.6（隐函数存在定理） 设由方程 $F(x,y)=0$ 所确定的隐函数 $y=f(x)$，且 $F(x,y)$ 可微，则当 $F_y \neq 0$ 时，函数 $y=f(x)$ 可导，且有

$$\frac{\mathrm{d}y}{\mathrm{d}x}=-\frac{F_x}{F_y}。$$

【例 19】 已知方程 $x^2+y^2-1=0$，当 $x=0$ 时，$y=1$，求 $\left.\frac{\mathrm{d}y}{\mathrm{d}x}\right|_{x=0}$。

解 令 $F(x)=x^2+y^2-1$，分别对自变量 x、y 求偏导数，有

$$F_x=2x，F_y=2y。$$

由定理 5.6 可得

$$\frac{\mathrm{d}y}{\mathrm{d}x}=-\frac{F_x}{F_y}=-\frac{x}{y}。$$

则 $\left.\frac{\mathrm{d}y}{\mathrm{d}x}\right|_{x=0}=0$。

【例 20】 已知方程 $\sqrt{x^2+y^2}-\arctan\frac{y}{x}=0$，求 $\frac{\mathrm{d}y}{\mathrm{d}x}$。

解 令 $F(x)=\sqrt{x^2+y^2}-\arctan\frac{y}{x}$，分别对自变量 x、y 求偏导数，有

$$F_x=\frac{x+y}{x^2+y^2}，F_y=\frac{y-x}{x^2+y^2}。$$

由定理 5.6 可得

$$\frac{\mathrm{d}y}{\mathrm{d}x}=-\frac{F_x}{F_y}=\frac{x+y}{x-y}。$$

例 20 的 MATLAB 求解代码如下。

```
>>syms x y
>> f = log(sqrt(x^2+y^2))-atan(y/x);
>> df_dx = simplify(diff(f,x))
>> df_dy = simplify(diff(f,y))
>> dy_dx = simplify(-df_dx/df_dy)
```

程序运行结果如下。

```
df_dx =
     (x + y)/(x^2 + y^2)
df_dy =
     -(x - y)/(x^2 + y^2)
dy_dx =
     (x + y)/(x - y)
```

事实上，定理 5.6 中求隐函数导数的方法可推广到方程中有 3 个或者 3 个以上变量的情况。

定理 5.7 设方程 $F(x,y,z)=0$ 所确定的隐函数 $z=f(x,y)$，函数 $F(x,y,z)$ 可微，且

$F_z \neq 0$，则函数 $z=f(x,y)$ 具有连续的偏导数，且有

$$\frac{\partial z}{\partial x}=-\frac{F_x}{F_z},\ \frac{\partial z}{\partial y}=-\frac{F_y}{F_z}。$$

【例 21】 已知方程 $x^2+2y^2+3z^2=4x$，求 $\frac{\partial z}{\partial x}$ 和 $\frac{\partial z}{\partial y}$。

解 令 $F(x,y,z)=x^2+2y^2+3z^2-4x$，分别对自变量 x、y、z 求偏导数，有

$$F_x=2x-4，\ F_y=4y，\ F_z=6z。$$

由定理 5.7 可得

$$\frac{\partial z}{\partial x}=-\frac{F_x}{F_z}=-\frac{2x-4}{6z}=\frac{2-x}{3z}，\ \frac{\partial z}{\partial y}=-\frac{F_y}{F_z}=-\frac{4y}{6z}=-\frac{2y}{3z}。$$

【例 22】 已知 $2\sin(x+2y-3z)=x+2y-3z$，请利用 MATLAB 编程证明 $\frac{\partial z}{\partial x}+\frac{\partial z}{\partial y}=1$。

解 本例的 MATLAB 求解代码如下。

```
>>syms x y z
>>f = 2*sin(x+2*y-3*z)-x-2*y+3*z;
>>df_dx = simplify(diff(f,x)) ;
>>df_dy = simplify(diff(f,y)) ;
>>df_dz = simplify(diff(f,z)) ;
>>dz_dx = simplify(-df_dx/df_dz)
>>dz_dy = simplify(-df_dy/df_dz)
>>dz_dx + dz_dy
```

程序运行结果如下。

```
dz_dx =
    1/3
dz_dy =
    2/3
ans =
    1
```

第四节 偏导数的应用

在研究多元函数问题时，偏导数是一个强有力的"武器"，它能够用于求解各类极值、最值问题，为进一步的研究带来了极大的方便。

一、多元函数的极值及其求法

定义 5.6 设函数 $z=f(x,y)$ 在点 (x_0,y_0) 的某个邻域上有定义，对该邻域上异于 (x_0,y_0) 的点 (x,y) 有：

（1）若满足不等式 $f(x,y)<f(x_0,y_0)$，则称 $f(x_0,y_0)$ 为函数 $f(x,y)$ 的**极大值**；

（2）若满足不等式 $f(x,y)>f(x_0,y_0)$，则称 $f(x_0,y_0)$ 为函数 $f(x,y)$ 的**极小值**。

极大值与极小值统称为**极值**，使函数取极值的点 (x_0,y_0) 称为**极值点**。

注意：二元函数的极值是一个**局部概念**，这一概念很容易推广至多元函数。

定义 5.7 使二元函数的偏导数 $f_x(x,y)=0$、$f_y(x,y)=0$ 同时成立的点 (x,y) 称为函数

的驻点。

定理 5.8（极值存在的必要条件） 设函数 $z=f(x,y)$ 在点 (x_0,y_0) 处有极值，并且在该点偏导数 $f_x(x_0,y_0)$、$f_y(x_0,y_0)$ 存在，则有 $f_x(x_0,y_0)=0$、$f_y(x_0,y_0)=0$。

由定理 5.8 可知，可导函数的极值点必为驻点，但函数的驻点不一定是极值点。如 $(0,0)$ 是函数 $z=-\sqrt{x^2+y^2}$ 的极大值点，也是驻点，如图 5-4 所示；又如 $(0,0)$ 是函数 $z=xy$ 的驻点，但在 $(0,0)$ 的任何一个邻域上，既存在使 z 取负值的点，又存在使 z 取正值的点，因而它不是极值点，如图 5-5 所示。

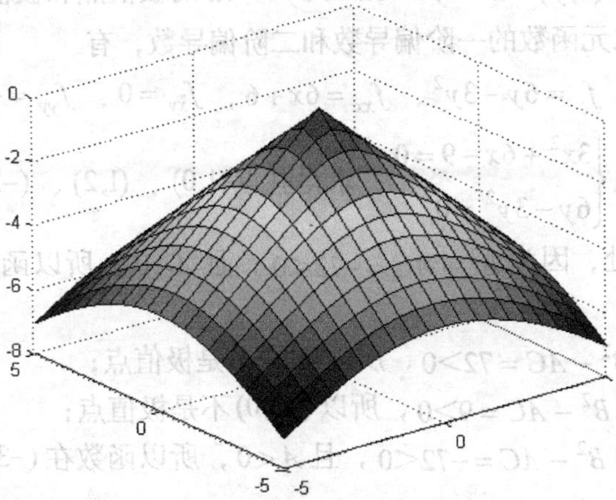

图 5-4

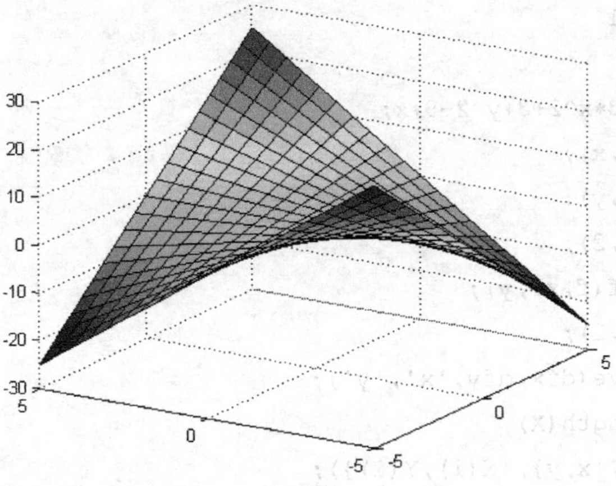

图 5-5

定理 5.9（极值存在的充分条件） 设函数 $z=f(x,y)$ 在点 (x_0,y_0) 的某个邻域上具有二阶连续偏导数且 $f_x(x_0,y_0)=0$、$f_y(x_0,y_0)=0$，若记 $A=f_{xx}(x_0,y_0)$、$B=f_{xy}(x_0,y_0)$、$C=f_{yy}(x_0,y_0)$，则

（1）当 $B^2-AC<0$ 时，$f(x_0,y_0)$ 为极值，$A<0$ 时为极大值，$A>0$ 时为极小值；

（2）当 $B^2-AC>0$ 时，$f(x_0,y_0)$ 不是极值；

（3）当 $B^2-AC=0$ 时，$f(x_0,y_0)$ 可能是极值也可能不是极值。

根据多元函数极值存在的必要和充分条件，可得求二元函数 $z=f(x,y)$ 的极值的一般步骤，如下。

第一步：求二元函数的一阶偏导数和二阶偏导数 f_x、f_y、f_{xx}、f_{xy}、f_{yy}。

第二步：解方程组 $\begin{cases} f_x(x,y)=0 \\ f_y(x,y)=0 \end{cases}$，求出驻点。

第三步：对每一个驻点，求出二阶偏导数的值 A、B、C，由 B^2-AC 的值的大小判定该点处是否有极值，若有极值，则求出。

【例 23】 求函数 $f(x,y)=x^3-y^3+3x^2+3y^2-9x$ 的极值点和极值。

解 **第一步**：求二元函数的一阶偏导数和二阶偏导数，有

$f_x=3x^2+6x-9$，$f_y=6y-3y^2$，$f_{xx}=6x+6$，$f_{xy}=0$，$f_{yy}=-6y+6$。

第二步：解方程组 $\begin{cases} 3x^2+6x-9=0 \\ 6y-3y^2=0 \end{cases}$，求得驻点 $(1,0)$、$(1,2)$、$(-3,0)$、$(-3,2)$。

第三步：在 $(1,0)$ 处，因为 $B^2-AC=-72<0$，且 $A>0$，所以函数在 $(1,0)$ 处有极小值 $f(1,0)=-5$；

在 $(1,2)$ 处，因为 $B^2-AC=72>0$，所以 $(1,2)$ 不是极值点；

在 $(-3,0)$ 处，因为 $B^2-AC=9>0$，所以 $(-3,0)$ 不是极值点；

在 $(-3,2)$ 处，因为 $B^2-AC=-72<0$，且 $A<0$，所以函数在 $(-3,2)$ 处有极大值 $f(-3,2)=31$。

例 23 的 MATLAB 求解代码如下。

```
>>clc;clear all
>>syms x y
>>f = x^3-y^3+3*x^2+3*y^2-9*x;
>>dfx = diff(f,x);
>>dfy = diff(f,y);
>>A = diff(f,x,2);
>>B = diff(diff(f,x),y);
>>C = diff(f,y,2);
>> [X,Y] = solve(dfx,dfy,'x','y');
>>for i = 1:length(X)
    a = subs(A,{x,y},{X(i),Y(i)});
    b = subs(B,{x,y},{X(i),Y(i)});
    c = subs(C,{x,y},{X(i),Y(i)});
    k = double(subs(f,{x,y},{X(i),Y(i)}));
    ff = double(X(i));
    gg = double(Y(i));
   if (b^2-a*c)<0
         if a>0
              fprintf('点(%f,%f)是极小值点，极小值为°%f\n',ff,gg,k)
```

```
            else
                fprintf('点(%f,%f)是极大值点，极大值为%f\n',ff,gg,k)
            end
      else
                fprintf('点(%f,%f) 不是极值点\n',ff,gg)
      end
>>end
```

程序运行结果如下。

```
点(1.000000,0.000000)是极小值点，极小值为-5.000000
点(-3.000000,0.000000)不是极值点
点(1.000000,2.000000)不是极值点
点(-3.000000,2.000000)是极大值点，极大值为 31.000000
```

二、多元函数的最值及其求法

与一元函数求最值的方法类似，将函数在区域D上的所有驻点处的函数值及在区域D的边界上的最大值和最小值相互比较，其中值最大的即最大值，值最小的即最小值。

【例 24】 设函数$f(x,y)=x^2y(4-x-y)$，求函数在直线$x+y=6$、x轴和y轴所围成的闭区域D上的最大值与最小值。

解 先求函数在区域D上的驻点，解方程组

$$\begin{cases} f_x(x,y)=2xy(4-x-y)-x^2y=0 \\ f_y(x,y)=x^2y(4-x-y)-x^2y=0 \end{cases}$$

可得区域D上唯一驻点$(2,1)$，且$f(2,1)=4$。

接下来，求函数$f(x,y)$在边界上的最值。

（1）在边界$x=0$和$y=0$上，$f(x,y)=0$。

（2）在边界$x+y=6$上，因为$y=6-x$，并将之代入二元函数中，此时二元函数转化为一元函数，即$f(x)=2x^2(x-6)$，所以可以用求一元函数最值的方法来计算。

令$f'(x)=4x(x-6)+2x^2=0$，可求得驻点为$x_1=0$、$x_2=4$，且$f(0)=0$、$f(4)=-64$，即$f(0,6)=0$、$f(4,2)=-64$。

通过比较可得函数$f(x,y)=x^2y(4-x-y)$在区域D上的最大值为$f(2,1)=4$，最小值为$f(4,2)=-64$。

例 24 的 MATLAB 求解代码如下。

```
>>clc;clear all
>>syms x y
>>f = x^2*y*(4-x-y);
>>dfx = diff(f,x);
>>dfy = diff(f,y);
>> [X,Y] = solve(dfx,dfy,'x','y');
>>for i = 1:length(X)
```

```
    if  X(i)~=0 && Y(i)~=0
      ff = double(X(i));
      gg = double(Y(i));
      kk = double(subs(f,{x,y},{X(i),Y(i)}));
      fprintf('点(%f,%f)是驻点，在驻点的函数值为%f\n',ff,gg,kk)
   end
>>end
%求边界上的最大值与最小值
>>bj_x= double(subs(f,'x',0));%边界 x 轴
>>bj_y= double(subs(f,'y',0));%边界 y 轴
>>fprintf('在边界 x 轴的函数值为 %f\n',bj_x)
>>fprintf('在边界 y 轴的函数值为 %f\n',bj_y)
>>f2 = subs(f,y,'6-x');
>>df2x = diff(f2,x);
>>XX = solve(df2x,'x');
>>for i = 1:length(XX);
    if  X(i)~=0
        ff2 = double(XX(i));
      gg2 = double(subs('6-x','x',X(i)));
      kk2 = double(subs(f2,'x',X(i)));
      fprintf('点(%f,%f)是驻点，在驻点的函数值为 %f\n',ff2,gg2,kk2)
    end
>>end
>>value = [kk,bj_x,bj_y,kk2];
>>fprintf('====================================\n')
>>fprintf('函数在区域中的最大值为 %f\n',max(value))
>>fprintf('函数在区域中的最小值为 %f\n',min(value))
```

程序运行结果如下。

```
点(2.000000,1.000000) 是驻点，在驻点的函数值为 4.000000
在边界 x 轴的函数值为 0.000000
在边界 y 轴的函数值为 0.000000
点(4.000000,2.000000)是驻点，在驻点的函数值为-64.000000
====================================
函数在区域中的最大值为 4.000000
函数在区域中的最小值为 -64.000000
```

三、多元函数的条件极值及其求法

如果函数的自变量在定义域上可以任意取值，此时求得的函数极值，通常称为**无条件极值**。如果自变量的取值有一定的约束条件，此时求得的函数极值，称为**条件极值**。对于有些实际问题，可以把求条件极值转化为求无条件极值，但在许多情况下，将求条件极值

转化为求无条件极值并不简单。有另外一种直接求条件极值的方法，可以不必先把问题转化为求无条件极值，这就是下面介绍的拉格朗日乘数法。

考虑函数 $z = f(x,y)$ 在满足条件 $\phi(x,y) = 0$（称为**约束条件**）时的极值问题，用拉格朗日乘数法求解的步骤如下。

第一步：构造一个辅助函数（称为**拉格朗日函数**），即

$$L(x,y,\lambda) = f(x,y) + \lambda\phi(x,y)。$$

其中 λ 为待定常数，称为拉格朗日乘数，将求条件极值问题转化为求 $L(x,y,\lambda)$ 的无条件极值问题。

第二步：求拉格朗日函数的驻点，即解方程组

$$\begin{cases} \dfrac{\partial L}{\partial x} = f_x + \lambda\phi_x = 0 \\ \dfrac{\partial L}{\partial y} = f_y + \lambda\phi_y = 0 \\ \dfrac{\partial L}{\partial \lambda} = \phi(x,y) = 0 \end{cases}。$$

第三步：判断所求的驻点是否为极值点。

注意：拉格朗日乘数法可推广到多于两个自变量的函数或多于一个约束条件的情况，有几个约束条件，就设几个待定常数 λ。

【例 25】 设某工厂生产 A 和 B 两种产品，产量分别为 x 和 y（产量单位：千件），总利润函数为 $L(x,y) = 6x - x^2 + 16y - 4y^2 - 2$（总利润单位：万元），已知生产这两种产品时，每千件产品均需消耗某种原料 2000 千克，现有该原料 5000 千克，问两种产品各生产多少千件时，总利润最大？最大总利润为多少？

解 本问题是在 $2000x + 2000y = 5000$ 的约束条件下，求最大总利润。

构成拉格朗日函数，即

$$F(x,y,\lambda) = 6x - x^2 + 16y - 4y^2 - 2 + \lambda(x + y - 2.5)。$$

解方程组

$$\begin{cases} F_x(x,y,\lambda) = 6 - 2x + \lambda = 0 \\ F_y(x,y,\lambda) = 16 - 8y + \lambda = 0 \\ F_\lambda(x,y,\lambda) = x + y - 2.5 = 0 \end{cases}$$

可得 $x = 1$、$y = 1.5$，点（1,1.5）是唯一可能的极值点。

根据实际问题，最大值一定存在，所以当 $x = 1$、$y = 1.5$ 时可获得最大总利润，最大总利润为 $L(1,1.5) = 18$ 万元。

例 25 的 MATLAB 求解代码如下。

```
>>clc;clear all
>>syms x y a  %λ用a表示
>>f = 6*x-x^2+16*y-4*y^2-2+a*(x+y-2.5);
>>L = 6*x-x^2+16*y-4*y^2-2;
>>dfx = diff(f,x);
```

```
>>dfy = diff(f,y);
>>dfa = diff(f,a);
>>[X,Y,lambd] = solve(dfx,dfy,dfa,'x','y','a');
>>Max = double(subs(L,{x,y},{X,Y}));
>>fprintf('最大总利润为  %f\n',Max)
```

程序运行结果如下。

```
最大总利润为 18.000000
```

第五节 二重积分及其应用

一、二重积分的概念

1. 曲顶柱体的体积

设二元函数 $z=f(x,y)$ 是定义在 Oxy 平面的有界闭区域 D 上的连续函数，且 $f(x,y)\geqslant 0$ 。以曲面 $z=f(x,y)$ 为顶、以区域 D 为底，其侧面为柱面（准线是区域 D 的边界，母线平行于 z 轴）的空间几何图形称为曲顶柱体，如图 5-6 所示。

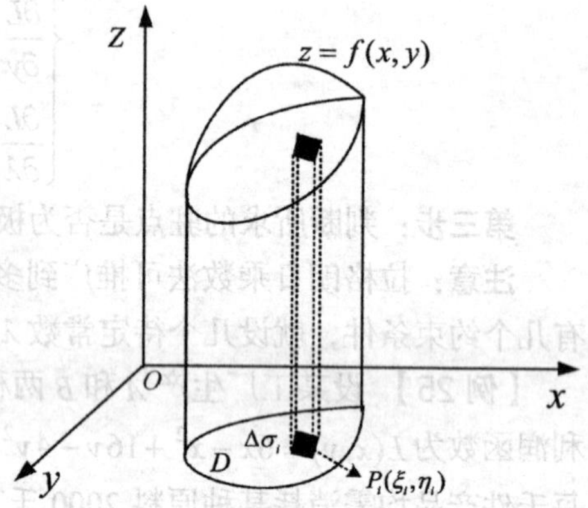

图 5-6

现在，用类似一元函数定积分定义的方法求曲顶柱体的体积。

（1）**分割**：将区域 D 任意分成 n 个小区域，称为子域，即 $\Delta\sigma_1,\Delta\sigma_2,\cdots,\Delta\sigma_n$，并以 $\Delta\sigma_i(i=1,2,\cdots,n)$ 表示第 i 个子域的面积，然后对每个子域作以它的边界曲线为准线，母线平行于 z 轴的柱面，这样就把原来的曲顶柱体分成 n 个小曲顶柱体。

（2）**近似**：在每个小曲顶柱体的底 $\Delta\sigma_i$ 上任取一点 $(\xi_i,\eta_i)(i=1,2,\cdots,n)$，用以 $f(\xi_i,\eta_i)$ 为高、$\Delta\sigma_i$ 为底的平顶柱体的体积 $f(\xi_i,\eta_i)\Delta\sigma_i$ 近似代替第 i 个小曲顶柱体的体积（图 5-6），即 $\Delta V_i=f(\xi_i,\eta_i)\Delta\sigma_i$ 。

（3）**求和**：将 n 个小曲顶柱体体积的近似值相加得到原曲顶柱体体积的近似值，即 $V\approx\sum\limits_{i=1}^{n}f(\xi_i,\eta_i)\Delta\sigma_i\,(i=1,2,\cdots,n)$ 。

（4）**取极限**：将区域 D 无限细分且每一个子域趋向于一点，这时小曲顶柱体将越接近于平顶柱体，近似代替所产生的误差就越小，当所分的子域 $n\to\infty$（D 个子域中最大直径 $\lambda\to 0$）时，误差同时也趋于 0，即得到 $V=\lim\limits_{\lambda\to 0}\sum\limits_{i=1}^{n}f(\xi_i,\eta_i)\Delta\sigma_i$ 。

2. 二重积分的定义

在物理学、力学、几何学、工程技术，以及经济生活、社会生活、日常生活中，有许多量都可以归结为上述形式的和的极限，“抽去”它们的具体意义，就可得到如下的二重积分的定义。

定义 5.8 设二元函数 $z=f(x,y)$ 定义在有界区域 D 上，将区域 D 任意分成 n 个子域 $\Delta\sigma_i(i=1,2,\cdots,n)$ 并以 $\Delta\sigma_i$ 表示第 i 个子域的面积，在 $\Delta\sigma_i$ 上任取一点 (ξ_i,η_i) 并得到和式 $\sum\limits_{i=1}^{n} f(\xi_i,\eta_i)\Delta\sigma_i$，如果当 n 个子域直径最大值 λ 趋于零时，此和式的极限存在，则称此极限为函数 $f(x,y)$ 在区域 D 上的二重积分，记为 $\iint\limits_D f(x,y)\mathrm{d}\sigma$，即

$$\iint\limits_D f(x,y)\mathrm{d}\sigma=\lim_{\lambda\to 0}\sum_{i=1}^{n} f(\xi_i,\eta_i)\Delta\sigma_i。$$

这时，称 $f(x,y)$ 在 D 上可积，其中 $f(x,y)$ 称为被积函数，$f(x,y)\mathrm{d}\sigma$ 称为被积表达式，$\mathrm{d}\sigma$ 称为面积元素，D 称为积分域，$\iint$ 称为二重积分号。

这里要指出当 $f(x,y)$ 在闭区域 D 上连续时，无论 D 如何划分、点 (ξ_i,η_i) 如何选取，上述和式的极限一定存在。根据二重积分的定义，曲顶柱体的体积就是二元函数 $z=f(x,y)$ $(f(x,y)\geqslant 0)$ 在底面区域 D 上的二重积分。即

$$V=\iint\limits_D f(x,y)\mathrm{d}\sigma。$$

3. 二重积分的几何意义

当 $f(x,y)\geqslant 0$ 时，二重积分 $\iint\limits_D f(x,y)\mathrm{d}\sigma$ 的几何意义就是图 5-6 所示的曲顶柱体的体积；当 $f(x,y)<0$ 时，柱体在 Oxy 平面的下方，二重积分 $\iint\limits_D f(x,y)\mathrm{d}\sigma$ 表示该柱体体积的负值。

二、二重积分的性质

假定被积函数在相应的区域上都是可积的，则二重积分具有如下性质。

性质 5.3 被积函数中的常数因子可以提到二重积分号的外面，即

$$\iint\limits_D kf(x,y)\mathrm{d}\sigma=k\iint\limits_D f(x,y)\mathrm{d}\sigma\,(k\text{ 为常数})。$$

性质 5.4 函数的和（或差）的二重积分等于各个函数的二重积分的和（或差），即

$$\iint\limits_D [f(x,y)\pm g(x,y)]\,\mathrm{d}\sigma=\iint\limits_D f(x,y)\mathrm{d}\sigma\pm\iint\limits_D g(x,y)\mathrm{d}\sigma。$$

性质 5.5 如果区域 D 被分成两个子域 D_1、D_2，则在 D 上的二重积分等于子域 D_1、D_2 上的二重积分之和，即 $\iint\limits_D f(x,y)\mathrm{d}\sigma=\iint\limits_{D_1} f(x,y)\mathrm{d}\sigma+\iint\limits_{D_2} f(x,y)\mathrm{d}\sigma$。此性质表示二重积分对于积分区域具有可加性。

性质 5.6 如果在 D 上，$f(x,y)=1$ 且 D 的面积为 σ，则 $\iint\limits_D \mathrm{d}\sigma=\sigma$。

三、二重积分的计算

二重积分的计算可转化为两个定积分的累次计算，在此介绍利用直角坐标系计算二重积分。

1. 积分区域为 X 型区域

设积分区域 D 可用不等式组表示为 $\begin{cases} a \leqslant x \leqslant b \\ \varphi_1(x) \leqslant y \leqslant \varphi_2(x) \end{cases}$，其中 $\varphi_1(x), \varphi_2(x)$ 在 $[a,b]$ 上连续，如图 5-7 所示。在区间 $[a,b]$ 上任取一点，过该点作一条垂直于 x 轴的直线穿过积分区域 D，若此直线与积分区域 D 的边界曲线 $\varphi_1(x), \varphi_2(x)$ 的交点不多于两个，则称积分区域为 X 型区域。

根据二重积分的几何意义可知，二重积分 $\iint\limits_D f(x,y)\mathrm{d}\sigma$ 的值等于一个以 D 为底、以曲面 $z=f(x,y)$ 为顶的曲顶柱体的体积。下面介绍用微元法来计算二重积分所表示的曲顶柱体的体积。

选 x 为积分变量，$x \in [a,b]$，设 $A(x_0)$ 表示过点 x_0 且垂直于 x 轴的平面与曲顶柱体相交的截面的面积（如图 5-8 所示），则曲顶柱体的体积可表示为

$$V=\int_a^b A(x)\mathrm{d}x \text{。}$$

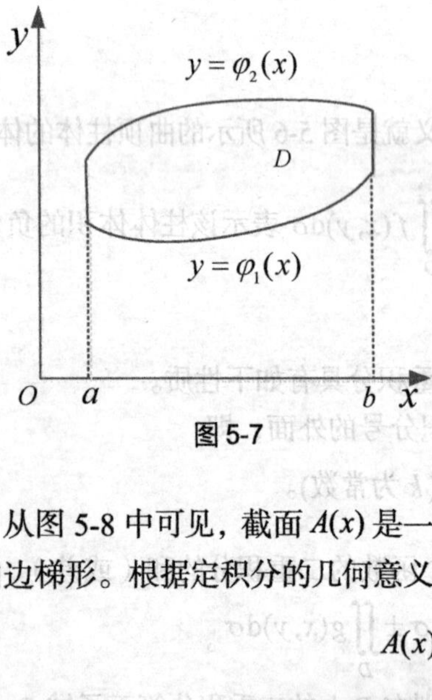

图 5-7

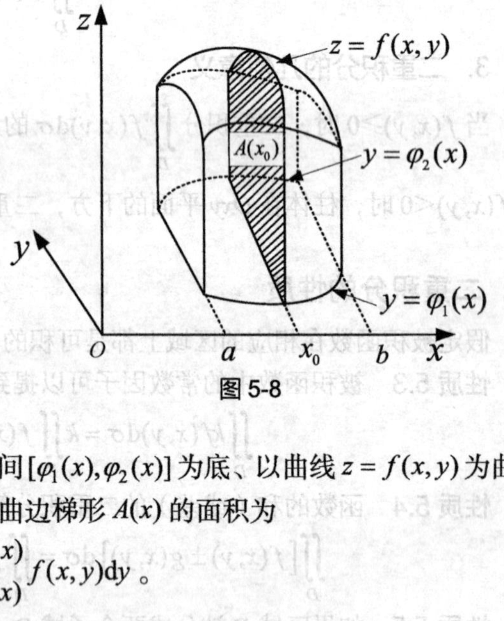

图 5-8

从图 5-8 中可见，截面 $A(x)$ 是一个以区间 $[\varphi_1(x), \varphi_2(x)]$ 为底、以曲线 $z=f(x,y)$ 为曲边的曲边梯形。根据定积分的几何意义可知，曲边梯形 $A(x)$ 的面积为

$$A(x)=\int_{\varphi_1(x)}^{\varphi_2(x)} f(x,y)\mathrm{d}y \text{。}$$

将 $A(x)$ 代入，则可得曲顶柱体的体积为

$$\iint\limits_D f(x,y)\mathrm{d}\sigma=\int_a^b\left[\int_{\varphi_1(x)}^{\varphi_2(x)} f(x,y)\mathrm{d}y\right]\mathrm{d}x \text{。}$$

上述积分叫作先对 y、后对 x 的二次积分。即先把 x 看作常数，对变量 y 积分；然后对所得结果（它是 x 的函数）从 a 到 b 计算定积分。这种先对一个变量积分然后对另一个变量积分的方法，称为累次积分法。它通常也可以写成

$$\iint\limits_D f(x,y)\mathrm{d}\sigma=\int_a^b \mathrm{d}x\int_{\varphi_1(x)}^{\varphi_2(x)} f(x,y)\mathrm{d}y \text{。}$$

2. 积分区域为 Y 型区域

设积分区域 D 可用不等式组表示为 $\begin{cases} c\leqslant y\leqslant d \\ \psi_1(y)\leqslant x\leqslant \psi_2(y) \end{cases}$，其中 $\psi_1(y)$、$\psi_2(y)$ 在 $[c,d]$ 上连续，如图 5-9 所示。

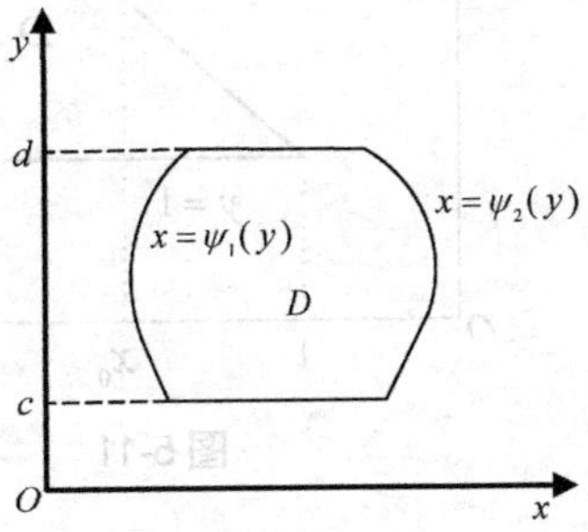

图 5-9

在区间 $[c,d]$ 上任取一点，过该点作一条垂直于 y 轴的直线穿过积分区域 D，若此直线与积分区域 D 的边界曲线 $\psi_1(y)$、$\psi_2(y)$ 的交点不多于两个，则称积分区域为 Y 型区域。

此时，曲顶柱体的体积为

$$\iint_D f(x,y)\mathrm{d}\sigma=\int_c^d \mathrm{d}y\int_{\psi_1(y)}^{\psi_2(y)} f(x,y)\mathrm{d}x\text{。}$$

上述积分叫作先对 x、后对 y 的二次积分。这也是累次积分法的一种表现形式。

不难发现，把二重积分转化为累次积分，其关键是画出积分区域并确定积分区域为 X 型区域或 Y 型区域，然后相应地写出两次定积分的上下限。

3. 积分区域既不是 X 型区域，也不是 Y 型区域

如果积分区域既不是 X 型区域，也不是 Y 型区域，则可以将积分区域 D 分为几个部分，每个部分是 X 型或 Y 型的区域。例如，对于图 5-10 所示的区域 D，把区域 D 分成 D_1、D_2、D_3 这 3 个部分，则可得

$$\iint_D f(x,y)\mathrm{d}\sigma=\iint_{D_1} f(x,y)\mathrm{d}\sigma+\iint_{D_2} f(x,y)\mathrm{d}\sigma+\iint_{D_3} f(x,y)\mathrm{d}\sigma\text{。}$$

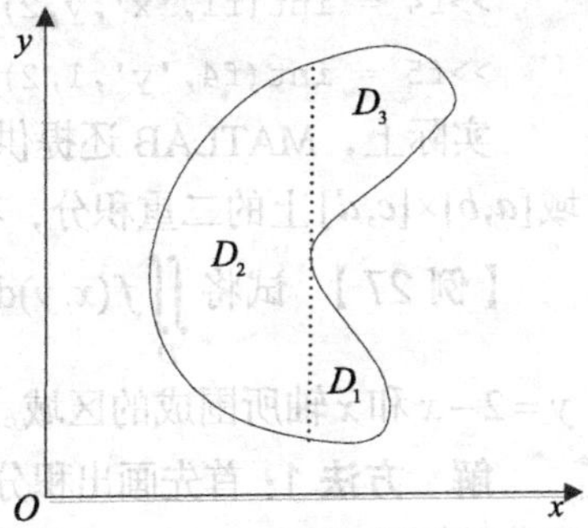

图 5-10

【例 26】 计算 $\iint_D xy\mathrm{d}\sigma$，其中 D 是由直线 $y=1$、$x=2$ 及 $y=x$ 所围成的闭区域。

解　方法 1： 将区域 D 看作 X 型区域（如图 5-11 所示），则 x 的变化范围是 $1\leqslant x\leqslant 2$，y 的变化范围是 $1\leqslant y\leqslant x$，可得

$$\iint_D xy\mathrm{d}\sigma=\int_1^2\left[\int_1^x xy\mathrm{d}y\right]\mathrm{d}x=\int_1^2\left(\frac{x^3}{2}-\frac{x}{2}\right)\mathrm{d}x=\left(\frac{x^4}{8}-\frac{x^2}{4}\right)\Bigg|_1^2=1+\frac{1}{8}\text{。}$$

方法 2： 将区域 D 看作 Y 型区域（如图 5-12 所示），y 的变化范围是 $1\leqslant y\leqslant 2$，x 的变化范围是 $x\leqslant y\leqslant 2$，可得

$$\iint_D xy\mathrm{d}\sigma=\int_1^2\left[\int_y^2 xy\mathrm{d}x\right]\mathrm{d}y=\int_1^2\left(2y-\frac{y^3}{2}\right)\mathrm{d}y=\left(y^2-\frac{y^4}{8}\right)\Bigg|_1^2=1+\frac{1}{8}\text{。}$$

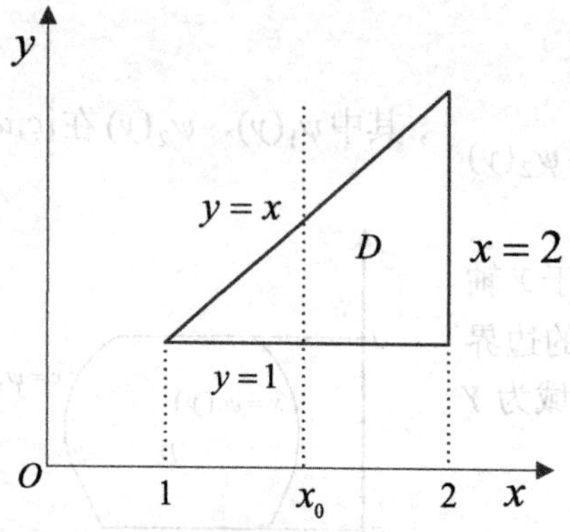

图 5-11

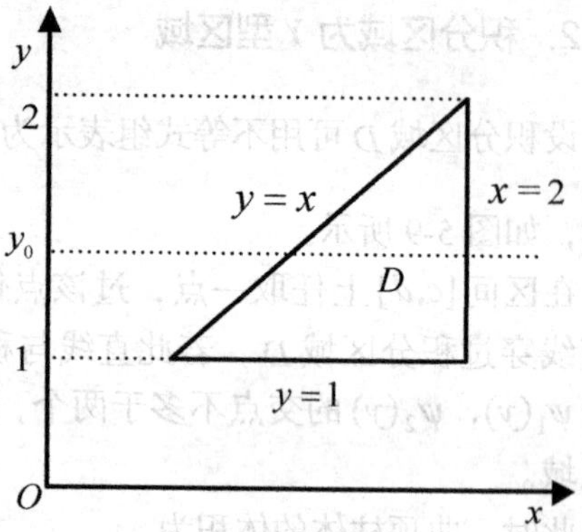

图 5-12

例 26 的 MATLAB 求解代码如下。

```
>>syms x y;
>>f1=x*y;
>>%====积分区域为 X 型区域======
>>f2=int(f1,'y',1,x);
>>f3=int(f2,'x',1,2)
>>%====积分区域为 Y 型区域======
>>f4 = int(f1,'x',y,2);
>>f5 = int(f4,'y',1,2)
```

实际上，MATLAB 还提供了计算二重积分的函数 dblquad，该函数用于求 $f(x,y)$ 在区域$[a,b]\times[c,d]$上的二重积分，有兴趣的读者可自行查看相关文档。

【例 27】 试将 $\iint\limits_D f(x,y)\mathrm{d}\sigma$ 转化为两种不同次序的累次积分，其中 D 是由 $y=x$ 、$y=2-x$ 和 x 轴所围成的区域。

解　方法 1： 首先画出积分区域 D，将 D 看作 X 型区域（如图 5-13 所示），由于在 x 的变化范围$[0,2]$上，y 的变化分别由 $y=x$ 和 $y=2-x$ 所确定，因此需要将区域 D 分成两个区域 D_1 和 D_2，然后在积分区域 D_1 和 D_2 上分别求二重积分，可得

$$\iint\limits_D f(x,y)\mathrm{d}\sigma=\iint\limits_{D_1} f(x,y)\mathrm{d}\sigma+\iint\limits_{D_2} f(x,y)\mathrm{d}\sigma$$

$$=\int_0^1\mathrm{d}x\int_0^x f(x,y)\mathrm{d}y+\int_1^2\mathrm{d}x\int_0^{2-x} f(x,y)\mathrm{d}y 。$$

方法 2： 将 D 看作 Y 型区域（如图 5-14 所示），y 的变化范围是 $0\leqslant y\leqslant 1$，x 的变化范围是 $y\leqslant x\leqslant 2-y$，从而可得

$$\iint\limits_D f(x,y)\mathrm{d}\sigma=\int_0^1\mathrm{d}y\int_y^{2-y} f(x,y)\mathrm{d}x 。$$

从例 27 可知，恰当地选择积分顺序有时能简化计算，关于这一点请读者在计算二重积分时务必予以注意。

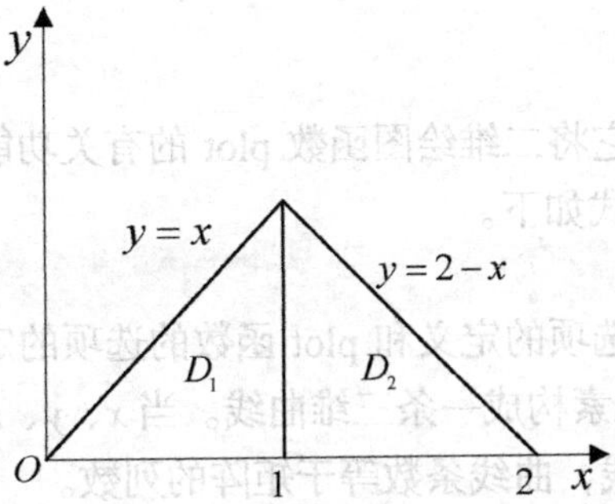

图 5-13

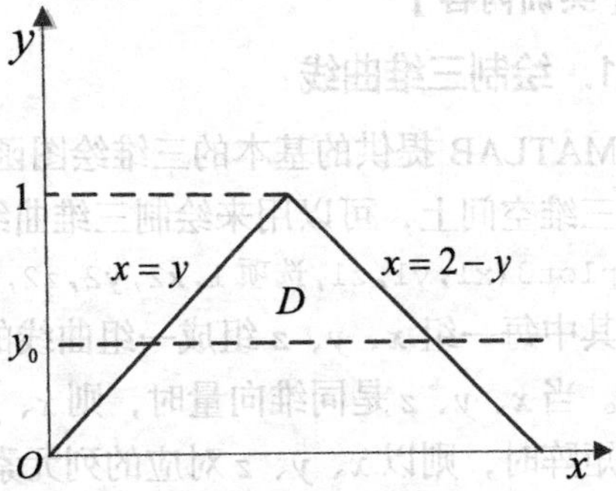

图 5-14

【例 28】 计算 $\iint\limits_D xy\mathrm{d}\sigma$，其中 D 是由抛物线 $x=y^2$ 与直线 $y=x-2$ 所围成的区域。

解　画出积分区域 D，将 D 看作 Y 型区域（如图 5-15 所示），y 的变化范围是 $-1\leqslant y\leqslant 2$，x 的变化范围是 $y^2\leqslant x\leqslant y+2$。

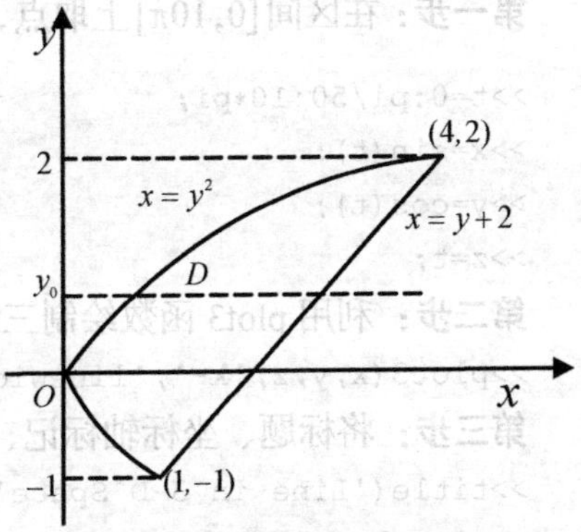

图 5-15

所以可得

$$\iint\limits_D xy\mathrm{d}\sigma=\int_{-1}^{2}\mathrm{d}y\int_{y^2}^{y+2}xy\mathrm{d}x$$

$$=\frac{1}{2}\int_{-1}^{2}\left[y(y+2)^2-y^5\right]\mathrm{d}y$$

$$=\frac{1}{2}\left(\frac{y^4}{4}+\frac{4}{3}y^3+2y^2-\frac{y^6}{6}\right)\Bigg|_{-1}^{2}$$

$$=\frac{45}{8}。$$

例 28 的 MATLAB 求解代码如下。

```
>>syms x y
>>f = x*y;
>>I = int(int(f,'x',y^2,y+2),'y',-1,2)
```

程序运行结果如下。

```
I =
    45/8
```

实训　MATLAB 多元函数图像处理及多元线性回归

【实训目的】

（1）掌握利用 MATLAB 绘图函数绘制三维曲线（曲面）的方法。

（2）掌握利用 MATLAB 进行多元线性回归分析的方法。

【实训内容】

1. 绘制三维曲线

MATLAB 提供的基本的三维绘图函数为 plot3，它将二维绘图函数 plot 的有关功能扩展到三维空间上，可以用来绘制三维曲线。其调用格式如下。

```
plot3(x1,y1,z1,选项 1,x2,y2,z2,选项 2,…)
```

其中每一组 x、y、z 组成一组曲线的坐标参数，选项的定义和 plot 函数的选项的定义一样。当 x、y、z 是同维向量时，则 x、y、z 对应的元素构成一条三维曲线。当 x、y、z 是同维矩阵时，则以 x、y、z 对应的列元素绘制三维曲线，曲线条数等于矩阵的列数。

【实训 1】 设曲线对应的参数方程为 $\begin{cases} x=\sin t \\ y=\cos t \\ z=t \end{cases}$，其中 $0\leqslant t\leqslant 10\pi$，请绘制出曲线图像。

第一步：在区间 $[0,10\pi]$ 上取点，将间距设置为 $\frac{\pi}{50}$，计算出每个点对应的 x、y、z 值。

```
>>t=0:pi/50:10*pi;
>>x=sin(t);
>>y=cos(t);
>>z=t;
```

第二步：利用 plot3 函数绘制三维曲线。

```
>>plot3(x,y,z,'k-','linewidth',2);
```

第三步：将标题、坐标轴标记、网格线、添加到图上。

```
>>title('Line in 3-D Space');
>>xlabel('X');
>>ylabel('Y');
>>zlabel('Z');
>>grid on;
```

程序运行结果如图 5-16 所示。

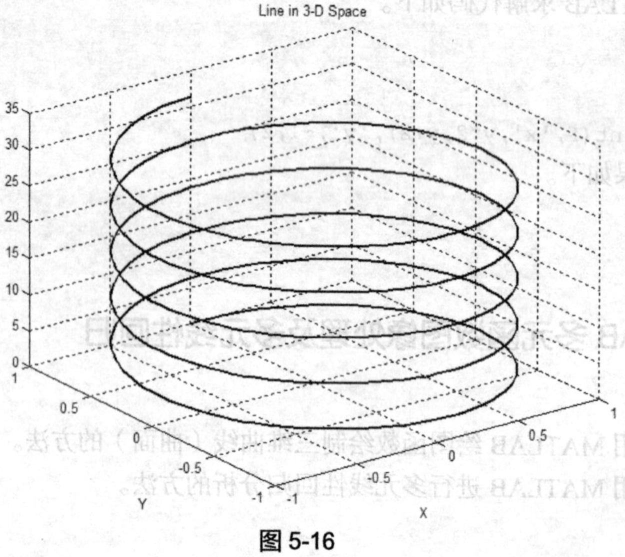

图 5-16

2. 绘制三维曲面

为了绘制定义在平面区域 $D=[x_0,x_m]\times[y_0,y_n]$ 上的三维曲面 $z=f(x,y)$，应首先将 $[x_0,x_m]$ 在 x 方向上分成 m 份，将 $[y_0,y_n]$ 在 y 方向上分成 n 份，由各划分点分别作平行于坐标轴的直线，将区域 D 分成 $m\times n$ 个小矩形；对于每个小矩形，计算出网格点的函数值，将所有网格点的函数值“连”在一起可构成函数 $z=f(x,y)$ 定义在区域 D 上的空间网格曲面。

MATLAB 提供了 mesh 函数和 surf 函数来绘制三维曲面。mesh 函数用于绘制网格曲面，而 surf 函数可实现对网格曲面进行着色，将网格曲面转化为实曲面。两个函数的调用格式相同，如下。

```
mesh(x,y,z)或 surf(x,y,z)
```

【实训 2】 已知函数 $z=xe^{-x^2-y^2}$，定义域为 $[-3,3]\times[-3,3]$，请绘制出函数图像。

第一步： 在函数定义域上取点，将间距设置为 0.2。

```
>>clear all;clc
>>x=-3:0.2:3;
>>y=x;
```

第二步： 生成 Oxy 平面的网格点（如图 5-17 所示），并计算网格点上对应的函数值。

```
>>[X,Y]=meshgrid(x,y);
>>plot(X,Y,Y,X);
>>xlabel('X');
>>ylabel('Y');
>>title('Oxy 平面网格划分');
>>Z = X .* exp(-X.^2 - Y.^2);
```

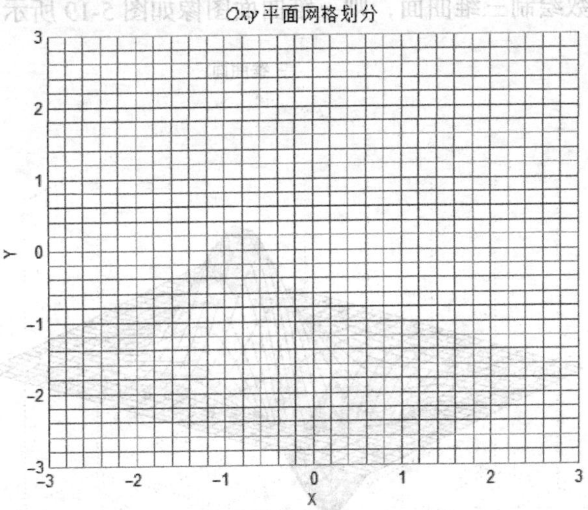

图 5-17

第三步： 利用 mesh 函数绘制三维曲面（如图 5-18 所示）。

```
>>mesh(X,Y,Z)
>>title('三维曲面');
>>xlabel('X');
```

```
>>ylabel('Y');
>>zlabel('Z');
>>grid on;
```

程序运行结果如图 5-17 和图 5-18 所示。

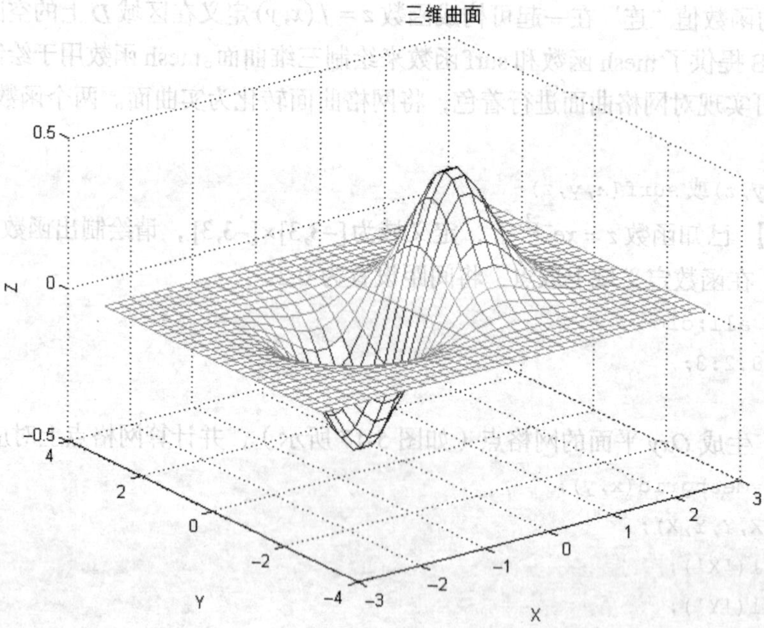

图 5-18

如果采用 surf 函数绘制三维曲面，则三维曲面图像如图 5-19 所示。

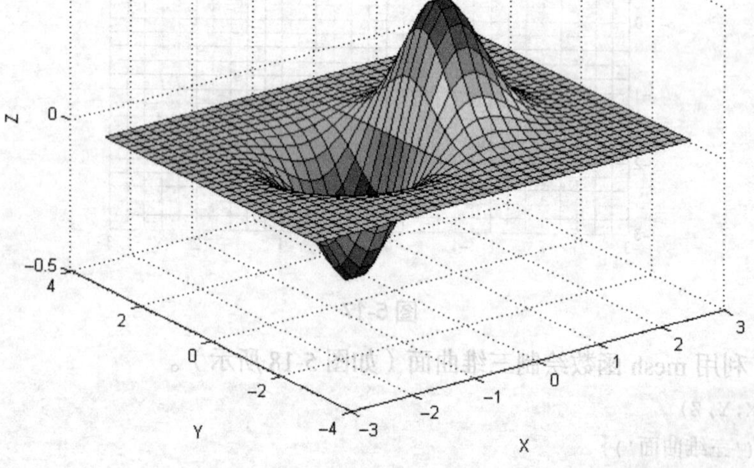

图 5-19

此外，还有两个和 mesh 函数相似的函数，即可绘制带等高线的三维曲面的函数 meshc 和可绘制带帷幕的三维曲面的函数 meshz，它们的调用格式和 mesh 的相同。surf 函数也有两个类似的函数，即可绘制带等高线的三维曲面的函数 surfc 和可绘制具有光照效果的三维曲面的函数 surfl。这里就不一一赘述，有兴趣的读者可以自行查看相关文档。

3. MATLAB 多元线性回归分析

在回归分析中，如果有两个或两个以上的自变量，就称为**多元回归**。事实上，一种现象常常是与多个因素相联系的，由多个自变量的最优组合共同来预测或估计因变量，比只用一个自变量进行预测或估计更有效，且更符合实际。因此从某种程度来说多元线性回归比一元线性回归的实用意义更大。

描述一个因变量如何依赖于两个及两个以上自变量和误差项 ε 的方程称为**多元线性回归模型**。以二元线性回归模型为例，二元线性回归模型如下。

$$y = b_0 + b_1x_1 + b_2x_2 + \varepsilon \text{。}$$

其中 b_0 为**常数项**，b_1、b_2 为**回归系数**，ε 为**随机误差**。

多元线性回归模型的参数估计，同一元线性回归模型的一样，也是在要求误差平方和最小的前提下，用最小二乘法求得回归参数。MATLAB 提供的多元线性回归函数为 regress，其调用格式如下。

```
[b,bint,r,rint,stats]=regress(Y,X)
```

其中 b 表示方程的系数矩阵，bint 表示回归系数的区间，r 表示残差，rint 表示置信区间，stats 中包含用于检验回归模型的统计量，分别是 R^2、F 值、概率值 P。其中 R^2 为模型的拟合优度，越接近于 1，说明回归模型越显著；F 值越大，说明回归模型越显著；概率值 P 越小，说明回归模型越显著，一般情况下概率值 P 应小于 0.05。

【实训 3】 某商品的需求量与消费者的平均收入、商品价格的统计数据如表 5-1 所示，请建立多元线性回归模型，预测平均收入为 1000 元、商品价格为 6 元时的商品需求量。

表 5-1 统计数据

需求量	平均收入/元	商品价格/元	需求量	平均收入/元	商品价格/元
100	1000	5	65	400	7
75	600	7	90	1300	5
80	1200	6	100	1100	4
70	500	6	110	1300	3
50	300	8	60	300	9

第一步：导入数据，绘制需求量与平均收入、商品价格的散点图并进行数据相关性检验。

```
>>clc;clear all
>>A = xlsread('C:\Users\Desktop\abc.xlsx');%读取数据
>>subplot(1,2,1)
>>plot(A(:,1),A(:,2),'r*')
```

```
>>xlabel('需求量');
>>ylabel('平均收入/元');
>>subplot(1,2,2);
>>plot(A(:,1),A(:,3),'bo');
>>xlabel('需求量');
>>ylabel('商品价格/元');
>>r = corrcoef(A)%相关系数矩阵
```

程序运行结果如下。

```
r =
     1.0000    0.8804   -0.9325
     0.8804    1.0000   -0.8570
    -0.9325   -0.8570    1.0000
```

需求量与平均收入、商品价格的散点图如图 5-20 所示。

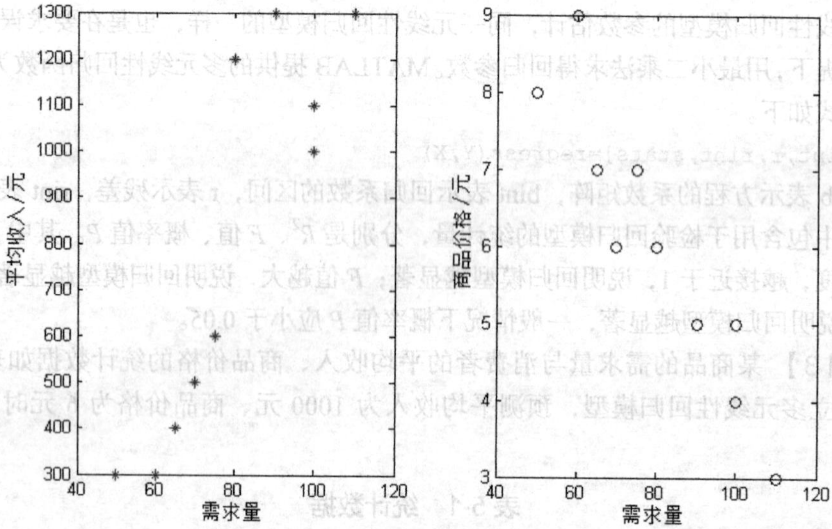

图 5-20

从相关系数矩阵和散点图可知，需求量与平均收入高度正相关，需求量与商品价格高度负相关。

第二步：设二元线性回归模型如下。

$$y = b_0 + b_1x_1 + b_2x_2 + \varepsilon 。$$

利用 MATLAB 的 regress 函数进行多元线性回归。

```
>>X = A(:,2:3);%自变量
>>Y = A(:,1);%因变量
>>X = [ones(length(X),1) X];
>> [b,bint,r,rint,stats] = regress(Y,X)
```

得到回归分析结果，如表 5-2 所示。

表 5-2　回归分析结果

回归系数	估计值	置信区间
b_0	111.6918	[56.0503,167.3334]
b_1	0.0143	[−0.0120,0.0406]
b_2	−7.1882	[−13.2306, −1.1458]
R^2=0.89448，F=29.6533，P=0.0004		

从表 5-2 可知，多元线性回归模型为

$$y = 111.6918 + 0.0143x_1 - 7.1882x_2 。$$

R^2=0.89448 表明"平均收入和商品价格两个因素可解释需求量 89.448%的变化"。P=0.0004<0.05，回归模型成立。

第三步：预测商品需求量，在命令行窗口中输入如下代码。

```
>> y_pred = b(1)+b(2)*1000+b(3)*6
```

程序运行结果如下。

```
y_pred =
   82.8594
```

从而可知当平均收入为 1000 元、商品价格为 6 元时的商品需求量为 82.8594。

拓展学习：竞争性产品在生产、销售中的利润最大化

【问题】

一家制造计算机的公司计划生产两种产品：一种为 27 英寸（1 英寸=0.0254 米）显示器的计算机，另一种为 31 英寸显示器的计算机。除了 400000 美元的固定费用外，每台 27 英寸显示器的计算机的成本为 1950 美元，而每台 31 英寸显示器的计算机的成本为 2250 美元。制造商建议每台 27 英寸显示器的计算机零售价格为 3390 美元，而 31 英寸显示器的计算机零售价格为 3990 美元。营销人员估计，在销售这些计算机的竞争市场上，一种类型的计算机每多卖出一台，它的价格就下降 0.1 美元。此外，一种类型的计算机的销售也会影响另一种类型的计算机的销售：每销售一台 31 英寸显示器的计算机，估计 27 英寸显示器的计算机零售价格下降 0.03 美元；每销售一台 27 英寸显示器的计算机，估计 31 英寸显示器的计算机零售价格下降 0.04 美元。那么该公司应该生产、销售每种计算机多少台，才能使利润最大?

【问题分析】

在生产、销售过程中，根据利润（L）= 销售收入（R）−生产成本（C），可知利润取决于销售收入和生产成本，于是问题的关键在于如何求得销售收入和生产成本。

【模型建立】

（1）销售收入

假设 x_1 表示生产的 27 英寸显示器的计算机的数量，x_2 表示生产的 31 英寸显示器的计算机的数量，则 $x_1 \geqslant 0$、$x_2 \geqslant 0$。由于在销售这些计算机时，一种类型的计算机的销售会影响另一种类型的计算机的零售价格，因此计算销售收入需计算出每种类型计算机的零售价格。

因为每销售一台 31 英寸显示器的计算机，27 英寸显示器的计算机的零售价格会相应地下降 0.03 美元，所以 27 英寸显示器的计算机的零售价格可表示为

$$p_1 = 3390 - 0.1x_1 - 0.03x_2 \text{。}$$

同理可得 31 英寸显示器的计算机的零售价格可表示为

$$p_2 = 3990 - 0.04x_1 - 0.1x_2 \text{。}$$

综合可得，销售收入为

$$\begin{aligned} R &= p_1x_1 + p_2x_2 \\ &= (3390 - 0.1x_1 - 0.03x_2)x_1 + (3990 - 0.04x_1 - 0.1x_2)x_2 \\ &= -0.1x_1^2 - 0.1x_2^2 - 0.07x_1x_2 + 3390x_1 + 3990x_2 \text{。} \end{aligned}$$

（2）生产成本

由问题可知，每台 27 英寸显示器的计算机的成本为 1950 美元，每台 31 英寸显示器的计算机的成本为 2250 美元，此外还有 400000 美元的固定费用。因此生产成本可表示为

$$C = 400000 + 1950x_1 + 2250x_2 \text{。}$$

综合可得，公司的利润为

$$L = R - C = -0.1x_1^2 - 0.1x_2^2 - 0.07x_1x_2 + 1440x_1 + 1740x_2 - 400000 \text{。}$$

【模型求解】

公司利润的函数是一个二元函数，要求最大利润，即求该函数的最大值。根据多元函数极值的必要条件和充分条件，有

第一步：求二元函数的一阶偏导数和二阶偏导数，即

$$f_{x_1} = -0.2x_1 - 0.07x_2 + 1440 \text{，} \quad f_{x_2} = -0.07x_1 - 0.2x_2 + 1740 \text{，}$$

$$A = f_{x_1x_1} = -0.2 \text{，} \quad B = f_{x_1x_2} = -0.07 \text{，} \quad C = f_{x_2x_2} = -0.2 \text{。}$$

第二步：解方程组 $\begin{cases} f_{x_1} = -0.2x_1 - 0.07x_2 + 1440 = 0 \\ f_{x_2} = -0.07x_1 - 0.2x_2 + 1740 = 0 \end{cases}$，求得唯一驻点为（4735,7043），即 $x_1 = 4735$，$x_2 = 7043$。

第三步：在 $(4735,7043)$ 处，因为 $B^2 - AC = -0.0351 < 0$，且 $A < 0$，所以函数在 $(4735, 7043)$ 处取得极大值 $f(4735,7043) = 9136410.26$。

第四步：绘制出利润函数的函数图像，并在图中标注出极大值点，如图 5-21 所示。

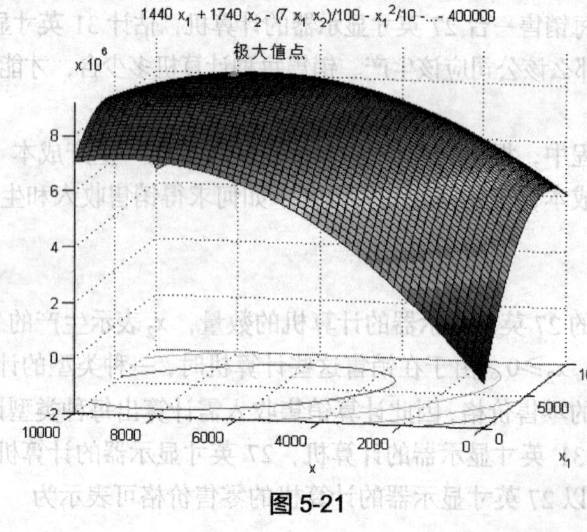

图 5-21

根据实际情况和图 5-21 可知，该函数存在最大值，极大值点(4735,7043)就是其最大值点。也就是说，即公司应该制造 4735 台 27 英寸显示器的计算机和 7043 台 31 英寸显示器的计算机，此时总利润为9136410.26美元。

本问题的 MATLAB 求解代码如下。

```
>>clc; clear all
>>syms x1 x2
>>p1 = 3390-0.1*x1-0.03*x2; %27英寸显示器的计算机的零售价格
>>p2 = 3990-0.04*x1-0.1*x2; %31英寸显示器的计算机的零售价格
>>R = p1*x1+p2*x2; %销售收入
>>C = 400000+1950*x1+2250*x2; %生产成本
>>L = R-C;  %利润
>>dL1 = diff(L,x1)
>>dL2 = diff(L,x2)
>>A = diff(diff(L,x1),x1);
>>B = diff(diff(L,x1),x2);
>>C = diff(diff(L,x2),x2);
>> [x10,x20] = solve(dL1,dL2); %求驻点
>>x10=round(double(x10)) %取整
>>x20=round(double(x20)) %取整
>>L0=double(vpa(subs(L,{x1,x2},{x10,x20}),10));
>>ezsurfc(L,[0,x10+1000,0,x20+1000]) %绘制带等高线的图像
>>hold on
>>plot3(x10,x20,L0,'go','markerfacecolor','g') %绘制极大值点
>>text(x10,x20,L0,'极大值点','fontsize',10)
```

练习 5

1. 求下列多元函数的极限。

（1）$\lim\limits_{\substack{x\to 0\\ y\to 1}}\dfrac{1-xy}{x^2+y^2}$　　（2）$\lim\limits_{\substack{x\to 1\\ y\to 0}}\dfrac{\ln(x+e^y)}{x^2+y^2}$

（3）$\lim\limits_{(x,y)\to(0,0)}\dfrac{\sqrt{xy+1}-1}{xy}$　　（4）$\lim\limits_{\substack{x\to 0\\ y\to 0}}(x+y)\sin\dfrac{1}{x+y}$

2. 已知 $f(x,y)=3x+2y-2$，求 $f_x(1,1)$ 与 $f_y(1,2)$。

3. 已知 $f(x,y)=e^{x+y}\cos(xy)+3y-1$，求 $f_x(1,0)$ 与 $f_y(0,1)$。

4. 求下列函数的偏导数。

（1）$z=\arcsin(x\sqrt{y})$　　（2）$z=\dfrac{e^{xy}}{e^x+e^y}$

（3）$z=\sqrt{\ln(xy)}$　　（4）$z=(x+\sin x)^y$

（5）$z=e^{-y}\sin(2x+y)$　　（6）$u=\left(\dfrac{x}{y}\right)^z$

5. 利用 MATLAB 求下列函数的所有二阶偏导数。

(1) $z=x^7e^y$　　(2) $z=x^2y^3-x^4$

(3) $z=\cos^2(ax+by)$　　(4) $z=y^x$

6. 求下列函数的全微分。

(1) $z=xy+\dfrac{x}{y}$　　(2) $z=\arcsin(xy)$

(3) $z=e^{\frac{y}{x}}$　　(4) $z=x^{yz}$

7. 设 $z=u^2+v^2$、$u=x+y$、$v=x-y$，求 $\dfrac{\partial z}{\partial x}$、$\dfrac{\partial z}{\partial y}$。

8. 设 $u=e^x(y-z)$、$x=t$、$y=\sin t$、$z=\cos t$，求 $\dfrac{du}{dt}$。

9. 求下列函数对各自变量的偏导数或导数。

(1) $z=x^2y-xy^2$、$x=u\cos v$、$y=u\sin v$

(2) $z=e^{x-2y}$、$x=\sin t$、$y=t^3$

(3) $z=\arctan(xy)$、$y=e^x$

(4) $z=(2x+y)^{2x+y}$

10. 求方程 $x+2y+z-2\sqrt{xyz}=0$ 所确定的隐函数的偏导数或导数。

11. 已知二元隐函数 $xe^{x-y-z}-x+y+2z=0$，求 z'_x 在点 $(1,2,-1)$ 处的值。

12. 利用 MATLAB 求下列函数的极值。

(1) $f(x,y)=(6x-x^2)(4y-y^2)$

(2) $f(x,y)=4(x-y)-x^2-y^2$

(3) $f(x,y)=xy+\dfrac{50}{x}+\dfrac{20}{y}(x>0,y>0)$

13. 某工厂要用钢板制作一个容积为 64cm^3 的有盖的长方体容器，若不计钢板的厚度，问怎样的尺寸才能使用料最省？

14. 某化妆品公司可以通过报刊广告和电视广告来促进销售。根据统计资料，可知销售收入 R（百万元）与报刊广告费用 x_1（百万元）和电视广告费用 x_2（百万元）之间的关系有经验公式，即

$$R=15+14x_1+32x_2-8x_1x_2-2x_1^2-10x_2^2。$$

(1) 如果不限制广告费用的支出，求最优广告策略；

(2) 如果可供使用的广告费用 $x_1=5$，求相应的最优广告策略。

15. 试用二重积分表达下列曲顶柱体的体积，并用不等式组表示下列曲顶柱体在 Oxy 坐标平面上的底。

(1) 曲面 $\dfrac{x}{2}+\dfrac{y}{3}+\dfrac{z}{4}=1$、$x=0$、$y=0$、$z=0$ 所围成的曲顶柱体；

(2) 椭圆抛物面 $z=2-(4x^2+y^2)$ 及平面 $z=0$ 所围成的曲顶柱体；

（3）由上半球面 $z=\sqrt{4-x^2-y^2}$ 、圆柱面 $x^2+y^2=1$ 及平面 $z=0$ 所围成的曲顶柱体。

16. 利用二重积分的几何意义，不经计算直接给出下列二重积分的值。

（1）$\iint\limits_D \mathrm{d}\sigma$， $D: x^2+y^2\leqslant 1$。

（2）$\iint\limits_D \sqrt{R^2-x^2-y^2}\,\mathrm{d}\sigma$， $D: x^2+y^2\leqslant R^2$。

17. 利用 MATLAB 计算下列二重积分

（1）$\iint\limits_D \mathrm{e}^{x+y}\mathrm{d}\sigma$， $D: |x|\leqslant 1$、$|y|\leqslant 1$。

（2）$\iint\limits_D (\frac{x}{y})^2\mathrm{d}\sigma$， D: 由 $y=1$、$xy=1$、$x=2$ 所围成。

（3）$\iint\limits_D (x^2+y^2-x)\mathrm{d}\sigma$， D: 由 $y=2$、$y=x$、$y=2x$ 所围成。

（4）$\iint\limits_D \frac{\sin y}{y}\mathrm{d}\sigma$， D: 由 $y=x$、$x=0$、$y=\frac{\pi}{2}$、$y=\pi$ 所围成。

18. 利用 MATLAB 绘制函数 $z=\sqrt{x^2+y^2}$ 的图像，其中 $(x,y)\in[-3,3]\times[-3,3]$。

19. 已知 30 组血压与年龄、体重指数的统计数据如表 5-3 所示，利用 MATLAB 建立回归模型，预测当年龄为 38 岁、体重指数为 29.5 时的血压。

表 5-3 血压与年龄、体重指数的统计数据表

血压	年龄	体重指数	血压	年龄	体重指数
144	39	24.2	130	48	22.2
215	47	31.1	135	45	27.4
138	45	22.6	114	18	18.8
145	47	24.0	116	20	22.6
162	65	25.9	124	19	21.5
142	46	25.1	136	36	25.0
170	67	29.5	142	50	26.2
124	42	19.7	120	39	23.5
158	67	27.2	120	21	20.3
154	56	19.3	160	44	27.1
162	64	28.0	158	53	28.6
150	56	25.8	144	63	28.3
140	59	27.3	130	29	22.0
110	34	20.1	125	25	25.3
128	42	21.7	175	69	27.4

第6章 无穷级数

无穷级数是高等数学的重要组成部分，在自然科学和工程技术中，许多问题都可用无穷级数来解决，它不仅为研究函数的表示方法和性质提供了新的方法，而且是数值计算的重要工具。本章主要介绍常数项级数、幂级数以及相关应用。

第一节 常数项级数的概念和性质

一、常数项级数的概念

引例 一位病人根据医嘱需要每天服用某种药物，假设该病人每天需服药 0.05mg，如果体内的药物每天有 20%通过各种渠道被排泄掉，问病人长期服用此药后体内药量将维持在怎样的水平？

解 设第 n 天病人体内的药量为 L_n。

第一天服药后，病人体内的药量为 $L_1 = 0.05$。

第二天服药后，病人体内的药量为 $L_2 = 0.05 + 0.05\times 80\%$。

第三天服药后，病人体内的药量为 $L_3 = 0.05 + 0.05\times 80\% + 0.05\times(80\%)^2$。

依次类推：

第 n 天服药后，病人体内的药量为

$$L_n = 0.05 + 0.05\times 80\% + 0.05\times(80\%)^2 + \cdots + 0.05\times(80\%)^{n-1}。$$

根据等比数列的求和公式可得

$$L_n = \frac{0.05\left[1-(80\%)^n\right]}{1-80\%}。$$

假设病人的寿命是无限的，即当 $n\to\infty$ 时，有

$$\lim_{n\to\infty} L_n = \lim_{n\to\infty}\frac{0.05\left[1-(80\%)^n\right]}{1-80\%} = 0.25。$$

因此如果病人长期服用此药，那么体内的药量将维持在 0.25mg 的水平。

此时，可以认为 0.25 是一个无穷数列的和，即

$$0.25 = 0.05 + 0.05\times 80\% + 0.05\times(80\%)^2 + \cdots + 0.05\times(80\%)^{n-1} + \cdots。$$

这就产生了“无穷项和”的概念。

通常将数列的项依次用加号连接起来的函数称为**级数**。典型的级数有常数项级数、正项级数、交错级数、幂级数等。

定义 6.1 给定一个无穷数列 $\{u_n\}$：$u_1, u_2, u_3, \cdots, u_n, \cdots$。则和式

$$u_1 + u_2 + u_3 + \cdots + u_n + \cdots$$

称为**常数项无穷级数**，简称**常数项级数**，记为 $\sum_{n=1}^{\infty} u_n$ ，其中第 n 项 u_n 称为级数的**通项**或**一般项**。

例如：

$$\sum_{n=1}^{\infty} \frac{1}{2^n} = \frac{1}{2} + \frac{1}{4} + \frac{1}{8} + \cdots + \frac{1}{2^n} + \cdots;$$

$$\sum_{n=1}^{\infty} \frac{1}{n} = 1 + \frac{1}{2} + \frac{1}{3} + \cdots + \frac{1}{n} + \cdots;$$

$$\sum_{n=1}^{\infty} (-1)^n = -1 + 1 - 1 + \cdots + (-1)^n + \cdots。$$

定义 6.2 级数的前 n 项的和 $s_n = u_1 + u_2 + u_3 + \cdots + u_n$，称为级数的**部分和**，可简写为 $s_n = \sum_{i=1}^{n} u_i$ 。当 n 依次取 $1,2,3,\cdots$ 时，部分和构成一个新的数列 $s_1 = u_1$，$s_2 = u_1 + u_2$，$s_3 = u_1 + u_2 + u_3, \cdots$，数列 $\{s_n\}$ 称为部分和数列。

【例 1】 考察级数 $\sum_{n=1}^{\infty} \frac{1}{n}$ 和级数 $\sum_{n=1}^{\infty} (-1)^n \frac{1}{n}$ 的部分和数列的变化趋势。

解 利用 MATLAB 编程计算，可得当 $n = 100$ 和 $n = 1000$ 时级数的部分和数列 $\{s_n\}$ 的变化趋势如图 6-1 所示。

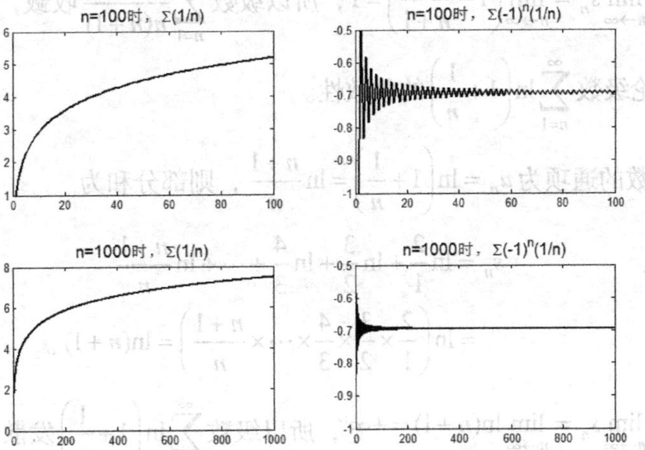

图 6-1

根据数列极限的定义，从图 6-1 中可以看出级数 $\sum_{n=1}^{\infty} \frac{1}{n}$ 的部分和数列的极限不存在，而级数 $\sum_{n=1}^{\infty} (-1)^n \frac{1}{n}$ 的部分和数列的极限存在。事实上，根据级数的部分和数列 $\{s_n\}$ 极限存在的情况，可以进一步讨论级数的收敛与发散情况。

定义 6.3 如果级数 $\sum_{n=1}^{\infty} u_n$ 的部分和数列 $\{s_n\}$ 有极限，即 $\lim_{n\to\infty} s_n = s$ ，则称级数 $\sum_{n=1}^{\infty} u_n$ 收

敛，并称 s 为该级数的和，记为 $\sum_{n=1}^{\infty} u_n = s$。如果该级数的部分和数列 $\{s_n\}$ 极限不存在，则称级数 $\sum_{n=1}^{\infty} u_n$ **发散**。当级数收敛时，其部分和 s_n 是级数和 s 的近似值，此时称 $r_n = s - s_n$ 为级数第 n 项以后的余项，即 $r_n = s - s_n = u_{n+1} + u_{n+2} + \cdots$。

按此定义，可知例 1 中的级数 $\sum_{n=1}^{\infty} \frac{1}{n}$ 发散，级数 $\sum_{n=1}^{\infty} (-1)^n \frac{1}{n}$ 收敛。

调和级数的通项趋于零，但是其和却趋于无穷大，就如同《荀子·大略》中提到的："夫尽小者大，积微者箸，德至者色泽洽，行尽而声问远。"即使是微不足道的事物，经过长期积累，也会产生显著的效果。

【例 2】 判断级数 $\sum_{n=1}^{\infty} \frac{1}{n(n+1)}$ 是否收敛？若收敛，求它的和。

解 级数的部分和

$$s_n = \frac{1}{1\cdot 2} + \frac{1}{2\cdot 3} + \cdots + \frac{1}{n(n+1)}$$
$$= \left(1 - \frac{1}{2}\right) + \left(\frac{1}{2} - \frac{1}{3}\right) + \cdots + \left(\frac{1}{n} - \frac{1}{n+1}\right) = 1 - \frac{1}{n+1}。$$

因为 $\lim_{n\to\infty} s_n = \lim_{n\to\infty}\left(1 - \frac{1}{n+1}\right) = 1$，所以级数 $\sum_{n=1}^{\infty} \frac{1}{n(n+1)}$ 收敛，其和等于 1。

【例 3】 讨论级数 $\sum_{n=1}^{\infty} \ln\left(1 + \frac{1}{n}\right)$ 的敛散性。

解 由于级数的通项为 $u_n = \ln\left(1 + \frac{1}{n}\right) = \ln\frac{n+1}{n}$，则部分和为

$$s_n = \ln\frac{2}{1} + \ln\frac{3}{2} + \ln\frac{4}{3} + \cdots + \ln\frac{n+1}{n}$$
$$= \ln\left(\frac{2}{1} \times \frac{3}{2} \times \frac{4}{3} \times \cdots \times \frac{n+1}{n}\right) = \ln(n+1)。$$

因为 $\lim_{n\to\infty} s_n = \lim_{n\to\infty} \ln(n+1) = +\infty$，所以级数 $\sum_{n=1}^{\infty} \ln\left(1 + \frac{1}{n}\right)$ 发散。

例 3 的 MATLAB 求解代码如下。

```
>>syms n
>>f = log(1+1/n);
>>symsum(f,1,inf)
```

程序运行结果如下。

```
ans =
    Inf
```

对于有些级数，MATLAB 的 symsum 命令不能求得其和，从而也无法得知级数的敛散性。此时，可使用 MATLAB 的数值计算功能进行处理。

【例 4】 利用数值方法讨论级数 $\sum_{n=1}^{\infty}\ln\left(1+\frac{1}{n^2}\right)$ 的敛散性。

解 利用 MATLAB 编程计算，可得 n 为 10000 至 100000 时级数的部分和 $\sum_{k=1}^{n}\ln\left(1+\frac{1}{k^2}\right)$，如表 6-1 所示。

表 6-1 级数的部分和

n	部分和	n	部分和
10000	1.30175	60000	1.30183
20000	1.30180	70000	1.30183
30000	1.30181	80000	1.30183
40000	1.30182	90000	1.30184
50000	1.30183	100000	1.30184

从表 6-1 中可以看出，随着 n 增大，部分和趋向于 1.30184，故可知该级数收敛，其和约为 1.30184。

例 4 的 MATLAB 求解代码如下。

```
>>clc;clear all;
>>n =10000:10000:100000;
>>s1 = [];
>>for i =1:length(n)
      for k = 1:n(i)
          p1(k) = log(1+1/k^2);
      end
      s1(i) = vpa(sum(p1),5);
>>end
>>s1
```

【例 5】 判断等比级数（或称几何级数）$\sum_{n=1}^{\infty}aq^{n-1}$ $(a\neq 0)$ 的敛散性。

解 当 $q\neq 1$ 时，则部分和 $s_n=a+aq+aq^2+\cdots+aq^{n-1}=\frac{a(1-q^n)}{1-q}$。

当 $|q|<1$ 时，由于 $\lim_{n\to\infty}q^n=0$，得 $\lim_{n\to\infty}s_n=\lim_{n\to\infty}\frac{a(1-q^n)}{1-q}=\frac{a}{1-q}$，即当 $|q|<1$ 时等比级数 $\sum_{n=1}^{\infty}aq^{n-1}$ 收敛，且其和为 $\frac{a}{1-q}$。

当 $|q|>1$ 时，$\lim_{n\to\infty}|q|^n=\infty$，$\lim_{n\to\infty}s_n=\infty$，级数发散。

当 $q=1$ 时，级数为 $a+a+a+\cdots$，由于 $\lim_{n\to\infty}s_n=\lim_{n\to\infty}na=\infty$，因此级数发散。

当 $q=-1$ 时，级数为 $a-a+a-a+\cdots$，显然当 n 为奇数或偶数时，s_n 等于 a 或 0，从而 s_n 极限不存在，所以级数发散。

综上所述，等比级数 $\sum_{n=1}^{\infty}aq^{n-1}$，当公比 $|q|<1$ 时收敛；当公比 $|q|\geqslant 1$ 时发散。

二、收敛级数的基本性质

根据级数收敛和发散的定义，可以得到级数的下列性质。

性质 6.1 若k为非零常数，则级数$\sum_{n=1}^{\infty} u_n$和级数$\sum_{n=1}^{\infty} ku_n$的敛散性相同。

性质 6.2 若$\sum_{n=1}^{\infty} u_n$与$\sum_{n=1}^{\infty} v_n$都收敛，其和分别是s与σ，则级数$\sum_{n=1}^{\infty}(u_n \pm v_n)$也收敛，且其和为$s \pm \sigma$。

性质 6.3 在级数中去掉、添加或改变有限项，不会改变级数的敛散性。

性质 6.4（级数收敛的必要条件） 若级数$\sum_{n=1}^{\infty} u_n$收敛，则$\lim\limits_{n \to \infty} u_n = 0$。

注意：$\lim\limits_{n \to \infty} u_n = 0$只是级数$\sum_{n=1}^{\infty} u_n$收敛的必要条件，而不是充分条件。因此绝不能根据$\lim\limits_{n \to \infty} u_n = 0$，就得出$\sum_{n=1}^{\infty} u_n$是收敛的。

例如，级数$\sum_{n=1}^{\infty} \frac{1}{n}$满足$\lim\limits_{n \to \infty} u_n = \lim\limits_{n \to \infty} \frac{1}{n} = 0$，但该级数是发散的。

推论 如果$\lim\limits_{n \to \infty} u_n \neq 0$，则级数$\sum_{n=1}^{\infty} u_n$发散。

常用上述推论来证明级数发散。

【例 6】 证明级数$\sum_{n=1}^{\infty} \frac{n^3}{2n^3 + n^2}$发散。

证 由于$\lim\limits_{n \to \infty} u_n = \lim\limits_{n \to \infty} \frac{n^3}{2n^3 + n^2} = \frac{1}{2}$，所以级数$\sum_{n=1}^{\infty} \frac{n^3}{2n^3 + n^2}$发散。

第二节 常数项级数的审敛法

对于一般的常数项级数，它的各项可以是正数、负数或 0。接下来首先讨论正项级数及其审敛法，然后讨论交错级数及其审敛法，最后讨论绝对收敛与条件收敛。

一、正项级数及其审敛法

定义 6.4 如果常数项级数$\sum_{n=1}^{\infty} u_n$的每一项都是非负的，即$u_n \geqslant 0 \ (n = 1, 2, 3, \cdots)$，则称级数$\sum_{n=1}^{\infty} u_n$为**正项级数**。

设正项级数$\sum_{n=1}^{\infty} u_n \ (u_n \geqslant 0)$，它的部分和数列$\{s_n\}$是一个单调递增数列，即$s_1 \leqslant s_2 \leqslant s_3 \leqslant \cdots \leqslant s_n \leqslant \cdots$，如果数列$\{s_n\}$有界，则根据单调有界的数列必有极限的准则可知，正项级

数$\sum_{n=1}^{\infty}u_n$必收敛，反之如果正项级数$\sum_{n=1}^{\infty}u_n$收敛，则它的部分和数列$\{s_n\}$有界。

定理 6.1 正项级数$\sum_{n=1}^{\infty}u_n$收敛的充分必要条件是它的部分和数列$\{s_n\}$有界。

根据定理 6.1，可得关于正项级数的一个基本的审敛法。

定理 6.2（比较审敛法） 已知两个正项级数$\sum_{n=1}^{\infty}u_n$和$\sum_{n=1}^{\infty}v_n$，且$u_n \leqslant v_n (n=1,2,\cdots)$，则：

（1）若级数$\sum_{n=1}^{\infty}v_n$收敛，则级数$\sum_{n=1}^{\infty}u_n$收敛；

（2）若级数$\sum_{n=1}^{\infty}u_n$发散，则级数$\sum_{n=1}^{\infty}v_n$发散。

证明 设$s_n=\sum_{k=1}^{n}u_k$，$\sigma_n=\sum_{k=1}^{n}v_k$，当$u_n \leqslant v_n$时，则有$s_n \leqslant \sigma_n$。

（1）若级数$\sum_{n=1}^{\infty}v_n$收敛时，数列$\{\sigma_n\}$有界，从而数列$\{s_n\}$有界，所以级数$\sum_{n=1}^{\infty}u_n$收敛；

（2）若级数$\sum_{n=1}^{\infty}u_n$发散时，数列$\{s_n\}$无界，从而数列$\{\sigma_n\}$无界，所以级数$\sum_{n=1}^{\infty}v_n$发散。

【例 7】 判断下列级数的敛散性。

（1）$\sum_{n=1}^{\infty}\frac{1}{(n+1)(n+4)}$　　（2）$\sum_{n=1}^{\infty}\frac{1}{\sqrt{n(n+1)}}$

解 （1）因为$\frac{1}{(n+1)(n+4)}<\frac{1}{n^2}$，而级数$\sum_{n=1}^{\infty}\frac{1}{n^2}$收敛，所以根据比较审敛法，级数$\sum_{n=1}^{\infty}\frac{1}{(n+1)(n+4)}$收敛。

（2）因为$\frac{1}{\sqrt{n(n+1)}}>\frac{1}{\sqrt{(n+1)^2}}=\frac{1}{n+1}$，而级数$\sum_{n=1}^{\infty}\frac{1}{n+1}$是级数$\sum_{n=1}^{\infty}\frac{1}{n}$去掉第一项所成的级数，由性质 6.3 可知级数$\sum_{n=1}^{\infty}\frac{1}{n+1}$发散，所以根据比较审敛法，级数$\sum_{n=1}^{\infty}\frac{1}{\sqrt{n(n+1)}}$发散。

定理 6.3（比较审敛法的极限形式） 设$\sum_{n=1}^{\infty}u_n$和$\sum_{n=1}^{\infty}v_n$都是正项级数，如果

$$\lim_{n\to\infty}\frac{u_n}{v_n}=l,(0<l<+\infty),$$

则级数$\sum_{n=1}^{\infty}u_n$和级数$\sum_{n=1}^{\infty}v_n$同时收敛或同时发散。

【例 8】 判断级数$\sum_{n=1}^{\infty}\sin\frac{1}{n}$的敛散性。

解 因为$\lim\limits_{n\to\infty}\frac{\sin\frac{1}{n}}{\frac{1}{n}}=1$，而级数$\sum_{n=1}^{\infty}\frac{1}{n}$发散，根据定理 6.3 可知，级数$\sum_{n=1}^{\infty}\sin\frac{1}{n}$发散。

【例 9】 讨论 p 级数$\sum_{n=1}^{\infty}\frac{1}{n^p}=1+\frac{1}{2^p}+\frac{1}{3^p}+\cdots+\frac{1}{n^p}+\cdots(p>0)$的敛散性。

解 当$p\leqslant 1$时，因为$\frac{1}{n^p}\geqslant\frac{1}{n}$，而级数$\sum_{n=1}^{\infty}\frac{1}{n}$发散，所以级数$\sum_{n=1}^{\infty}\frac{1}{n^p}$发散。

当$p>1$时，因为$k-1\leqslant x\leqslant k$时，有$\frac{1}{k^p}\leqslant\frac{1}{x^p}$，所以

$$\frac{1}{k^p}=\int_{k-1}^{k}\frac{1}{k^p}\mathrm{d}x\leqslant\int_{k-1}^{k}\frac{1}{x^p}\mathrm{d}x\ (k=2,3,\cdots)。$$

从而 p 级数部分和

$$s_n=1+\sum_{k=2}^{n}\frac{1}{k^p}\leqslant 1+\sum_{k=2}^{n}\int_{k-1}^{k}\frac{1}{x^p}\mathrm{d}x=1+\int_{1}^{n}\frac{1}{x^p}\mathrm{d}x$$

$$=1+\frac{1}{p-1}\left(1-\frac{1}{n^{p-1}}\right)<1+\frac{1}{p-1}。$$

这表明数列$\{s_n\}$有界，因此$\sum_{n=1}^{\infty}\frac{1}{n^p}$收敛。

综上所述，级数$\sum_{n=1}^{\infty}\frac{1}{n^p}$当$p>1$时收敛，当$p\leqslant 1$时发散。

在实际应用中，用比较审敛法来判断一个正项级数的敛散性时，需要适当选取一个已知敛散性的级数并将之与给定的级数相比较，这一点一般不容易实现。下面介绍一种只依赖于级数自身的判别法——比值审敛法。

定理 6.4（比值审敛法） 设$\sum_{n=1}^{\infty}u_n$为正项级数，如果$\lim\limits_{n\to\infty}\frac{u_{n+1}}{u_n}=\rho$，则：

（1）当$\rho<1$时，级数收敛；

（2）当$\rho>1$（或$\lim\limits_{n\to\infty}\frac{u_{n+1}}{u_n}=\infty$）时，级数发散；

（3）当$\rho=1$时，级数可能收敛也可能发散。

【例 10】 判断下列级数的敛散性。

（1）$\sum_{n=1}^{\infty}\frac{n!}{10^n}$ （2）$\sum_{n=1}^{\infty}\frac{2^n}{n\cdot 3^{n-1}}$

解 （1）因为$\lim\limits_{n\to\infty}\frac{u_{n+1}}{u_n}=\lim\limits_{n\to\infty}\frac{(n+1)!}{10^{n+1}}\cdot\frac{10^n}{n!}=\lim\limits_{n\to\infty}\frac{n+1}{10}=\infty$，

根据比值审敛法可知级数$\sum_{n=1}^{\infty}\frac{n!}{10^n}$发散。

（2）因为$\lim_{n\to\infty}\frac{u_{n+1}}{u_n}=\lim_{n\to\infty}\frac{2^{n+1}}{(n+1)\cdot 3^n}\cdot\frac{n\cdot 3^{n-1}}{2^n}=\lim_{n\to\infty}\frac{2}{3}\cdot\frac{n}{n+1}=\frac{2}{3}<1$，根据比值审敛法可知级数$\sum_{n=1}^{\infty}\frac{2^n}{n\cdot 3^{n-1}}$收敛。

定理 6.5（根值审敛法） 设$\sum_{n=1}^{\infty}u_n$为正项级数，如果$\lim_{n\to\infty}\sqrt[n]{u_n}=\rho$，则：

（1）当$\rho<1$时，级数收敛；

（2）当$\rho>1$（或$\lim_{n\to\infty}\sqrt[n]{u_n}=+\infty$）时，级数发散；

（3）当$\rho=1$时，级数可能收敛也可能发散。

【例 11】 判断级数$\sum_{n=1}^{\infty}\left(\frac{n}{2n+1}\right)^n$的敛散性。

解 $\lim_{n\to\infty}\sqrt[n]{u_n}=\lim_{n\to\infty}\frac{n}{2n+1}=\frac{1}{2}<1$，所以级数收敛。

二、交错级数及其审敛法

定义 6.5 设$u_n>0\ (n=1,2,\cdots)$，形如$u_1-u_2+u_3-u_4+\cdots+(-1)^{n-1}u_n+\cdots$或$-u_1+u_2-u_3+u_4+\cdots+(-1)^n u_n+\cdots$的级数称为**交错级数**。

对于交错级数敛散性的判断，有如下的莱布尼茨判别法。

定理 6.6（莱布尼茨判别法） 若交错级数$\sum_{n=1}^{\infty}(-1)^{n-1}u_n$满足：

（1）$u_n\geqslant u_{n+1}\ (n=1,2,\cdots)$；

（2）$\lim_{n\to\infty}u_n=0$。

则交错级数$\sum_{n=1}^{\infty}(-1)^{n-1}u_n$收敛，且其和$S\leqslant u_1$。

【例 12】 判断下列级数的敛散性。

（1）$\sum_{n=1}^{\infty}(-1)^{n-1}\frac{1}{n}$　　　　（2）$\sum_{n=1}^{\infty}(-1)^n\frac{n}{10^n}$

解 （1）因为$u_n=\frac{1}{n}>\frac{1}{n+1}=u_{n+1}(n=1,2,\cdots)$且$\lim_{n\to\infty}u_n=\lim_{n\to\infty}\frac{1}{n}=0$，所以由莱布尼茨判别法可知级数$\sum_{n=1}^{\infty}(-1)^{n-1}\frac{1}{n}$收敛。

（2）因为$u_n=\frac{n}{10^n}>\frac{n+1}{10^{n+1}}=u_{n+1}(n=1,2,\cdots)$且$\lim_{n\to\infty}u_n=\lim_{n\to\infty}\frac{n}{10^n}=0$，所以由莱布尼茨判别法可知级数$\sum_{n=1}^{\infty}(-1)^n\frac{n}{10^n}$收敛。

三、绝对收敛与条件收敛

定义 6.6 如果级数$\sum_{n=1}^{\infty} u_n$中u_n为任意实数，则此级数称为**任意项级数**。

定理 6.7 如果任意项级数$\sum_{n=1}^{\infty} u_n$的各项取绝对值所构成的级数$\sum_{n=1}^{\infty} |u_n|$收敛，则级数$\sum_{n=1}^{\infty} u_n$也收敛。

定义 6.7 如果级数$\sum_{n=1}^{\infty} |u_n|$收敛，则称级数$\sum_{n=1}^{\infty} u_n$ **绝对收敛**；如果级数$\sum_{n=1}^{\infty} u_n$收敛而级数$\sum_{n=1}^{\infty} |u_n|$发散，则称级数$\sum_{n=1}^{\infty} u_n$ **条件收敛**。

例如，级数$\sum_{n=1}^{\infty} (-1)^n \frac{n}{10^n}$绝对收敛，而级数$\sum_{n=1}^{\infty} (-1)^{n-1} \frac{1}{n}$条件收敛。

【例 13】 证明级数$\sum_{n=1}^{\infty} \frac{\cos na}{n^2}$绝对收敛。

证明 因为$\left|\frac{\cos na}{n^2}\right| \leqslant \frac{1}{n^2}$，而级数$\sum_{n=1}^{\infty} \frac{1}{n^2}$是收敛的，所以级数$\sum_{n=1}^{\infty} \left|\frac{\cos na}{n^2}\right|$也收敛，因此级数$\sum_{n=1}^{\infty} \frac{\cos na}{n^2}$绝对收敛。

第三节 幂级数

一、幂级数及其收敛域

定义 6.8 如果级数

$$\sum_{n=1}^{\infty} u_n(x) = u_1(x) + u_2(x) + u_3(x) + \cdots + u_n(x) + \cdots$$

的各项都是定义在区间I中的函数，则称级数$\sum_{n=1}^{\infty} u_n(x)$为**函数项级数**。

例如，级数

$$\sum_{n=1}^{\infty} (x-1)^{n-1} = 1 + x - 1 + (x-1)^2 + \cdots + (x-1)^n + \cdots$$

和级数

$$\sum_{n=1}^{\infty} \frac{1}{n!} x^n = x + \frac{1}{2!} x^2 + \cdots + \frac{1}{n!} x^n + \cdots$$

都是函数项级数。

当x在区间I中取特定值x_0时，级数$\sum_{n=1}^{\infty} u_n(x)$就是常数项级数$\sum_{n=1}^{\infty} u_n(x_0)$。如果级数

$\sum_{n=1}^{\infty} u_n(x_0)$ 收敛，则称 x_0 为函数项级数 $\sum_{n=1}^{\infty} u_n(x)$ 的**收敛点**；如果级数 $\sum_{n=1}^{\infty} u_n(x_0)$ 发散，则称 x_0 为函数项级数 $\sum_{n=1}^{\infty} u_n(x)$ 的**发散点**。一个函数项级数的收敛点的全体称为它的**收敛域**。

对于收敛域上的任意一个数 x，函数项级数成为收敛域上的一个常数项级数，因此有一个确定的和 s。这样，在收敛域上，函数项级数的和是 x 的函数 $s(x)$，函数 $s(x)$ 的定义域就是函数项级数 $\sum_{n=1}^{\infty} u_n(x)$ 的收敛域，即在收敛域上，有

$$s(x)=\sum_{n=1}^{\infty} u_n(x)=u_1(x)+u_2(x)+u_3(x)+\cdots+u_n(x)+\cdots。$$

定义 6.9 级数 $\sum_{n=0}^{\infty} a_n(x-x_0)^n=a_0+a_1(x-x_0)+a_2(x-x_0)^2+\cdots+a_n(x-x_0)^n+\cdots$ 称为 $x-x_0$ 的**幂级数**，其中常数 $a_0,a_1,a_2,\cdots,a_n,\cdots$ 称为**幂级数的系数**。

当 $x_0=0$ 时，级数 $\sum_{n=0}^{\infty} a_n(x-x_0)^n$ 变为 $\sum_{n=0}^{\infty} a_n x^n=a_0+a_1x+a_2x^2+\cdots+a_nx^n+\cdots$，称为 x 的**幂级数**。如果将 x 换成 $x-x_0$，幂级数 $\sum_{n=0}^{\infty} a_n x^n$ 就变为幂级数 $\sum_{n=0}^{\infty} a_n(x-x_0)^n$。

因此，下面主要讨论幂级数 $\sum_{n=0}^{\infty} a_n x^n$ 的有关性质。

当 $x=0$ 时，易知幂级数 $\sum_{n=0}^{\infty} a_n x^n$ 一定收敛。一般地，有下面的定理。

定理 6.8 如果有 $x_0\neq 0$ 使 $\sum_{n=0}^{\infty} a_n x_0^n$ 收敛，那么，必存在一个正数 R，当 $|x|<R$ 时，幂级数 $\sum_{n=0}^{\infty} a_n x^n$ 绝对收敛；当 $|x|>R$ 时，幂级数 $\sum_{n=0}^{\infty} a_n x^n$ 发散；当 $x=\pm R$ 时，幂级数 $\sum_{n=0}^{\infty} a_n x^n$ 可能收敛也可能发散。

正数 R 通常叫作幂级数 $\sum_{n=0}^{\infty} a_n x^n$ 的**收敛半径**，开区间 $(-R,R)$ 叫作幂级数 $\sum_{n=0}^{\infty} a_n x^n$ 的**收敛区间**。再判断幂级数在 $x=\pm R$ 时的敛散性就可以决定它的收敛域为 $(-R,R)$、$[-R,R)$、$(-R,R]$ 或 $[-R,R]$。

关于幂级数收敛半径的求法，有如下定理。

定理 6.9 对于幂级数 $\sum_{n=0}^{\infty} a_n x^n$，如果有 $\lim_{n\to\infty}\left|\frac{a_{n+1}}{a_n}\right|=\rho$，则：

（1）当 $0<\rho<+\infty$ 时，收敛半径 $R=\frac{1}{\rho}$；

（2）当 $\rho=0$ 时，收敛半径 $R=+\infty$；

（3）当$\rho=+\infty$时，收敛半径$R=0$。

【例 14】 求下列各幂级数的收敛半径和收敛域。

（1）$\sum\limits_{n=1}^{\infty}\frac{x^n}{n!}$　　（2）$\sum\limits_{n=1}^{\infty}\frac{(x-1)^n}{2^n n}$　　（3）$\sum\limits_{n=1}^{\infty}\frac{2n-1}{2^n}x^{2n-2}$

解 （1）因为$\rho=\lim\limits_{n\to\infty}\left|\frac{a_{n+1}}{a_n}\right|=\lim\limits_{n\to\infty}\frac{n!}{(n+1)!}=0$，所以幂级数$\sum\limits_{n=1}^{\infty}\frac{x^n}{n!}$的收敛半径$R=+\infty$，收敛域为$(-\infty,+\infty)$。

（2）令$t=x-1$，原幂级数变为$\sum\limits_{n=1}^{\infty}\frac{t^n}{2^n n}$。因为$\rho=\lim\limits_{n\to\infty}\left|\frac{a_{n+1}}{a_n}\right|=\lim\limits_{n\to\infty}\frac{2^n n}{2^{n+1}(n+1)}=\frac{1}{2}$，所以幂级数$\sum\limits_{n=1}^{\infty}\frac{t^n}{2^n n}$的收敛半径$R=2$。当$t=2$时，级数变为$\sum\limits_{n=0}^{\infty}\frac{1}{n}$，此级数发散；当$t=-2$时，级数变为$\sum\limits_{n=0}^{\infty}\frac{(-1)^n}{n}$，此级数收敛。因此幂级数$\sum\limits_{n=1}^{\infty}\frac{t^n}{2^n n}$的收敛域为$-2\leqslant t<2$，即$-2\leqslant x-1<2$，所以原幂级数$\sum\limits_{n=1}^{\infty}\frac{(x-1)^n}{2^n n}$的收敛域为$[-1,3)$。

（3）该幂级数缺少奇次幂的项，不是幂级数$\sum\limits_{n=0}^{\infty}a_n x^n$的标准形式，因此不能直接用定理 6.9 来求收敛半径R。应根据比值审敛法来求收敛半径，因为

$$\lim_{n\to\infty}\left|\frac{u_{n+1}(x)}{u_n(x)}\right|=\lim_{n\to\infty}\left|\frac{(2n+1)x^{2n}}{2^{n+1}}\cdot\frac{2^n}{(2n-1)x^{2n-2}}\right|=\frac{1}{2}|x|^2。$$

当$\frac{1}{2}|x|^2<1$时，即$|x|<\sqrt{2}$时，幂级数收敛；当$\frac{1}{2}|x|^2>1$时，即$|x|>\sqrt{2}$时，幂级数发散，故$R=\sqrt{2}$。

当$x=\pm\sqrt{2}$时，级数变为$\sum\limits_{n=1}^{\infty}\frac{2n-1}{2}$，它是发散的，因此该幂级数的收敛域是$(-\sqrt{2},\sqrt{2})$。

二、幂级数的运算性质

性质 6.5 两个幂级数在它们收敛区间的公共部分内可以进行逐项相加、相减，即

$$\sum_{n=0}^{\infty}a_n x^n+\sum_{n=0}^{\infty}b_n x^n=\sum_{n=0}^{\infty}(a_n\pm b_n)x^n。$$

性质 6.6 幂级数$\sum\limits_{n=0}^{\infty}a_n x^n$的和函数$s(x)$在其收敛域$\boldsymbol{I}$上连续。

性质 6.7 幂级数$\sum\limits_{n=0}^{\infty}a_n x^n$的和函数$s(x)$在其收敛域$\boldsymbol{I}$上可积，并有逐项积分公式

$$\int_0^x s(x)\mathrm{d}x=\int_0^x\left(\sum_{n=0}^{\infty}a_n x^n\right)\mathrm{d}x=\sum_{n=0}^{\infty}\int_0^x a_n x^n\mathrm{d}x=\sum_{n=0}^{\infty}\frac{a_n}{n+1}x^{n+1}。$$

逐项积分后所得到的幂级数和原幂级数有相同的收敛半径。

性质 6.8 幂级数$\sum_{n=0}^{\infty}a_n x^n$的和函数$s(x)$在其收敛区间$(-R,R)$上可导，且有逐项求导公式

$$s'(x)=\left(\sum_{n=0}^{\infty}a_n x^n\right)'=\sum_{n=0}^{\infty}(a_n x^n)'=\sum_{n=1}^{\infty}na_n x^{n-1},|x|<R。$$

逐项求导后所得到的幂级数和原幂级数有相同的收敛半径。

【例 15】 求幂级数$\sum_{n=0}^{\infty}(n+1)x^n$的和函数。

解 该幂级数的收敛半径$R=1$，收敛区间为$(-1,1)$，因为$(n+1)x^n=(x^{n+1})'$，所以

$$\sum_{n=0}^{\infty}(n+1)x^n=\sum_{n=0}^{\infty}(x^{n+1})'=\left(\sum_{n=0}^{\infty}x^{n+1}\right)'。$$

在收敛区间$(-1,1)$上，幂级数$\sum_{n=0}^{\infty}x^{n+1}=\sum_{n=1}^{\infty}x^n=\sum_{n=0}^{\infty}x^n-1=\frac{1}{1-x}-1=\frac{x}{1-x}$，所以

$$\sum_{n=0}^{\infty}(n+1)x^n=\left(\sum_{n=0}^{\infty}x^{n+1}\right)'=\left(\frac{x}{1-x}\right)'=\frac{1}{(1-x)^2}。$$

第四节 函数的幂级数展开式及其应用

本章第三节讨论了幂级数在收敛区间上的求和函数的问题，与之相对应的问题是，如果给定一个函数$f(x)$，能否在一个区间上将其展开为幂级数，使得幂级数的和函数恰好是$f(x)$，这一问题就是要把函数$f(x)$展开成幂级数。

一、泰勒公式

定理 6.10 如果函数$f(x)$在x_0的某个邻域上有直至$n+1$阶的连续导数，则对于该邻域上任意点x，有$f(x)$的***n* 阶泰勒公式（泰勒展开式）**

$$f(x)=f(x_0)+f'(x_0)(x-x_0)+\frac{f''(x_0)}{2!}(x-x_0)^2+\cdots+\frac{f^{(n)}(x_0)}{n!}(x-x_0)^n+r_n(x)$$

成立，其中$r_n(x)=\frac{f^{(n+1)}(\xi)}{(n+1)!}(x-x_0)^{n+1}$（$\xi$在$x_0$与$x$之间），$r_n(x)$称为**拉格朗日余项**。

将泰勒公式推广到幂级数形式，如果$f(x)$在x_0的某个邻域上存在任意阶导数，则$f(x)$展开成$x-x_0$的幂级数

$$f(x_0)+f'(x_0)(x-x_0)+\frac{f''(x_0)}{2!}(x-x_0)^2+\cdots+\frac{f^{(n)}(x_0)}{n!}(x-x_0)^n+\cdots,$$

称为$f(x)$在x_0处的**泰勒级数**。

定理 6.11 如果函数$f(x)$在x_0的某个邻域上存在任意阶导数，则$f(x)$在该邻域上可以展开成泰勒级数的充分必要条件是：对于该邻域上的任意点x，$f(x)$的泰勒公式中的拉格朗日余项$r_n(x)$满足$\lim_{n\to\infty}r_n(x)=0$。

在泰勒级数中，当$x_0=0$时，$f(x)$展开成x的幂级数

$$f(0)+f'(0)x+\frac{f''(0)}{2!}x^2+\cdots+\frac{f^{(n)}(0)}{n!}x^n+\cdots=\sum_{n=0}^{\infty}\frac{f^{(n)}(0)}{n!}x^n,$$

称为 $f(x)$ 的**麦克劳林级数**。

定理 6.12 如果 $f(x)$ 能够展开成 x 的幂级数，则其幂级数展开式是唯一的，必为 $f(x)$ 的麦克劳林级数。

二、将函数展开成幂级数

下面分别介绍把已知函数展开成 x 的幂级数的直接展开法和间接展开法。

1. 直接展开法

第一步：求 $f(x)$ 的各阶导数及 $f^{(n)}(0)\,(n=0,1,2,\cdots)$。

第二步：写出幂级数 $\sum\limits_{n=0}^{\infty}\frac{f^{(n)}(0)}{n!}x^n$ 并求出收敛半径 R。

第三步：考察当 x 在区间 $(-R,R)$ 上时，$\lim\limits_{n\to\infty}r_n(x)=\lim\limits_{n\to\infty}\frac{f^{(n+1)}(\xi)}{(n+1)!}x^{n+1}$（$\xi$ 在 0 与 x 之间）是否为 0。如果为 0，则 $f(x)$ 在区间 $(-R,R)$ 上展开成 x 的幂级数

$$f(x)=f(0)+f'(0)x+\frac{f''(0)}{2!}x^2+\cdots+\frac{f^{(n)}(0)}{n!}x^n+\cdots\ (-R<x<R)。$$

【例 16】 将函数 $f(x)=\mathrm{e}^x$ 展开成 x 的幂级数。

解 由于 e^x 的各阶导数为 $f^{(n)}(x)=\mathrm{e}^x\ (n=1,2,\cdots)$，因此 $f^{(n)}(0)=1\ (n=1,2,\cdots)$，于是得级数

$$1+x+\frac{x^2}{2!}+\cdots+\frac{x^n}{n!}+\cdots。$$

它的收敛半径 $R=+\infty$。

对于任何有限的实数 x 与 ξ（ξ 在 0 与 x 之间），考察拉格朗日余项 $r_n(x)$ 的绝对值

$$|r_n(x)|=\left|\frac{\mathrm{e}^{\xi}}{(n+1)!}x^{n+1}\right|<\frac{\mathrm{e}^{|x|}\cdot|x|^{n+1}}{(n+1)!}。$$

对于任意给定的 $x\in(-R,R)$，$\mathrm{e}^{|x|}$ 是有限值，而 $\frac{|x|^{n+1}}{(n+1)!}$ 是收敛级数 $\sum\limits_{n=0}^{\infty}\frac{|x|^{n+1}}{(n+1)!}$ 的一般项，从而有 $\lim\limits_{n\to\infty}\frac{\mathrm{e}^{|x|}\cdot|x|^{n+1}}{(n+1)!}=0$，因此有展开式

$$\mathrm{e}^x=\sum_{n=0}^{\infty}\frac{x^n}{n!}=1+x+\frac{x^2}{2!}+\cdots+\frac{x^n}{n!}+\cdots\ (-\infty<x<+\infty)。$$

用直接展开法，可以求得

$$\sin x=x-\frac{x^3}{3!}+\frac{x^5}{5!}-\cdots+\frac{(-1)^n}{(2n+1)!}x^{2n+1}+\cdots\ (-\infty<x<+\infty)。$$

$$(1+x)^{\alpha}=1+\alpha x+\frac{\alpha(\alpha-1)}{2!}x^2+\cdots+\frac{\alpha(\alpha-1)\cdots(\alpha-n+1)}{n!}x^n+\cdots\ (-1<x<1)。$$

上式称为**二项展开式**。下面列出当$\alpha=-1$和$\alpha=\frac{1}{2}$时，$(1+x)^{\alpha}$的幂级数展开式。

$$\frac{1}{1+x}=1-x+x^2-\cdots+(-1)^n x^n+\cdots \quad (-1<x<1)\text{。}$$

$$\sqrt{1+x}=1+\frac{1}{2}x-\frac{1}{2\cdot4}x^2+\frac{1\cdot3}{2\cdot4\cdot6}x^3-\frac{1\cdot3\cdot5}{2\cdot4\cdot6\cdot8}x^4+\cdots(-1<x<1)\text{。}$$

2. 间接展开法

间接展开法，就是指从已知函数的幂级数展开式，利用幂级数的运算法则、性质及变量代换等得到所求函数的幂级数展开式。

【例 17】 将函数$f(x)=\cos x$展开成x的幂级数。

解 因为$\cos x=(\sin x)'$，所以根据$\sin x$的幂级数展开式，用逐项求导的方法得到$\cos x$的展开式

$$\cos x=(\sin x)'=\left(x-\frac{x^3}{3!}+\frac{x^5}{5!}-\cdots+\frac{(-1)^n}{(2n+1)!}x^{2n+1}+\cdots\right)'$$

$$=1-\frac{x^2}{2!}+\frac{x^4}{4!}+\cdots+(-1)^n\frac{x^{2n}}{(2n)!}+\cdots(-\infty<x<+\infty)\text{。}$$

例 17 的 MATLAB 求解代码如下。

```
>>clc;clear all
>>syms x
>>f = cos(x);
>>taylor(f,x)
```

程序运行结果如下。

```
ans =
         x^4/24 - x^2/2 + 1
```

事实上，在 MATLAB 中还可以利用 taylor 函数求出函数的不同阶泰勒展开式，比较不同阶泰勒展开式逼近原函数的情况。例如，可以利用 taylor 函数求出$y=\cos x$的不同阶泰勒展开式，并在区间$[0,\pi]$上画出各曲线的图像（如图 6-2 所示），从图 6-2 中可以看出随着泰勒展开式阶数的增加，泰勒展开式逼近原函数的效果越理想。

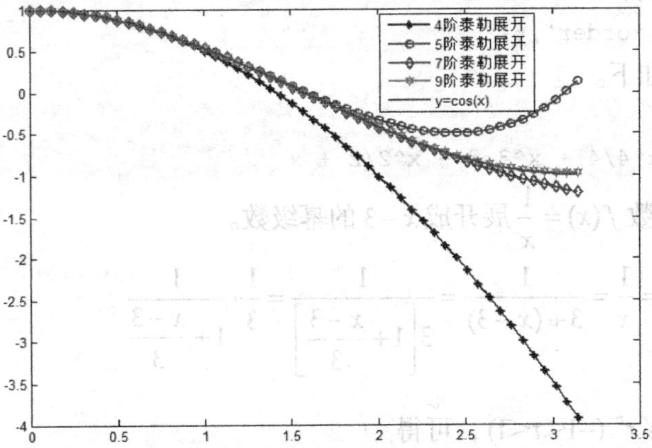

图 6-2

MATLAB 求解代码如下。

```
>>clc;clear all
>>syms x
>>f = cos(x);
>>f4 = taylor(f,x,'order',4)
>>f5 = taylor(f,x,'order',5)
>>f7 = taylor(f,x,'order',7)
>>f9 = taylor(f,x,'order',9)
>>x = 0:pi/50:pi;
>>y = cos(x);
>>y4 = subs(f4,x);
>>y5 = subs(f5,x);
>>y7 = subs(f7,x);
>>y9 = subs(f9,x);
>>plot(x,y4,'*-',x,y5,'o-',x,y7,'d-',x,y9,'h-',x,y,'linewidth',2)
>>legend('4 阶泰勒展开','5 阶泰勒展开', '7 阶泰勒展开','9 阶泰勒展开','y=cos(x)')
```

【例 18】 将函数 $f(x)=\ln(1+x)$ 展开成 x 的幂级数。

解 因为 $\left[\ln(1+x)\right]'=\dfrac{1}{1+x}$，而 $\dfrac{1}{1+x}=\sum\limits_{n=0}^{\infty}(-1)^n x^n\ (-1<x<1)$，用逐项积分的方法得到 $\ln(1+x)$ 的展开式

$$\ln(1+x)=\int_0^x \frac{1}{1+x}\mathrm{d}x=\int_0^x \sum_{n=0}^{\infty}(-1)^n x^n \mathrm{d}x=\sum_{n=0}^{\infty}(-1)^n \frac{x^{n+1}}{n+1}$$

$$=x-\frac{x^2}{2}+\frac{x^3}{3}-\frac{x^4}{4}+\cdots+(-1)^n\frac{x^{n+1}}{n+1}+\cdots \quad (-1<x\leqslant 1)。$$

上述展开式对 $x=1$ 也成立，这是因为上式右端的幂级数当 $x=1$ 时收敛，而 $\ln(1+x)$ 在 $x=1$ 处有定义且连续。

例 18 的 MATLAB 求解代码如下。

```
>>clc;clear all
>>syms x
>>f = log(1+x);
>>taylor(f,x,'order',6)
```

程序运行结果如下。

```
ans =
    x^5/5 - x^4/4 + x^3/3 - x^2/2 + x
```

【例 19】 将函数 $f(x)=\dfrac{1}{x}$ 展开成 $x-3$ 的幂级数。

解 因为 $f(x)=\dfrac{1}{x}=\dfrac{1}{3+(x-3)}=\dfrac{1}{3\left[1+\dfrac{x-3}{3}\right]}=\dfrac{1}{3}\cdot\dfrac{1}{1+\dfrac{x-3}{3}}$。

而 $\dfrac{1}{1+t}=\sum\limits_{n=0}^{\infty}(-1)^n t^n\ (-1<t<1)$，可得

$$f(x)=\frac{1}{x}=\frac{1}{3}\cdot\frac{1}{1+\frac{x-3}{3}}=\frac{1}{3}\sum_{n=0}^{\infty}(-1)^n\left(\frac{x-3}{3}\right)^n\left(-1<\frac{x-3}{3}<1\right)。$$

所以 $f(x)=\frac{1}{x}$ 展开成 $x-3$ 的幂级数为

$$f(x)=\frac{1}{x}=\sum_{n=0}^{\infty}(-1)^n\frac{(x-3)^n}{3^{n+1}}\ (0<x<6)。$$

三、幂级数展开式的应用

有了函数的幂级数展开式，就可以方便地解决函数的多项式逼近和函数的近似计算问题。

【例 20】 求 $\lim\limits_{x\to0}\frac{x-\sin x}{x^3}$。

解　将 $\sin x$ 的幂级数展开式代入上式，得

$$\lim_{x\to0}\frac{x-\sin x}{x^3}=\lim_{x\to0}\frac{x-\left(x-\frac{1}{3!}x^3+\frac{1}{5!}x^5-\cdots\right)}{x^3}=\lim_{x\to0}\frac{\frac{1}{3!}x^3-o(x^3)}{x^3}=\frac{1}{3!}=\frac{1}{6}。$$

【例 21】 求 $\sqrt[5]{240}$ 的近似值，要求其误差不超过 0.0001。

解　因为 $\sqrt[5]{240}=\sqrt[5]{243-3}=\sqrt[5]{3^5-3}=3\left(1-\frac{1}{3^4}\right)^{\frac{1}{5}}$

$$=3\left(1-\frac{1}{5}\cdot\frac{1}{3^4}+\frac{1\cdot4}{5^2\cdot2!}\cdot\frac{1}{3^8}-\frac{1\cdot4\cdot9}{5^3\cdot3!}\cdot\frac{1}{3^{12}}-\cdots\right)。$$

这个级数收敛的速度很快，如果取前两项的和作为 $\sqrt[5]{240}$ 的近似值，其误差（截断误差）为

$$|r_2|=3\left(\frac{1\cdot4}{5^2\cdot21}\cdot\frac{1}{3^8}+\frac{1\cdot4\cdot9}{5^3\cdot3!}\cdot\frac{1}{3^{12}}+\frac{1\cdot4\cdot9\cdot14}{5^4\cdot4!}\cdot\frac{1}{3^{16}}+\cdots\right)$$

$$<3\cdot\frac{1\cdot4}{5^2\cdot2!}\cdot\frac{1}{3^8}\left[1+\frac{1}{81}+\left(\frac{1}{81}\right)^2+\cdots\right]<0.5\times10^{-4}。$$

已达到要求，于是近似值为

$$\sqrt[5]{240}\approx3\left(1-\frac{1}{5}\cdot\frac{1}{3^4}\right)\approx3-0.00741=2.99259。$$

实训　利用函数的幂级数展开式进行近似计算

【实训目的】

（1）掌握利用函数的幂级数展开式进行近似计算的原理。

（2）掌握利用函数的幂级数展开式进行近似计算的 MATLAB 实现方法。

【实训内容】

利用幂级数展开式进行近似计算时，通常可以利用幂级数展开式在其收敛域上进行近似计算，如利用函数 e^x、$\sin x$、$\cos x$、$\ln(1+x)$、$\frac{1}{1-x}$ 的幂级数展开式进行相关的近似计算。在实际的近似计算过程中，近似计算问题分为给定展开式项数求近似值和给定预定精

度求近似值两类问题。

（1）给定展开式项数求近似值

【实训】 计算e的近似值，使其误差不超过1×10^{-5}。

第一步：构造函数$f(x)$，并写出函数$f(x)$的幂级数展开式；设函数$f(x)=\mathrm{e}^x$，因为

$$f(x)=\mathrm{e}^x=1+x+\frac{1}{2!}x^2+\cdots+\frac{1}{n!}x^n+\cdots,$$

令$x=1$，则可得$\mathrm{e}\approx1+1+\frac{1}{2!}+\cdots+\frac{1}{n!}$。

第二步：根据精度要求取前几项的和作为近似值。由函数$f(x)$的泰勒展开式可知，拉格朗日余项r_n为

$$\begin{aligned}r_n&\approx\frac{1}{(n+1)!}+\frac{1}{(n+2)!}+\frac{1}{(n+3)!}+\cdots\\&\leqslant\frac{1}{(n+1)!}\left(1+\frac{1}{n+1}+\frac{1}{(n+1)^2}+\cdots\right)\\&\leqslant\frac{1}{n\cdot n!},\end{aligned}$$

要使其误差不超过1×10^{-5}，即$r_n\leqslant1\times10^{-5}$，只需使$\frac{1}{n\cdot n!}\leqslant1\times10^{-5}$。从而当$n=8$时，$n\cdot n!\geqslant1\times10^{-5}$，即取幂级数展开式的前8项进行近似计算就可满足预定精度要求。

【自编迭代函数计算近似值】

第一步：编写名为approximate_e的函数文件，代码如下。

```
>>function [wucha,approximate_value] = approximate_e(n)
>>approximate_value = 1;
>>for i = 1:n
   s = 1;
   for j = 1:i
      s = s*j;
   end
   approximate_value = approximate_value + 1/s;
>>end
>>wucha = exp(1)-approximate_value;
>>end
```

第二步：在命令行窗口中调用approximate_e.m，代码如下。

```
>> [wucha ,approximate_value] = approximate_e(8)
```

程序运行结果如下。

```
wucha =
    3.0586e-06
approximate_value =
    2.7183
```

第三步：在命令行窗口中运行如下程序代码，可得取不同幂级数展开式项数的误差变

化图，如图 6-3 所示。

```
>>x = 1:8;
>>wucha_all = [approximate_e(1),approximate_e(2),approximate_e(3),...
              approximate_e(4),approximate_e(5),approximate_e(6),...
              approximate_e(7),approximate_e(8)]
>>plot(x, wucha_all,'*r-','linewidth',2)
>>title('误差变化图','fontsize',12,'FontWeight','bold')
>>xlabel('幂级数展开式的项数','fontweight','bold')
>>ylabel('误差','FontWeight','bold')
```

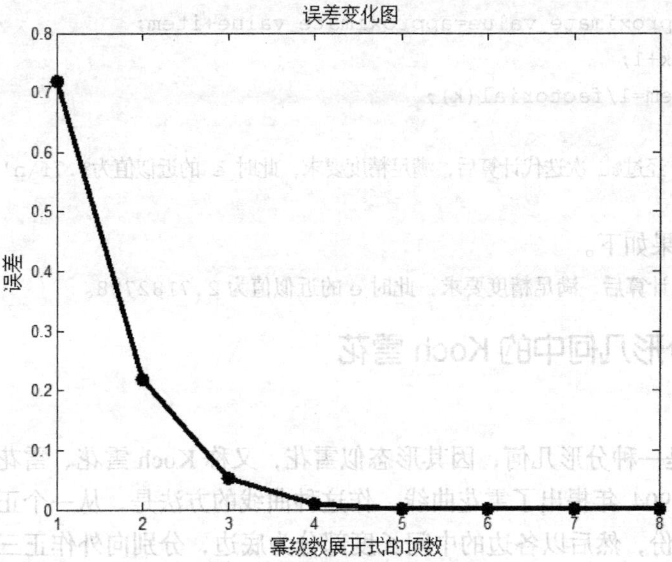

图 6-3

【利用 MATLAB 的 taylor 函数直接计算近似值】

在命令行窗口中运行如下程序代码，可得幂级数展开式的前 1 项至前 8 项的近似值。

```
>>clc;clear all
>>syms x
>>f = exp(x);
>>approximate_value= [];
>>for i = 1:8
    ff = taylor(f,x,'order',i);
    approximate_value(i) = subs(ff,x,1);
>>end
>>approximate_value
```

程序运行结果如下。

```
approximate_value =
Columns 1 through 4
1.000000000000000   2.000000000000000   2.500000000000000   2.666666666666667
```

```
Columns 5 through 8
2.708333333333334  2.716666666666667  2.718055555555555   2.718253968253968
```

（2）给定预定精度求近似值

在实际的近似计算过程中，有时因为幂级数展开式的余项较复杂，想要直接得到满足预定精度要求的幂级数展开式项数比较困难，此时可以直接利用迭代找到满足精度要求的近似值。

在命令行窗口中运行如下程序代码，可得满足精度要求的近似值。

```
>>approximate_value=0;
>>k=0;
>>item=1/factorial(k);
>>while item>=1e-5
        approximate_value=approximate_value+item;
        k=k+1;
        item=1/factorial(k);
>>end
>>fprintf('经过%d 次迭代计算后，满足精度要求，此时 e 的近似值为%.7f\n',k,approximate_
value)
```

程序运行结果如下。

```
经过 9 次迭代计算后，满足精度要求，此时 e 的近似值为 2.7182788。
```

拓展学习：分形几何中的 Koch 雪花

【问题】

Koch 曲线是一种分形几何，因其形态似雪花，又称 Koch 雪花、雪花曲线。瑞典人科克（Koch）于 1904 年提出了雪花曲线，作这种曲线的方法是，从一个正三角形开始，把每条边分成三等份，然后以各边的中间长度部分为底边，分别向外作正三角形，再把中间长度部分的底边抹掉，这样就得到一个六角形，它共有 12 条边；再把每条边三等份，以各中间长度部分为底边，向外作正三角形后，抹掉中间长度部分的底边，反复进行这一过程，就会得到一个雪花形状的曲线。该曲线即 Koch 雪花。Koch 雪花是很神奇的曲线，该曲线长度无限，却包围着有限的面积。试用数学语言予以描述，并用数学知识来证实该结论。

【问题分析】

由 Koch 雪花的描述可知，曲线长度可用周长来阐述，曲线的周长和所包围的面积与边长有关。

【模型假设】

假设从一个单位边长的正三角形开始，讨论 Koch 雪花的周长和面积。

【模型建立】

（1）Koch 雪花是从一个单位边长的正三角形开始构建的，如图 6-4 所示，则其周长为 $P_1=3$，面积为 $A_1=\frac{\sqrt{3}}{4}$。

（2）现将每条边三等分，以中间长度部分为底边向外作正三角形，如图 6-5 所示，每条边生成 3 条新边，新边长为原边长的 $\frac{1}{3}$。同时，生成 3 个新的三角形，每个的面积为原三角形面积的$\frac{1}{9}$，故总周长 $P_2=\frac{4}{3}P_1$，总面积 $A_2=A_1+3\times\frac{1}{9}\times A_1$。

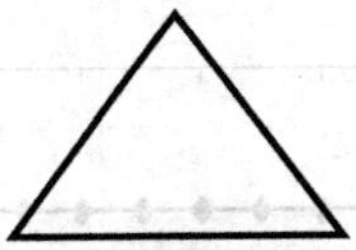

图 6-4

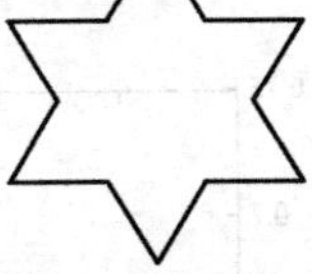

图 6-5

（3）在图 6-5 所示图形的基础上，同样将每条边三等分，并以中间长度部分为底边向外作正三角形，如图 6-6 和图 6-7 所示。

图 6-6

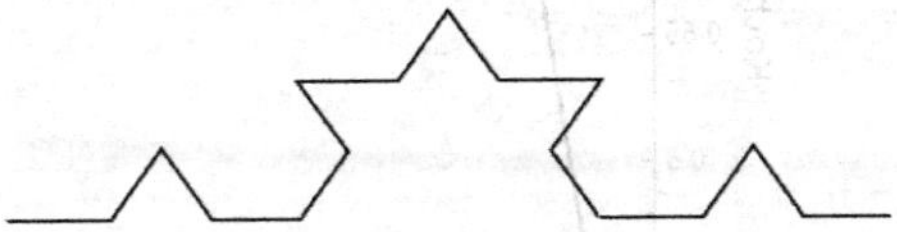

图 6-7

从而可得

$$P_3=\frac{4}{3}P_2\text{，}\quad A_3=A_2+3\times4\times\left(\frac{1}{9}\right)^2\times A_1\text{。}$$

（4）依次类推，可得到周长 P_n 和面积 A_n 的表达式为

$$P_n=\frac{4}{3}P_{n-1}(n=2,3,4\cdots)\text{，}\quad A_n=A_{n-1}+3\times4^{n-2}\times\left(\frac{1}{9}\right)^{n-1}\times A_1\,(n=2,3,4\cdots)\text{。}$$

【模型求解】

（1）当 $n\to\infty$ 时，可知 Koch 雪花的周长为 $\lim\limits_{n\to\infty}P_n=+\infty$，即 Koch 雪花长度无限，图 6-8 所示为当 $n=1,2,3,\cdots,20$ 时，Koch 雪花的周长变化趋势。

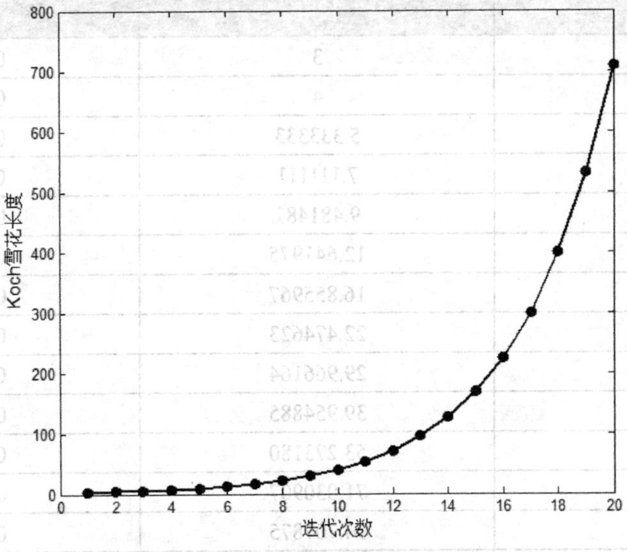

图 6-8

（2）Koch 雪花的面积为 $A=A_1+\frac{1}{3}A_1[1+\frac{4}{9}+\left(\frac{4}{9}\right)^2+\cdots+\left(\frac{4}{9}\right)^{n-2}+\cdots]$，则当 $n=1,2,3,\cdots,20$ 时，Koch 雪花的面积变化趋势如图 6-9 所示。

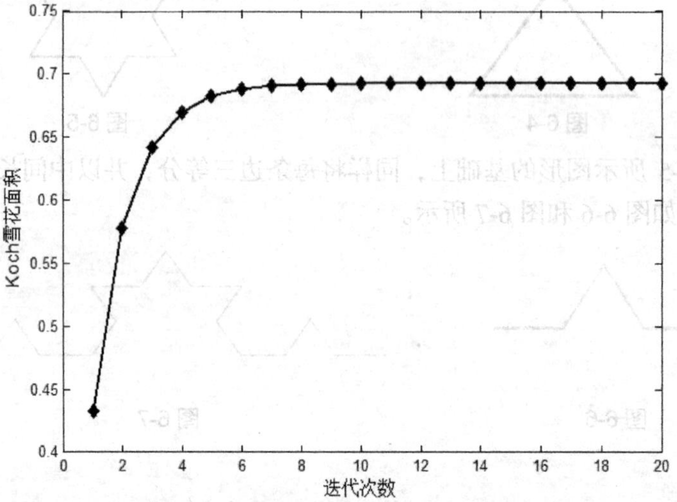

图 6-9

事实上，显然面积 A 是一个无穷级数，则 $A=A_1+\frac{1}{3}A_1\left(\frac{1}{1-\frac{4}{9}}\right)=\frac{8}{5}A_1=\frac{2\sqrt{3}}{5}$，即 Koch 雪花包围着有限的面积。

当 $n=1,2,3,\cdots,20$ 时，Koch 雪花的长度和面积如表 6-2 所示。

表 6-2 Koch 雪花的长度和面积

n	长度	面积
1	3	0.433013
2	4	0.577350
3	5.333333	0.641500
4	7.111111	0.670011
5	9.481481	0.682683
6	12.641975	0.688315
7	16.855967	0.690818
8	22.474623	0.691930
9	29.966164	0.692425
10	39.954885	0.692645
11	53.273180	0.692742
12	71.030907	0.692786
13	94.707875	0.692805
14	126.277167	0.692813

续表

n	长度	面积
15	168.369556	0.692817
16	224.492742	0.692819
17	299.323656	0.692820
18	399.098207	0.692820
19	532.130943	0.692820
20	709.507924	0.692820

本问题的MATLAB求解代码如下。

```
%Koch 雪花长度和面积
>>clc;clear all;close all
>>P = [];
>>S = [];
>>P(1) = 3;
>>S(1) = sqrt(3)/4;
>>fprintf('当n = 1时，Koch 雪花的周长为%f，面积为%f\n',P(1),S(1));
>>for i = 2:20 %迭代 20 次
    P(i) = (4/3)*P(i-1);
    S(i) = S(i-1) + 3*4^(i-2)*(1/9)^(i-1)*S(1);
    fprintf('当n = %d时，Koch 雪花的周长为%f，面积为%f\n',i,P(i),S(i));
>>end
>>figure('color','white')
>>plot(P,'r-*')
>>xlabel('迭代次数')
>>ylabel('Koch 雪花周长')
>>figure('color','white')
>>plot(S,'b-d')
>>xlabel('迭代次数')
>>ylabel('Koch 雪花面积')
```

练习6

1. 用级数收敛与发散的定义，判断下列级数的敛散性。

（1）$\sum_{n=1}^{\infty}(\sqrt{n+1}-\sqrt{n})$

（2）$\frac{1}{1\cdot 3}+\frac{1}{2\cdot 4}+\frac{1}{3\cdot 5}+\cdots+\frac{1}{n(n+2)}+\cdots$

（3）$1-\frac{1}{2}+\frac{1}{4}-\frac{1}{8}+\cdots+(-1)^{n-1}\frac{1}{2^{n-1}}+\cdots$

（4）$1+4+9+16+\cdots+n^2+\cdots$

2. 判断下列级数的敛散性。

（1）$\sum_{n=1}^{\infty}\frac{1}{3n}$ （2）$\sum_{n=1}^{\infty}\left(-\frac{3}{2}\right)^n$ （3）$\sum_{n=1}^{\infty}\frac{1+2^n}{3^n}$

（4）$\sum_{n=1}^{\infty}\frac{1}{n+4}$ （5）$\sum_{n=1}^{\infty}\frac{n}{2n+3}$ （6）$\sum_{n=1}^{\infty}\frac{1}{3^{n-1}}$

3. 用比较审敛法或比较审敛法的极限形式判断下列级数的敛散性。

（1）$\sum_{n=1}^{\infty}\frac{1}{2^n+1}$ （2）$\sum_{n=1}^{\infty}\frac{1}{2n-1}$ （3）$\sum_{n=1}^{\infty}\frac{1}{n^2+n}$

（4）$\sum_{n=1}^{\infty}\frac{1+n}{1+n^2}$ （5）$\sum_{n=1}^{\infty}\frac{1}{(n+1)(n+4)}$ （6）$\sum_{n=1}^{\infty}\frac{1}{\sqrt{n+1}}$

（7）$\sum_{n=1}^{\infty}\frac{1}{\ln(n+1)}$ （8）$\sum_{n=1}^{\infty}\frac{n-1}{n^3+1}$ （9）$\sum_{n=1}^{\infty}\frac{1}{n\sqrt{n+1}}$

（10）$\sum_{n=1}^{\infty}\frac{1}{(2n+1)^2}$ （11）$\sum_{n=1}^{\infty}\frac{n+1}{2n^2+5n+3}$ （12）$\sum_{n=1}^{\infty}\sin\frac{\pi}{2^n}$

4. 用比值审敛法判断下列级数的敛散性。

（1）$\sum_{n=1}^{\infty}\frac{2^n}{n}$ （2）$\sum_{n=1}^{\infty}\frac{n^2}{5^n}$ （3）$\sum_{n=1}^{\infty}\frac{3^n}{n^2\cdot 2^n}$ （4）$\sum_{n=1}^{\infty}\mathrm{e}^{-n}\cdot n$

（5）$\sum_{n=1}^{\infty}\frac{n}{3^n}$ （6）$\sum_{n=1}^{\infty}\frac{2^n}{n^2+1}$ （7）$\sum_{n=1}^{\infty}\frac{n!}{4^n}$ （8）$\sum_{n=1}^{\infty}\frac{2^n\cdot n!}{n^n}$

5. 判断下列级数是否收敛？如果收敛，那么是绝对收敛还是条件收敛？

（1）$\sum_{n=1}^{\infty}\frac{(-1)^{n-1}}{\sqrt{n}}$ （2）$\sum_{n=1}^{\infty}\frac{(-1)^{n-1}n}{3^{n-1}}$ （3）$\sum_{n=1}^{\infty}\frac{(-1)^{n-1}}{3\cdot 2^n}$ （4）$\sum_{n=1}^{\infty}\frac{(-1)^{n-1}}{\ln(n+1)}$

（5）$\sum_{n=1}^{\infty}\frac{(-1)^n n}{2n+1}$ （6）$\sum_{n=1}^{\infty}(-1)^n\left(\frac{2}{3}\right)^n$ （7）$\sum_{n=1}^{\infty}\frac{\sin 2n}{n^2}$ （8）$\sum_{n=1}^{\infty}\frac{(-1)^{n+1}\sqrt{n}}{\sqrt{n+1}}$

6. 求下列幂级数的收敛区间。

（1）$\sum_{n=1}^{\infty}nx^{n-1}$ （2）$\sum_{n=1}^{\infty}(-1)^n\frac{x^n}{n^2}$ （3）$\sum_{n=1}^{\infty}\frac{x^n}{\ln n}$

（4）$\sum_{n=1}^{\infty}\frac{x^n}{2\times 4\times 6\times\cdots\times 2n}$ （5）$\sum_{n=1}^{\infty}\frac{x^n}{n\cdot 3^n}$ （6）$\sum_{n=1}^{\infty}\frac{2^n x^n}{n^2+1}$

（7）$\sum_{n=1}^{\infty}(-1)^n\frac{x^{2n+1}}{2n+1}$ （8）$\sum_{n=1}^{\infty}\frac{(x-5)^n}{\sqrt{n}}$ （9）$\sum_{n=1}^{\infty}\sqrt{n}(3x+2)^n$

（10）$\sum_{n=1}^{\infty}\frac{x^{2n}}{3^n}$ （11）$\sum_{n=1}^{\infty}\frac{(x-1)^n}{2^n\cdot n}$ （12）$\sum_{n=1}^{\infty}n!\cdot x^n$

7. 用逐项求导或逐项积分求下列级数的和函数。

（1）$\sum_{n=1}^{\infty}nx^{n-1}$ （2）$\sum_{n=1}^{\infty}(-1)^{n-1}\frac{x^n}{n}$ （3）$\sum_{n=1}^{\infty}(-1)^n\frac{x^{2n+1}}{2n+1}$ （4）$\sum_{n=1}^{\infty}(-1)^{n+1}(n+1)x^n$

8. 将下列函数展开成麦克劳林级数。

（1）$\frac{1}{1+x^2}$ （2）$\sin\frac{x}{2}$ （3）$\sin^2 x$ （4）e^{-x} （5）$\frac{1}{(1+x)^2}$（6）$\ln(2-x)$

9. 利用 MATLAB 将 $f(x)=\frac{1}{x}$ 展开成 $x-2$ 的幂级数。

10. 利用 MATLAB 将 $f(x)=\frac{1}{x^2+3x+2}$ 展开成 $x+4$ 的幂级数。

11. 计算 $\sin 18°$ 的近似值，误差不超过 0.0001。

12. 利用级数计算极限 $\lim\limits_{x\to 0}\frac{1-\cos x}{1+x-e^x}$。

13. 利用级数计算极限 $\lim\limits_{x\to 0}\frac{\cos x-e^{\frac{x^2}{2}}}{x^4}$。

14. 利用 MATLAB 计算函数 $f(x)=\frac{1}{1-x}$ 在 $x=0.5$ 处的近似值，并依据级数展开式绘制趋势图。

15. 利用 MATLAB 计算函数 $f(x)=\ln(1+x)$ 在 $x=0.5$ 处的近似值，并依据级数展开式绘制趋势图。

第7章 微分方程及其应用

第 3 章已经介绍了导数和微分，“导数”是衡量物体变化快慢（变化率）的数学概念；“微分”刻画的是函数改变量的近似程度。在实际生活中，在研究物理学、工程力学、医学、经济学等领域中的问题时，往往需要建立变量之间的函数关系。然而，由于问题具有复杂性，有时只能得到待求函数的导数或微分的关系式，这种关系式，就是本章要介绍的微分方程，它是解决实际问题的有力工具。

第一节 微分方程的基本概念

一、微分方程的定义

引例 1 一曲线过点(1,2)，且曲线上任意点处的切线斜率等于该点横坐标值的 2 倍，求此曲线的方程。

解 设曲线的方程为 $y=f(x)$。由题意及导数的几何意义可知，$y=f(x)$ 满足关系式

$$y'=2x。$$

对此式两边积分得：$y=x^2+C$。因为该曲线过点(1,2)，代入得：$C=1$。

所以，该曲线的方程为：$y=x^2+1$。

引例 2 一个质量为 m 的铁盒在桌面上沿着直线进行无摩擦的滑动，它被一端固定在墙上的弹簧所连接，该弹簧的弹性系数为 $k\,(k>0)$。假设弹簧松弛时，以铁盒所在的位置为坐标原点 O，铁盒底面所在直线为 x 轴，将铁盒离开坐标原点的位移记为 x（如图 7-1 所示）。在初始时刻，铁盒的位移 $x=x_0\,(x_0>0)$。铁盒从静止开始向左滑动，求铁盒的位移 x 随时间 t 变化的函数关系。

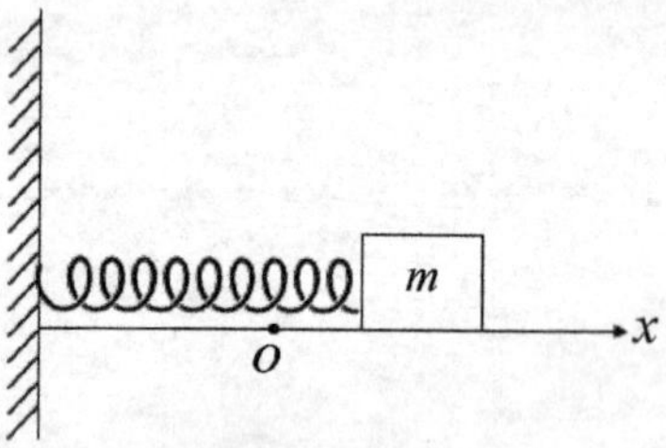

图 7-1

解 首先，对运动的铁盒进行受力分析。在水平方向，该铁盒所受合力 $F_{合}$ 即弹簧拉力，根据胡克定律：$F_{合}=-kx$（因为拉力的方向与位移 x 的方向相反，所以有负号）。根据牛顿第二定律：

$$F_{合}=m\frac{\mathrm{d}^2x}{\mathrm{d}t^2}。$$

于是，位移 x 所满足的方程为

$$m\frac{\mathrm{d}^2x}{\mathrm{d}t^2}=-kx。$$

即

$$m\frac{d^2x}{dt^2}+kx=0。$$

由题意，当$t=0$时，铁盒位移$x=x_0$且速度$\frac{dx}{dt}=0$。

如果能根据以上条件，求出位移x的表达式，则可得到铁盒的运动规律。

在上面两个引例中，方程$y'=2x$和$m\frac{d^2x}{dt^2}+kx=0$中都含有未知函数的导数（包括一阶和高阶导数），将这种方程称为**微分方程**。

定义 7.1 含有未知函数的导数或者微分的等式，称为**微分方程**。

例如：$y''=3\sqrt{1+(y')^3}$、$dy=4x^2ydx$、$\frac{d^3y}{dx^3}=2-6x$等，都是微分方程。

特别地，未知函数是一元函数的微分方程称为**常微分方程**；未知函数是多元函数的微分方程称为**偏微分方程**。

二、微分方程的阶

对于上面列举的3个微分方程，大家会发现，未知函数求导的次数不尽相同。

定义 7.2 微分方程中出现的未知函数的导数的最高阶数称为**微分方程的阶**。

例如，引例1中的微分方程$y'=2x$和$dy=4x^2ydx$都是一阶微分方程；引例2中的方程$m\frac{d^2x}{dt^2}+kx=0$和$y''=3\sqrt{1+(y')^3}$都是二阶微分方程；$\frac{d^3y}{dx^3}=2-6x$是三阶微分方程。

可以总结出，一阶微分方程的一般形式为

$$y'=f(x,y)\text{或}F(x,y,y')=0；$$

二阶微分方程的一般形式为

$$y''=f(x,y,y')\text{或}F(x,y,y',y'')=0；$$

n阶微分方程的一般形式为

$$y^{(n)}=f(x,y,y',\cdots,y^{(n-1)})\text{或}F(x,y,y',y'',\cdots,y^{(n)})=0。$$

注意：在微分方程中，自变量及未知函数可以不出现，但未知函数的导数必须出现。

三、微分方程的解

定义 7.3 如果函数$y=f(x)$满足一个微分方程，则称它是该**微分方程的解**；求微分方程的解的过程，叫作**解微分方程**。

例如，函数$y=x^2, y=x^2+1,\cdots, y=x^2+C$都是微分方程$y'=2x$的解。

定义 7.4 如果微分方程的解中含有相互独立的任意常数，且任意常数的个数等于该微分方程的阶数，则这个解称为该**微分方程的通解**。

例如，函数$y=x^2+C$是微分方程$y'=2x$的通解；函数$S=\frac{1}{2}gt^2+C_1t+C_2$是二阶微分方程$\frac{d^2S}{dt^2}=g$的通解。

正如引例 1 中的情况，为了明确得到实际问题的解，还必须根据已知条件确定通解中任意常数的值。

定义 7.5 根据某些条件，将通解中的任意常数确定下来后得到的解，称为该**微分方程的一个特解**。用于确定通解中的任意常数的条件称为**初始条件**。

例如：引例 1 中，函数 $y=x^2+1$ 是微分方程 $y'=2x$ 满足初始条件 $y\big|_{x=1}=2$ 的一个特解。

求微分方程满足初始条件的特解的问题，称为微分方程的**初值问题**。引例 1 中，所求的曲线方程就是初值问题

$$\begin{cases}\dfrac{\mathrm{d}y}{\mathrm{d}x}=2x\\ y\big|_{x=1}=2\end{cases}$$

的解。

【例 1】验证函数 $y=C_1\mathrm{e}^{2x}+C_2\mathrm{e}^{-2x}$（$C_1$、$C_2$ 为任意常数）是二阶微分方程 $y''-4y=0$ 的通解，并求此微分方程满足初始条件 $y\big|_{x=0}=0$、$y'\big|_{x=0}=1$ 的特解。

解 对函数 $y=C_1\mathrm{e}^{2x}+C_2\mathrm{e}^{-2x}$ 分别求一阶、二阶导数，得

$$y'=2C_1\mathrm{e}^{2x}-2C_2\mathrm{e}^{-2x}\text{；}$$
$$y''=4C_1\mathrm{e}^{2x}+4C_2\mathrm{e}^{-2x}\text{。}$$

把它们代入微分方程 $y''-4y=0$ 的左端，得

$$y''-4y=4C_1\mathrm{e}^{2x}+4C_2\mathrm{e}^{-2x}-4(C_1\mathrm{e}^{2x}+C_2\mathrm{e}^{-2x})=0\text{。}$$

所以，函数 $y=C_1\mathrm{e}^{2x}+C_2\mathrm{e}^{-2x}$ 是所给微分方程的解。

显然，该解中的两个任意常数 C_1、C_2 相互独立，它所含独立的任意常数的个数与微分方程的阶数相同，所以 $y=C_1\mathrm{e}^{2x}+C_2\mathrm{e}^{-2x}$ 是微分方程 $y''-4y=0$ 的通解。

把初始条件 $y\big|_{x=0}=0$ 及 $y'\big|_{x=0}=1$ 分别代入 $y=C_1\mathrm{e}^{2x}+C_2\mathrm{e}^{-2x}$ 及 $y'=2C_1\mathrm{e}^{2x}-2C_2\mathrm{e}^{-2x}$ 中，得

$$\begin{cases}C_1+C_2=0\\ 2C_1-2C_2=1\end{cases},$$

解得 $C_1=\dfrac{1}{4}$、$C_2=-\dfrac{1}{4}$。

因此微分方程 $y''-4y=0$ 满足初始条件 $y\big|_{x=0}=0$、$y'\big|_{x=0}=1$ 的特解为 $y=\dfrac{1}{4}\mathrm{e}^{2x}-\dfrac{1}{4}\mathrm{e}^{-2x}$。

第二节 一阶微分方程

本章第一节介绍了一阶微分方程的一般形式为

$$y'=f(x,y)\text{ 或 }F(x,y,y')=0\text{。}$$

本节将介绍 3 种特殊类型的微分方程及其解法。

一、可分离变量的微分方程及其求解

1. 可分离变量的微分方程

定义 7.6 形如 $\dfrac{\mathrm{d}y}{\mathrm{d}x}=f(x)g(y)$ 的方程，叫作**可分离变量的微分方程**。

例如：方程 $\frac{dy}{dx}=e^{x-y}$ 、$dy=2xydx$ 、$y'=\frac{1}{x}\cot y$ 等都是可分离变量的微分方程。

根据定义可知可分离变量的微分方程，其形式可转化为 $g(y)dy=f(x)dx$ ，即方程一端只含 y 的函数和 dy 的乘积，而另一端只含 x 的函数和 dx 的乘积。根据这一特征，可借助分离变量法来求解这类微分方程。

2. 可分离变量的微分方程的求解

可分离变量的微分方程 $\frac{dy}{dx}=f(x)g(y)$ 的解法，称为**分离变量法**。使用该方法求解的步骤如下。

第一步：分离变量，即 $\frac{1}{g(y)}dy=f(x)dx$(其中$g(y)\neq 0$)。

第二步：两边求不定积分，即 $\int\frac{1}{g(y)}dy=\int f(x)dx$ ，得通解。

$$G(y)=F(x)+C\text{。}$$

其中，$G(y)$、$F(x)$ 分别为 $g(y)$、$f(x)$ 的一个原函数。

第三步：若给出初始条件，则确定任意常数，求得特解。

【例 2】 求微分方程 $dy=2xydx$ 的通解。

解　分离变量，将方程写成

$$\frac{dy}{y}=2xdx\text{。}$$

两边积分，得

$$\ln|y|=x^2+C\,(C\text{为任意常数})\text{。}$$

整理得方程的通解为 $y=Ce^{x^2}$ 。

例 2 的 MATLAB 求解代码如下。

```
>> dsolve('Dy=2*x*y','x')
```

程序运行结果如下。

```
ans =
      C2*exp(x^2)
```

其中，C2 表示任意常数。

注意：在代码中表示微分方程时，用字母 D 表示求导，D2y、D3y、Dny 等表示求函数 y 的二阶导数、三阶导数、n 阶导数等。

【例 3】 求微分方程 $y'=e^{x-y}$ 的通解。

解　将方程变形为 $\frac{dy}{dx}=\frac{e^x}{e^y}$ ，再分离变量，得

$$e^y dy=e^x dx\text{。}$$

两边积分，得

$$\int e^y dy=\int e^x dx\text{。}$$

解得 $e^y=e^x+C$ ，因此微分方程的通解为

$$y = \ln(e^x + C)。$$

例 3 的 MATLAB 求解代码如下。

```
>> dsolve('Dy=exp(x-y)','x')
```

程序运行结果如下。

```
ans =
    log(C2 + exp(x))
```

【例 4】1999 年某国的国内生产总值（GDP）为 80423 亿元，如果能保持每年 8%的相对增长率，问 2020 年该国的 GDP 是多少？

解 （1）建立微分方程。

记 $t = 0$ 为 1999 年，并设 t 年该国的 GDP 为 $P(t)$。由题意知，从 1999 年起 $P(t)$ 的相对增长率为 8%，即

$$\frac{\frac{dP(t)}{dt}}{P(t)} = 8\%,$$

得微分方程

$$\frac{dP(t)}{dt} = 8\%P(t), \quad P(0) = 80423。$$

（2）求通解。

分离变量，得

$$\frac{dP(t)}{P(t)} = 8\%dt,$$

方程两边同时积分，得

$$\ln P(t) = 0.08t + \ln C,$$

即

$$P(t) = Ce^{0.08t}。$$

（3）求特解。

将 $P(0) = 80423$ 代入通解，得 $C = 80423$，所以从 1999 年起第 t 年该国的 GDP 方程为

$$P(t) = 80423e^{0.08t}。$$

将 $t = 2020 - 1999 = 21$ 代入上式，得 2020 年该国 GDP 的预测值为 $P(21) = 80423e^{0.08\times21} \approx 431510$ 亿元。

二、一阶线性微分方程及其求解

1. 一阶线性微分方程

定义 7.7 形如 $\frac{dy}{dx} + P(x)y = Q(x)$ 的方程，称为**一阶线性微分方程**。其中 $P(x)$ 和 $Q(x)$ 为已知的连续函数。

当 $Q(x) = 0$ 时，方程称为**一阶线性齐次微分方程**；

当 $Q(x) \neq 0$ 时，方程称为**一阶线性非齐次微分方程**。

说明：线性是指方程关于未知函数 y 及其导数 $\frac{dy}{dx}$ 都是一次的。

2. 一阶线性齐次微分方程的求解

解法： 分离变量法。

对于一阶线性齐次微分方程$\frac{\mathrm{d}y}{\mathrm{d}x}+P(x)y=0$，发现它是可分离变量的。对它**分离变量**，得

$$\frac{\mathrm{d}y}{y}=-P(x)\mathrm{d}x\text{，}$$

两边积分，得

$$\ln|y|=-\int P(x)\mathrm{d}x+\ln C\text{。}$$

整理得，一阶线性齐次微分方程$\frac{\mathrm{d}y}{\mathrm{d}x}+P(x)y=0$的通解为

$$y=C\mathrm{e}^{-\int P(x)\mathrm{d}x}\ (C\text{是任意常数})\text{。}$$

【例 5】 求方程$y'+3x^2y=0$的通解。

解 这是一个一阶线性齐次微分方程，可以用分离变量法求解，也可以直接用公式求解。这里采用后者。显然，$P(x)=3x^2$，根据上述公式得，该微分方程的通解为

$$y=C\mathrm{e}^{-\int P(x)\mathrm{d}x}=C\mathrm{e}^{-\int 3x^2\mathrm{d}x}=C\mathrm{e}^{-x^3}\text{。}$$

例 5 的 MATLAB 求解代码如下。

```
>> dsolve('Dy+3*x^2*y=0','x')
```

程序运行结果如下。

```
ans =
    C2*exp(-x^3)
```

3. 一阶线性非齐次微分方程的求解

解法： 常数变易法。

对于一阶线性非齐次微分方程$\frac{\mathrm{d}y}{\mathrm{d}x}+P(x)y=Q(x)\ (Q(x)\neq 0)$，先求出它所对应的齐次微分方程$\frac{\mathrm{d}y}{\mathrm{d}x}+P(x)y=0$的通解

$$y=C\mathrm{e}^{-\int P(x)\mathrm{d}x}\text{。}$$

然后将上述通解中的任意常数C改为未知函数$u(x)$，即变换为

$$y=u(x)\mathrm{e}^{-\int P(x)\mathrm{d}x}\text{。}$$

于是

$$\frac{\mathrm{d}y}{\mathrm{d}x}=u'(x)\mathrm{e}^{-\int P(x)\mathrm{d}x}+u(x)\mathrm{e}^{-\int P(x)\mathrm{d}x}[-P(x)]\text{。}$$

将y、$\frac{\mathrm{d}y}{\mathrm{d}x}$的表达式代入$\frac{\mathrm{d}y}{\mathrm{d}x}+P(x)y=Q(x)\ (Q(x)\neq 0)$得

$$u'(x)\mathrm{e}^{-\int P(x)\mathrm{d}x}+u(x)\mathrm{e}^{-\int P(x)\mathrm{d}x}[-P(x)]+P(x)u(x)\mathrm{e}^{-\int P(x)\mathrm{d}x}=Q(x)\text{。}$$

即

$u'(x)\mathrm{e}^{-\int P(x)\mathrm{d}x}=Q(x)$，也即$u'(x)=\mathrm{e}^{\int P(x)\mathrm{d}x}Q(x)$。

两边积分，得

$$u(x)=\int \mathrm{e}^{\int P(x)\mathrm{d}x}Q(x)\mathrm{d}x+C。$$

于是得一阶线性非齐次微分方程$\frac{\mathrm{d}y}{\mathrm{d}x}+P(x)y=Q(x)$ $(Q(x)\neq 0)$的通解为

$$y=\mathrm{e}^{-\int P(x)\mathrm{d}x}\left[\int \mathrm{e}^{\int P(x)\mathrm{d}x}Q(x)\mathrm{d}x+C\right]。$$

【例 6】 求方程$\frac{\mathrm{d}y}{\mathrm{d}x}-\frac{y}{x}=x^2$的通解。

解 本题借助常数变易法求解方程的通解。先利用分离变量法，求出原方程对应的齐次微分方程$\frac{\mathrm{d}y}{\mathrm{d}x}-\frac{y}{x}=0$的通解为$y=Cx$。

应用常数变易法，设$y=u(x)x$，则$\frac{\mathrm{d}y}{\mathrm{d}x}=u'(x)x+u(x)$，代入原方程得

$$u'(x)x+u(x)-\frac{1}{x}u(x)x=x^2，即u'(x)x=x^2。$$

于是，得

$$u'(x)=x，从而u(x)=\frac{1}{2}x^2+C。$$

因此原方程的通解为

$$y=\frac{1}{2}x^3+Cx。$$

例 6 的 MATLAB 求解代码如下。

```
>> dsolve('Dy-(y/x)=x^2','x')
```

程序运行结果如下。

```
ans =
    x^3/2 + C2*x
```

【例 7】 求微分方程$\frac{\mathrm{d}y}{\mathrm{d}x}-y\cot x=2x\sin x$满足初始条件$y\big|_{x=\frac{\pi}{2}}=\frac{3}{4}\pi^2$的特解。

解 考虑直接应用一阶线性非齐次微分方程的通解公式

$$y=\mathrm{e}^{-\int P(x)\mathrm{d}x}\left[\int \mathrm{e}^{\int P(x)\mathrm{d}x}Q(x)\mathrm{d}x+C\right]$$

来求解，再代入初始条件求得特解。

这里，$P(x)=-\cot x$、$Q(x)=2x\sin x$，于是

$$\int P(x)\mathrm{d}x=\int -\cot x\mathrm{d}x=-\int\frac{\cos x}{\sin x}\mathrm{d}x=-\int\frac{\mathrm{d}\sin x}{\sin x}=-\ln\sin x=\ln\frac{1}{\sin x},$$

从而

$$e^{\int P(x)\mathrm{d}x}=\frac{1}{\sin x},\quad e^{-\int P(x)\mathrm{d}x}=e^{\ln\sin x}=\sin x\text{。}$$

将上述结果代入通解公式得

$$y=\left[\int e^{\int P(x)\mathrm{d}x}Q(x)\mathrm{d}x+C\right]e^{-\int P(x)\mathrm{d}x}$$

$$=\left(\int 2x\sin x\frac{1}{\sin x}\mathrm{d}x+C\right)\sin x\text{。}$$

故原方程的通解为 $y=(x^2+C)\sin x$。

把 $y\big|_{x=\frac{\pi}{2}}=\frac{3}{4}\pi^2$ 代入上式得 $C=\frac{\pi^2}{2}$。于是原方程此时的特解为

$$y=\left(x^2+\frac{\pi^2}{2}\right)\sin x\text{。}$$

例 7 的 MATLAB 求解代码如下。

```
>> dsolve('Dy-y*cot(x)=2*x*sin(x)','y(pi/2)=3*pi^2/4','x')
```

程序运行结果如下。

```
ans =
    x^2*sin(x) + (pi^2*sin(x))/2
```

注意：在 MATLAB 中求解微分方程时，初始条件 $y\big|_{x=a}=b$ 的表示形式为 $y(a)=b$，将其写在微分方程后，用单引号标识。

【例 8】 在一个含有电阻 R（单位：Ω)、电容 C（单位：F）和电压源 E（单位：V）的 RC 串联回路中，由基尔霍夫电压定律，可知电容上的电量 q（单位：C）满足以下微分方程

$$\frac{\mathrm{d}q}{\mathrm{d}t}+\frac{1}{RC}q=\frac{E}{R}\text{。}$$

若电路中有电压源 400cos2tV、电阻 100Ω、电容 0.01F，电容上没有初始电量，求在任意时刻 t 的电路中的电流。

解 （1）建立微分方程

先求电量 q。这里 $E=400\cos2t$、$R=100$、$C=0.01$，将它们代入 RC 回路中电量 q 应满足的微分方程，得

$$\frac{\mathrm{d}q}{\mathrm{d}t}+q=4\cos2t\text{，}$$

初始条件为 $q\big|_{t=0}=0$。

（2）求通解

此方程是一阶线性非齐次微分方程，将 $P(t)=1$、$Q(t)=4\cos2t$ 代入通解公式

$$y=e^{-\int P(x)\mathrm{d}x}\left[\int e^{\int P(x)\mathrm{d}x}Q(x)\mathrm{d}x+C\right],$$

得

$$q=e^{-\int\mathrm{d}t}\left(\int 4\cos2te^{\int\mathrm{d}t}\mathrm{d}t+C\right)$$

$$=e^{-t}\left(4\int\cos2te^{t}\mathrm{d}t+C\right)$$

$$= e^{-t}\left[\frac{4}{5}e^{t}(\cos 2t + 2\sin 2t + C)\right]$$

$$= Ce^{-t} + \frac{8}{5}\sin 2t + \frac{4}{5}\cos 2t\text{。}$$

注意，在求通解的过程中用到了式子

$$\int e^{ax}\cos bx\mathrm{d}x = \frac{1}{a^2+b^2}e^{ax}(a\cos bx + b\sin bx) + C\text{。}$$

将 $t=0$、$q=0$ 代入上式，得

$$0 = Ce^{-0} + \frac{8}{5}\sin(2\times 0) + \frac{4}{5}\cos(2\times 0)\text{，}$$

解之，得 $C=-\frac{4}{5}$。于是

$$q = -\frac{4}{5}e^{-t} + \frac{8}{5}\sin 2t + \frac{4}{5}\cos 2t\text{，}$$

再由电流与电量的关系 $I=\frac{\mathrm{d}q}{\mathrm{d}t}$，得

$$I = \frac{4}{5}e^{-t} + \frac{16}{5}\cos 2t - \frac{8}{5}\sin 2t\text{。}$$

注意：上式中的 $\frac{4}{5}e^{-t}$ 称为瞬时电流，因为当 $t\to\infty$ 时，它会变为零（“消失”）；$\frac{16}{5}\cos 2t-\frac{8}{5}\sin 2t$ 称为稳态电流，为 $t\to\infty$ 时电流趋于稳态电流的值。

三、可降阶的二阶微分方程及其求解

二阶微分方程的一般形式为

$$F(x,y,y',y'')=0\text{。}$$

在有些情况下，可以通过适当的变量代换，把二阶微分方程转化成一阶微分方程来求解。具有这种性质的微分方程称为可降阶的微分方程，相应的求解方法称为**降阶法**。下面介绍 3 种容易用降阶法求解的二阶微分方程。

1. $y''=f(x)$ 型

这是一种特殊类型的二阶微分方程，方程的特点是等号左边只有 y''，右边是自变量 x 的函数 $f(x)$。对于这种类型的二阶微分方程，只需要对方程两边进行两次积分，就可以得到它的解。

对于二阶微分方程

$$y''=\frac{\mathrm{d}^2y}{\mathrm{d}x^2}=f(x)\text{。}$$

积分一次，得

$$y'=\int f(x)\mathrm{d}x + C_1\text{，}$$

再积分一次，得

$$y=\int\left[\int f(x)\mathrm{d}x + C_1\right]\mathrm{d}x + C_2\text{。}$$

上式含有两个相互独立的任意常数 C_1、C_2，所以这就是方程的通解。

【例 9】 求微分方程 $y''=\frac{1}{2}\mathrm{e}^{2x}-\sin x$ 的通解。

解 对所给微分方程接连积分两次，得

$$y'=\frac{1}{4}\mathrm{e}^{2x}+\cos x+C_1,$$

$$y=\frac{1}{8}\mathrm{e}^{2x}+\sin x+C_1x+C_2。$$

这就是所求的通解。

例 9 的 MATLAB 求解代码如下。

```
>> y = dsolve('D2y = 1/2*exp(2*x)-sin(x)','x')
```

程序运行结果如下。

```
y =
   1/8* exp(2*x) + sin(x) + C1*x + C2
```

其中，C1、C2 为两个相互独立的任意常数。

2. $y''=f(x,y')$ 型

这种方程的特点是不含未知函数 y。此时，若设

$$y'=p,$$

则方程可转化为

$$p'=f(x,p)。$$

这是自变量为 x，而未知函数为 $p=p(x)$ 的一阶微分方程。若能求出其通解，设为 $p=\varphi(x,C_1)$，而 $p=\frac{\mathrm{d}y}{\mathrm{d}x}$，则又有一阶微分方程

$$\frac{\mathrm{d}y}{\mathrm{d}x}=\varphi(x,C_1)。$$

对它进行积分，则得到 $y''=f(x,y')$ 的通解

$$y=\int\varphi(x,C_1)\mathrm{d}x+C_2。$$

【例 10】 求微分方程 $(1+x^2)y''=2xy'$ 满足初始条件 $y|_{x=0}=1$、$y'|_{x=0}=3$ 的特解。

解 设 $y'=p(x)$，则 $y''=p'(x)=\frac{\mathrm{d}p}{\mathrm{d}x}$。将其代入原方程中，得

$$(1+x^2)\frac{\mathrm{d}p}{\mathrm{d}x}=2xp,$$

分离变量，得

$$\frac{\mathrm{d}p}{p}=\frac{2x}{1+x^2}\mathrm{d}x,$$

两边积分，得

$$\ln|p|=\ln(1+x^2)+C,$$

即

$$p = y' = C_1(1+x^2)，其中 C_1 = \pm e^C。$$

再积分，便得原方程的通解

$$y = \left(\frac{1}{3}x^3 + x\right)C_1 + C_2。$$

将初始条件 $y|_{x=0} = 1$、$y'|_{x=0} = 3$ 分别代入表达式 y、y'，得

$$\begin{cases} C_1 = 3 \\ C_2 = 1 \end{cases}。$$

因此所求的特解为 $y = x^3 + 3x + 1$。

例 10 的 MATLAB 求解代码如下。

```
>>y_0 = dsolve('D2y*(1+x^2) = 2*x*Dy','y(0)=1','Dy(0)=3','x')
```

程序运行结果如下。

```
y_0 =
    x*(x^2 + 3) + 1
```

3. $y'' = f(y, y')$型

这种方程的特点是不含自变量 x。为了求出它的解，可以把 y 暂时作为方程的自变量，令 $y' = p$，利用复合函数的求导法则把 y'' 转化为对 y 的导数，即

$$y'' = \frac{dp}{dx} = \frac{dp}{dy} \cdot \frac{dy}{dx} = p \cdot \frac{dp}{dy},$$

则方程可转化为

$$p \cdot \frac{dp}{dy} = f(y, p)。$$

这是自变量为 y，未知函数为 $p = p(y)$ 的一阶微分方程。若能求出它的通解，设为 $p = \varphi(y, C_1)$，则又有一阶微分方程

$$\frac{dy}{dx} = \varphi(y, C_1),$$

分离变量并积分，则可得方程的通解为

$$\int \frac{dy}{\varphi(y, C_1)} = x + C_2。$$

【例 11】 求微分方程 $yy'' - (y')^2 = 0$ 的通解。

解 设 $y' = p(y)$，则 $y'' = p\frac{dp}{dy}$，代入方程得

$$yp\frac{dp}{dy} - p^2 = 0,$$

即

$$p\left(y\frac{dp}{dy} - p\right) = 0,$$

由此有

$$p=0 \text{ 或 } y\frac{dp}{dy}-p=0。$$

（1）当 $p=0$ 时，$\frac{dy}{dx}=0$，得 $y=C$（C为任意常数）。

（2）当 $y\frac{dp}{dy}-p=0$ 时，分离变量得 $\frac{dp}{p}=\frac{dy}{y}$，两边积分得

$$\ln|p|=\ln|y|+\ln|C_1|,$$

整理得 $p=C_1y$，即

$$y'=C_1y。$$

分离变量后两边积分，便得原方程的通解为

$$\ln|y|=C_1x+\ln|C_2|,$$

即

$$y=C_2e^{C_1x}。$$

其中 C_1、C_2 为相互独立的任意常数。

在上式中，令 $C_1=0$ 得 y 为常数，因此 $p=0$ 时的解已包含在 $y=C_2e^{C_1x}$ 中。所以，$y=C_2e^{C_1x}$ 即所求方程的通解。

例 11 的 MATLAB 求解代码如下。

```
>>y= dsolve('y*D2y-(Dy)^2=0','x')
```

程序运行结果如下。

```
y=
    C1
    C2*exp(C3*x)
```

其中，C1、C2、C3 为相互独立的任意常数。

第三节 二阶常系数线性微分方程

本章第二节讨论了几种一阶微分方程的解法，本节将讨论二阶常系数线性微分方程的求解。为此，先介绍二阶线性微分方程的相关概念。

定义 7.8 形如

$$y''+p(x)y'+q(x)y=f(x)$$

的二阶微分方程，称为**二阶线性微分方程**。其中，$p(x)$、$q(x)$ 及 $f(x)$ 都是自变量 x 的已知函数。

当 $p(x)$、$q(x)$ 为常数时，方程

$$y''+py'+qy=f(x)$$

称为**二阶常系数线性微分方程**，$f(x)$ 称为自由项。当 $f(x)=0$ 时，

$$y''+py'+qy=0$$

称为**二阶常系数线性齐次微分方程**。当 $f(x)\neq 0$ 时，对应的方程称为**二阶常系数线性非齐次微分方程**。

一、二阶常系数线性齐次微分方程的求解

定义 7.9 若 $y_1(x)$、$y_2(x)$ 是两个函数，如果 $\frac{y_1(x)}{y_2(x)}\neq k$（$k$为常数），则称函数 $y_1(x)$ 与

$y_2(x)$ **线性无关**。反之，则称为**线性相关**。

例如，因为 $\frac{x^2+3}{2x-1} \neq C$，所以函数 x^2+3 与 $2x-1$ 线性无关；又如，因为 $\frac{2\sin 2x}{3\sin x\cos x}=\frac{4}{3}$，所以函数 $2\sin 2x$ 与 $3\sin x\cos x$ 线性相关。

定理 7.1（二阶常系数线性齐次微分方程的通解结构） 若 y_1、y_2 是二阶常系数线性齐次微分方程 $y''+py'+qy=0$ 的两个线性无关的特解，即 $\frac{y_1}{y_2} \neq$ 常数，则方程的通解为

$$y=C_1y_1+C_2y_2 \ (C_1、C_2\text{为常数})。$$

由于指数函数 $y=\mathrm{e}^{rx}$ 的一、二阶导数 $r\mathrm{e}^{rx}$、$r^2\mathrm{e}^{rx}$ 仍是同类型的指数函数，如果选取适当的常数 r，则有可能使 $y=\mathrm{e}^{rx}$ 满足方程 $y''+py'+qy=0$。因此猜想方程 $y''+py'+qy=0$ 的解具有形式

$$y=\mathrm{e}^{rx},$$

将它代入方程并整理，可得 $\mathrm{e}^{rx}(r^2+pr+q)=0$，由于 $\mathrm{e}^{rx}\neq 0$，则必有

$$r^2+pr+q=0。$$

把上式称为微分方程 $y''+py'+qy=0$ 所对应的**特征方程**，并将特征方程的根称为微分方程的**特征根**。

由此可知，当 r 是一元二次方程的根时，$y=\mathrm{e}^{rx}$ 就是方程 $y''+py'+qy=0$ 的一个解。

下面介绍根据特征方程 $r^2+pr+q=0$ 的判别式的 3 种情况，求出方程 $y''+py'+qy=0$ 的解。

1. 当 $p^2-4q>0$ 时

此时特征方程 $r^2+pr+q=0$ 有两个不相等的实根，设为 r_1 和 r_2（$r_1\neq r_2$），则方程 $y''+py'+qy=0$ 的两个特解是

$$y_1=\mathrm{e}^{r_1x}, y_2=\mathrm{e}^{r_2x}，且 \frac{y_1}{y_2}=\mathrm{e}^{(r_1-r_2)x}\neq 常数。$$

因此，方程 $y''+py'+qy=0$ 的通解为

$$y=C_1\mathrm{e}^{r_1x}+C_2\mathrm{e}^{r_2x} \quad (C_1、C_2\text{为常数})。$$

2. 当 $p^2-4q=0$ 时

这时特征方程有两个相等的实根，即 $r_1=r_2=-\frac{p}{2}$，则方程 $y''+py'+qy=0$ 的一个特解为 $y_1=\mathrm{e}^{r_1x}$。为了求通解，还需求另一个与 y_1 线性无关的解 y_2。根据定理 7.1，设 $\frac{y_2}{y_1}=C(x)\neq$ 常数，即 $y_2=C(x)y_1$，将其代入方程整理得

$$\mathrm{e}^{r_1x}[C''(x)+(2r_1+p)C'(x)+(r_1^2+pr_1+q)C(x)]=0。$$

因为 $\mathrm{e}^{r_1x}\neq 0$，r_1 是方程的重根，故有 $r_1^2+pr_1+q=0$、$2r_1+p=0$，因此可得

$$C''(x)=0。$$

对上式积分两次，得 $C(x)=C_1x+C_2$ （C_1、C_2为常数）。因为只需找出一个与 y_1 线性无关的特解，也就是找出一个不为常数的 $C(x)$ 即可，所以可令 $C_1=1$、$C_2=0$，取 $C(x)=x$，

由此得到方程 $y''+py'+qy=0$ 的另一个解 $y_2=xe^{r_1x}$。

所以，方程 $y''+py'+qy=0$ 的通解为

$$y=(C_1+C_2x)e^{r_1x}\quad (C_1、C_2为常数)。$$

3. 当 $p^2-4q<0$ 时

此时特征方程有一对共轭复数根 r_1、r_2，设为 $r_1=\alpha+i\beta$、$r_2=\alpha-i\beta$。其中 $\beta\neq0$，α、β为实数。

显然，$y_1=e^{(\alpha+i\beta)x}$、$y_2=e^{(\alpha-i\beta)x}$ 是方程 $y''+py'+qy=0$ 的两个复数解。由于它们使用起来不方便，所以可根据欧拉公式

$$e^{\beta i}=\cos\beta+i\sin\beta$$

将 y_1、y_2 改写为

$$y_1=e^{(\alpha+i\beta)x}=e^{\alpha x}e^{i\beta x}=e^{\alpha x}(\cos\beta x+i\sin\beta x),$$

$$y_2=e^{(\alpha-i\beta)x}=e^{\alpha x}e^{-i\beta x}=e^{\alpha x}(\cos\beta x-i\sin\beta x)。$$

取方程 $y''+py'+qy=0$ 另两个解为

$$\overline{y_1}=\frac{1}{2}(y_1+y_2)=e^{\alpha x}\cos\beta x,\quad \overline{y_2}=\frac{1}{2i}(y_1-y_2)=e^{\alpha x}\sin\beta x。$$

且 $\dfrac{\overline{y_1}}{\overline{y_2}}=\cot\beta x\neq$ 常数，则方程 $y''+py'+qy=0$ 的通解为

$$y=e^{\alpha x}(C_1\cos\beta x+C_2\sin\beta x)。$$

综上所述，求二阶常系数线性齐次微分方程 $y''+py'+qy=0$ 的通解的步骤如下。

第一步：写出微分方程的特征方程 $r^2+pr+q=0$。

第二步：求上述特征方程的两个根 r_1、r_2。

第三步：根据特征方程两个根的不同情形，按表 7-1 写出微分方程的通解。

表 7-1 特征方程对应的微分方程的通解

特征方程 $r^2+pr+q=0$ 的两个根 r_1、r_2	微分方程 $y''+py'+qy=0$ 的通解
两个不相等的实根 r_1、r_2	$y=C_1e^{r_1x}+C_2e^{r_2x}$
两个相等的实根 $r_1=r_2$	$y=(C_1+C_2x)e^{r_1x}$
一对共轭复数根 $r_{1,2}=\alpha\pm i\beta\ (\beta\neq0)$	$y=e^{\alpha x}(C_1\cos\beta x+C_2\sin\beta x)$

【例 12】求微分方程 $y''-5y'+6y=0$ 的通解。

解 所给微分方程的特征方程为

$$r^2-5r+6=0,$$

其根 $r_1=3$、$r_2=2$ 是两个不相等的实根，因此微分方程的通解为

$$y=C_1e^{3x}+C_2e^{2x}。$$

例 12 的 MATLAB 求解代码如下。

```
>>dsolve('D2y-5*Dy+6*y=0','x')
```

程序运行结果如下。

```
ans =
    C1*exp(3*x) + C2*exp(2*x)
```

其中，C1、C2 为两个相互独立的常数。

【例 13】 求微分方程 $y''+4y'+4y=0$ 的通解。

解 所给微分方程的特征方程为

$$r^2+4r+4=0,$$

它有两个相等的实根 $r_1=r_2=-2$，因此所求的通解为

$$y=(C_1+C_2x)\mathrm{e}^{-2x}。$$

例 13 的 MATLAB 求解代码如下。

```
>> dsolve('D2y+4*Dy+4*y=0','x')
```

程序运行结果如下。

```
ans =
    C1*exp(-2*x) + C2*x*exp(-2*x)
```

其中，C1、C2 为两个相互独立的常数。

【例 14】 求微分方程 $y''-6y'+13y=0$ 满足初始条件 $y|_{x=0}=1$、$y'|_{x=0}=3$ 的一个特解。

解 所给微分方程的特征方程为

$$r^2-6r+13=0,$$

它有一对共轭复数根 $r_1=3+2\mathrm{i}$、$r_2=3-2\mathrm{i}$，因此其通解为

$$y=\mathrm{e}^{3x}(C_1\cos 2x+C_2\sin 2x)。$$

函数 y 的一阶导数为

$$y'=3\mathrm{e}^{3x}(C_1\cos 2x+C_2\sin 2x)+\mathrm{e}^{3x}(-2C_1\sin 2x+2C_2\cos 2x)。$$

将初始条件 $y|_{x=0}=1$、$y'|_{x=0}=3$ 代入 y 和 y' 得

$$\begin{cases}C_1=1\\3C_1+2C_2=3\end{cases}，即\begin{cases}C_1=1\\C_2=0\end{cases}。$$

因此原微分方程满足初始条件 $y|_{x=0}=1$、$y'|_{x=0}=3$ 的特解为

$$y=\mathrm{e}^{3x}\cos 2x。$$

例 14 的 MATLAB 求解代码如下。

```
>> dsolve('D2y-6*Dy+13*y=0','y(0)=1','Dy(0)=3','x')
```

程序运行结果如下。

```
ans =
    cos(2*x)*exp(3*x)
```

【拓展】(自由振动方程) 质量为 m kg 的物体悬于弹簧下，假设弹簧重力可以忽略不计，空气阻力与速度成正比，比例系数为 a，在任意时刻 t 物体的位移 x 满足

$$mx''=-ax'-kx+F(t)。$$

其中 k 为弹性系数，$k=\dfrac{mg}{l}$（l 为弹簧相比自然状态伸长的长度）。若质量为 10 kg 的物体悬于弹簧下，使弹簧比自然状态伸长了 0.7 m。物体以 1 m/s 的初始速度从平衡位置开始向上运动，空气阻力是 $90x'$ N，取 $g=9.8\ \mathrm{m/s^2}$，则 $k=\dfrac{mg}{l}=140$ N/m，而 $a=90$、$F(t)=0$（没

有压力）。物体在任一时刻 t 的位移满足微分方程

$$x''+9x'+14x=0,$$

相应的特征方程为

$$r^2+9r+14=0,$$

其特征根为 $r_1=-2$、$r_2=-7$，通解为

$$x=C_1e^{-2t}+C_2e^{-7t}。$$

根据题意，初始条件为 $x(0)=0$（物体从平衡位置开始运动）和 $x'(0)=1$。把初始条件代入通解，得 $C_1=-C_2=\dfrac{1}{5}$，于是 $x=\dfrac{1}{5}(e^{-2t}-e^{-7t})$。

二、二阶常系数线性非齐次微分方程的求解

定理 7.2（二阶常系数线性非齐次微分方程的通解结构） 若 y^* 是二阶常系数线性非齐次微分方程 $y''+py'+qy=f(x)$ 的一个特解，Y 是其对应的线性齐次微分方程 $y''+py'+qy=0$ 的通解，则

$$y=Y+y^*$$

就是方程 $y''+py'+qy=f(x)$ 的通解。

前文已经介绍了二阶常系数线性齐次微分方程通解的求法，所以这里只需求出微分方程 $y''+py'+qy=f(x)$ 的一个特解 y^*。本小节只介绍右端项为 $f(x)=e^{\lambda x}P_m(x)$ 形式的微分方程的特解 y^* 的求法。其中，λ 是常数，$P_m(x)$ 是一个已知的关于 x 的 m 次多项式，即

$$P_m(x)=a_0x^m+a_1x^{m-1}+a_2x^{m-2}+\cdots+a_{m-1}x+a_m。$$

这里 $a_i\ (i=0,1,\cdots,m)$ 为常数，$a_0\neq 0$。

此时微分方程为

$$y''+py'+qy=e^{\lambda x}P_m(x)。$$

解法： 待定系数法。

假设 $y^*=x^kQ_m(x)e^{\lambda x}$ 是微分方程的特解，其中，$Q_m(x)$ 是与 $P_m(x)$ 同次的多项式，其各项系数待定。k 的取值如下：

$$k=\begin{cases}0, & \text{当}\lambda\text{不是特征根时}\\1, & \text{当}\lambda\text{是特征单根时}\\2, & \text{当}\lambda\text{是特征重根时}\end{cases}。$$

故求 y^* 的步骤如下。

第一步： 先依据条件设出 y^*。具体形式的总结如表 7-2 所示。

表 7-2 微分方程特解形式

λ的情况	微分方程 $y''+py'+qy=f(x)$的特解形式
λ不是对应齐次微分方程的特征根	$y^*=e^{\lambda x}Q_m(x)$
λ是对应齐次微分方程的特征根，且是单根	$y^*=xe^{\lambda x}Q_m(x)$
λ是对应齐次微分方程的特征根，且为二重根	$y^*=x^2e^{\lambda x}Q_m(x)$

第二步：将 y^* 代入原微分方程确定 $Q_m(x)$ 中的 $m+1$ 个待定系数。

【例 15】 求微分方程 $y''+y'-2y=-4x$ 的一个特解。

解 这是二阶常系数线性非齐次微分方程，$f(x)=-4x$ 属于 $e^{\lambda x}P_m(x)$ 型 ($m=1$、$\lambda=0$)。

与原非齐次微分方程对应的齐次微分方程为 $y''+y'-2y=0$。该齐次微分方程的特征方程为

$$r^2+r-2=0。$$

此方程的解为 $r_1=-2$、$r_2=1$，均不等于 0，所以 $\lambda=0$ 不是对应的齐次微分方程的特征根。故应设特解为

$$y^*=b_0x+b_1,$$

则

$$y^{*\prime}=b_0,\ y^{*\prime\prime}=0。$$

代入原微分方程，得

$$b_0-2(b_0x+b_1)=-4x。$$

比较两端 x 的同次幂的系数，得

$$\begin{cases}-2b_0=-4\\ b_0-2b_1=0\end{cases}。$$

由此求出 $\begin{cases}b_0=2\\ b_1=1\end{cases}$，于是原微分方程的一个特解为

$$y^*=2x+1。$$

【例 16】 求微分方程 $y''-4y'+4y=(2x+1)e^{2x}$ 的通解。

解 先求它对应的齐次微分方程 $y''-4y'+4y=0$ 的通解。

为此写出该齐次微分方程的特征方程

$$r^2-4r+4=0,$$

解得特征根 $r_1=r_2=2$（二重根）。所以，齐次微分方程的通解为 $y=(C_1+C_2x)e^{2x}$。

又因为非齐次微分方程的非齐次项 $f(x)=(2x+1)e^{2x}$，属于 $e^{\lambda x}P_m(x)$ 型 ($m=1$、$\lambda=2$)，且 $\lambda=2$ 为对应齐次微分方程的二重特征根，故设原非齐次微分方程的一个特解为

$$y^*=x^2(b_0x+b_1)e^{2x}=(b_0x^3+b_1x^2)e^{2x},$$

则

$$y^{*\prime}=[2b_0x^3+(3b_0+2b_1)x^2+2b_1x]e^{2x},$$

$$y^{*\prime\prime}=[4b_0x^3+(12b_0+4b_1)x^2+(6b_0+8b_1)x+2b_1]e^{2x}。$$

将上述各式代入原非齐次微分方程，得

$$(6b_0x+2b_1)e^{2x}=(2x+1)e^{2x}，即 6b_0x+2b_1=2x+1,$$

于是 $b_0=\dfrac{1}{3}$、$b_1=\dfrac{1}{2}$。所以原非齐次微分方程的一个特解为 $y^*=x^2\left(\dfrac{1}{3}x+\dfrac{1}{2}\right)e^{2x}$。故所求方程的通解为 $y=(C_1+C_2x)e^{2x}+x^2\left(\dfrac{1}{3}x+\dfrac{1}{2}\right)e^{2x}$。

例 16 的 MATLAB 求解代码如下。

```
>>simplify(dsolve('D2y-4*Dy+4*y=(2*x+1)*exp(2*x)','x'))
```

程序运行结果如下。

```
ans =
    (exp(2*x)*(2*x^3 + 3*x^2 + 6*C1*x + 6*C2))/6
```

其中，C1、C2是两个相互独立的常数。

第四节 微分方程的数值解

微分方程是研究函数变化规律的重要工具，如何求出微分方程的解就变得至关重要。本章第二、三节介绍了特定结构的微分方程（如可分离变量、一阶线性、二阶常系数线性、可降阶等类型的微分方程）的求解方法与技巧。这类方法被称为**解析方法**，或称公式法。这类方法将方程的解表达为函数形式，十分精确、直观地刻画出了变量间的函数关系。

然而，在工程应用中所建立的微分方程的形式往往很复杂，“不可求方程”比比皆是。法国数学家刘维尔（Liouville）指出：绝大多数微分方程不能用初等积分法求解，也就意味着能通过解析方法求解的微分方程是十分有限的，那么，难道就不存在普遍适用、可以准确求解的方法了吗？

微分方程**数值解**是一种求近似解的方法，例如，对于一阶微分方程初值问题

$$\begin{cases} y' = f(x,y), & a \leqslant x \leqslant b \\ y(x_0) = y_0 \end{cases},$$

数值解本质上是借助计算机模拟仿真，利用差分代替微分、导数，按照一定的步长h，逐一迭代给出函数$y = y(x)$在第n个离散点$x_n = x_0 + n \cdot h$处的近似值$y_n \approx y(x_n)$，从而达到解决实际问题的目的。

本节将介绍求一阶微分方程数值解的欧拉方法（Euler method）、龙格-库塔法（Runge-Kutta method）。

一、欧拉方法

欧拉方法，又称为**欧拉折线法**，它是指从初值点$P_0(x_0, y_0)$出发，不断迭代，构造一系列首尾相连的线段来代替函数曲线的做法，如图7-2所示。其中，每条线段的斜率由导函数$f(x,y)$在该线段左端点(x_n, y_n)处的值$f(x_n, y_n)$确定。

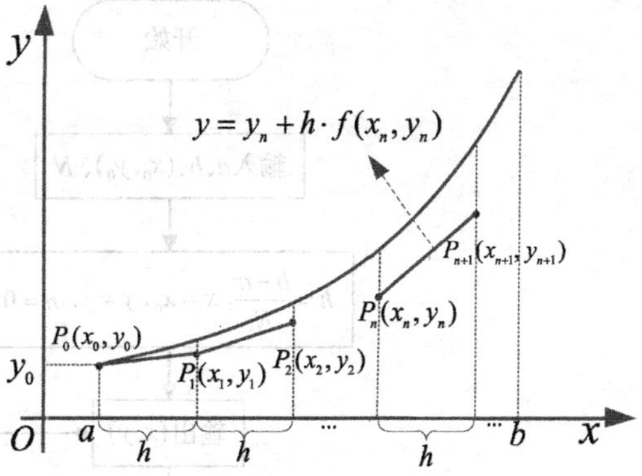

图 7-2

具体地讲，在区间$[a,b]$中均匀地插入$n-1$个分点，即

$$x_0 = a, x_1, \cdots, x_{n-1}, x_n = b,$$

相邻两点之间的距离$x_k - x_{k-1} (1 \leqslant k \leqslant n)$记为步长$h$。

然后，过初值点$P_0(x_0, y_0)$，构造以$y'(x_0) = f(x_0, y_0)$为切线斜率的方程

$$y = y_0 + f(x_0, y_0)(x - x_0)。$$

当$x = x_1$时，得$y_1 = y_0 + f(x_0, y_0)(x_1 - x_0)$，取$y(x_1) \approx y_1$。过点$P_1(x_1, y_1)$，构造以$y'(x_1) = f(x_1, y_1)$为切线斜率的方程

$$y = y_1 + f(x_1, y_1)(x - x_1)\text{。}$$

当 $x = x_2$ 时，得 $y_2 = y_1 + f(x_1, y_1)(x_2 - x_1)$，取 $y(x_2) \approx y_2$。

以此类推，过点 $P_n(x_n, y_n)$，构造以 $y'(x_n) = f(x_n, y_n)$ 为切线斜率的方程

$$y = y_n + f(x_n, y_n)(x - x_n)\text{。}$$

当 $x = x_{n+1}$ 时，得 $y_{n+1} = y_n + f(x_n, y_n)(x_{n+1} - x_n)$，取 $y(x_{n+1}) \approx y_{n+1}$。

这样，就得到了一组折线 $P_0 - P_1 - \cdots - P_n$ 的线段方程，这就是欧拉折线，其解析式为

$$\begin{cases} y_0 = f(x_0) \\ y = y_n + f(x_n, y_n)(x - x_n) \end{cases}\text{，其中 } x_n < x \leqslant x_{n+1}, n = 0, 1, 2, \cdots\text{。}$$

将它作为原初值问题的近似解。

此外，将节点迭代公式

$$y_{n+1} = y_n + h \cdot f(x_n, y_n), x_n = x_0 + n \cdot h$$

称为**欧拉公式**。

用欧拉方法求一阶微分方程的计算步骤如下。

第一步：输入区间端点 a 和 b、初值点 (x_0, y_0)、插入分点个数 $N-1$。

第二步：初始化步长 $h = \dfrac{b-a}{N}$，初值 $x = x_0$、$y = y_0$、$n = 0$，输出节点 (x, y)。

第三步：如果 $n < N$，跳转至第四步。否则，程序终止。

第四步：令 $n = n+1$，计算节点值 $y = y + h \cdot f(x, y)$ 和 $x = x + h$，输出节点 (x, y)，返回第三步。

注意：第四步中的 $y = y + h \cdot f(x, y)$ 和 $x = x + h$ 的顺序不能颠倒，因为 y 的计算依赖于 x_n，而不是 x_{n+1}。

用欧拉方法求一阶微分方程的流程图如图 7-3 所示。

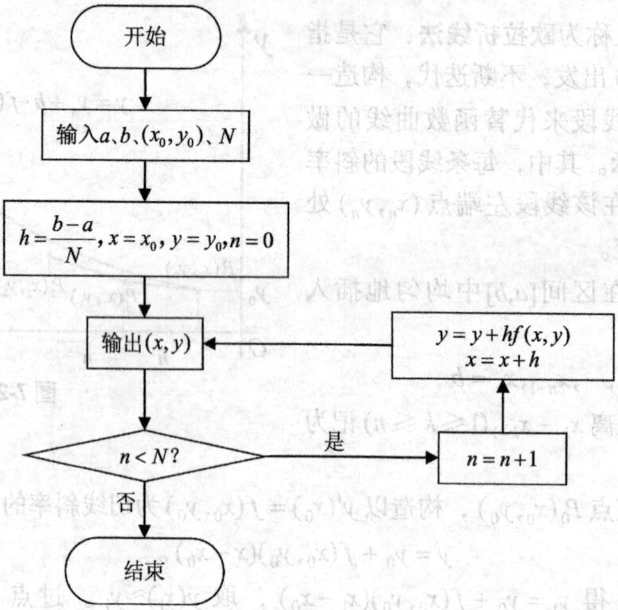

图 7-3

【例 17】 用欧拉公式求解如下方程初值问题。

$$\begin{cases} y' = \dfrac{x}{y}, 0 \leqslant x \leqslant 0.5 \\ y(0) = 1 \end{cases}。$$

解 容易求得该微分方程的解析解为 $y(x) = \sqrt{x^2 + 1}$。如果取步长 $h = 0.05$，此时欧拉公式的具体形式为

$$y_{n+1} = y_n + h \cdot \frac{x_n}{y_n},$$

其中 $x_n = x_0 + nh = 0.05n\ (n = 0,1,\cdots,10)$。

已知 $x_0 = 0$、$y_0 = 1$，由此可得

$$y_1 = y_0 + h \cdot \frac{x_0}{y_0} = 1 + 0 = 1;$$

$$y_2 = y_1 + h \cdot \frac{x_1}{y_1} = 1 + 0.05 \cdot 0.05 = 1.002500;$$

$$y_3 = y_2 + h \cdot \frac{x_2}{y_2} = 1.0025 + 0.05 \cdot \frac{0.10}{1.0025} = 1.007488;$$

……

依次计算，将得到的数值解与解析解对比，如表 7-3 所示。

表 7-3 欧拉公式对应的数值解于解析解对比

n	x_n	解析解 $y(x_n)$	数值解 y_n	绝对误差	相对误差（%）
0	0.00	1.000000	1.000000	0.000000	0.000000
1	0.05	1.001249	1.000000	−0.001249	−0.124766
2	0.10	1.004988	1.002500	−0.002488	−0.247522
3	0.15	1.011187	1.007488	−0.003700	−0.365896
4	0.20	1.019804	1.014932	−0.004872	−0.477750
5	0.25	1.030776	1.024785	−0.005992	−0.581284
6	0.30	1.044031	1.036982	−0.007048	−0.675104
7	0.35	1.059481	1.051447	−0.008034	−0.758258
8	0.40	1.077033	1.068091	−0.008942	−0.830228
9	0.45	1.096586	1.086816	−0.009769	−0.890901
10	0.50	1.118034	1.107519	−0.010515	−0.940507

观察表 7-3 可发现，随着 x 偏离初值点 $P_0(0,1)$ 的距离越远，相对误差呈现出不断扩大的趋势。这是由于欧拉方法是简单地取切线的右端点作为下一步的起点进行计算的，当步数增多时，误差会因积累而越来越大。理论上，如果减小步长 h，欧拉折线将无限趋近于实际函数曲线 $y = y(x)$，如图 7-4 所示。

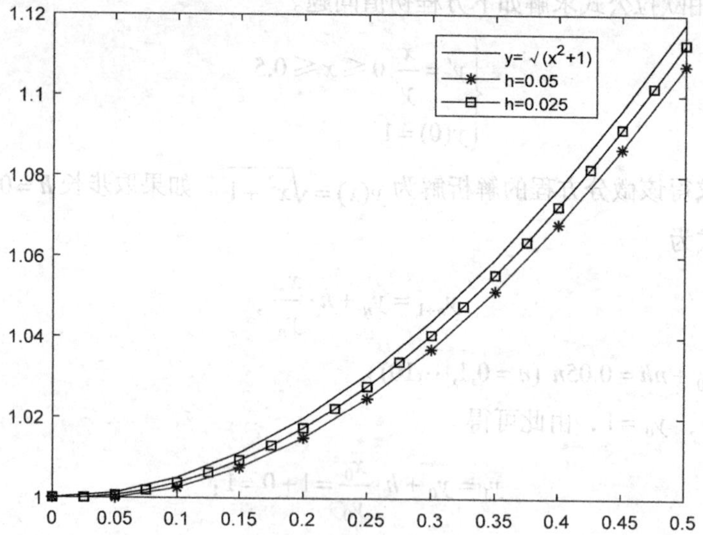

图 7-4

例 17 的 MATLAB 实现程序如下。

```
>>clear;clc;
%% 初始化相关参数
% 例题：用欧拉公式求数值解
% 确定输入参数
>>a = 0; b = 0.5; N = 10; x_0 = 0; y_0 = 1;
% 初始化欧拉公式
>>f = @(x,y) x/y; % 导数函数
>>h = 0.05; % 步长
>>x = x_0; y = y_0; n = 0;
>>fprintf('第%d步 x=%.6f y=%.6f\n', n, x, y);
%% 欧拉公式主程序
>>result = zeros(N+1, 3); % 以数组形式存取数值解、解析解以及误差
>>result(:, 1) = 0:1:N;
>>result(1, 2:3) = [x, y];
>>while (n < N)
     n = n + 1;
     y = y + h * f(x, y); % 数值解
     x = x + h;
     % 输出，并保存结果
     fprintf('第%d步 x=%.6f y=%.6f\n', n, x, y);
     result(n + 1, 2:3) = [x, y];
>>end
>>result
```

```
%% 绘图描述
>>x = 0:0.05:0.5; y = sqrt(x.^2 + 1); % 解析解
>>x1 = result(:, 2); y1 = result(:, 3); % 数值解, h = 0.05
>>plot(x, y, 'k-'); hold on;
>>plot(x1, y1, 'r*-'); hold on;
% 减小步长 h (增大 N)
>>N = 20; n = 0;
>>h = (b-a)/N;
>>x2(1) = x_0; y2(1) = y_0;
>>while (n < N)
      n = n + 1;
      y2(n+1) = y2(n) + h * f(x2(n), y2(n)); % 数值解
      x2(n+1) = x2(n) + h;
>>end
>>plot(x2, y2, 'bs-');
>>legend('y=\surd{(x^2+1)}', 'h=0.05', 'h=0.025');
```

欧拉公式本身是较为“粗糙”的算法，但是它有着重大的启蒙意义。

二、龙格-库塔法

回顾一下，欧拉方法是用小区间左端点处的斜率 $f(x_n,y_n)$“向前推进”的，并且采用固定的步长。那么，一种大胆的想法是将固定步长换为可变步长，同时将多个节点斜率的加权平均值作为平均斜率“向前推进”，以期望获得具有更高精度的数值解，这就是**龙格-库塔法**的基本思想。

下面仅介绍二阶与四阶龙格-库塔公式（推导过程略）及其相关计算步骤、流程图。

1. 二阶龙格-库塔公式

二阶龙格-库塔公式如下：

$$\begin{cases} y_{n+1} = y_n + \dfrac{h}{2}(K_1 + K_2) \\ K_1 = f(x_n, y_n) \\ K_2 = f(x_n + h, y_n + K_1) \text{。} \end{cases}$$

用二阶龙格-库塔公式求一阶微分方程的计算步骤如下。

第一步： 输入区间端点 a 和 b、初值点 (x_0,y_0)，插入分点个数 $N-1$。

第二步： 初始化步长 $h=\dfrac{b-a}{N}$，初值 $x=x_0$、$y=y_0$、$n=0$，输出节点 (x,y)。

第三步： 如果 $n<N$，跳转至第四步。否则，程序终止。

第四步： 令 $n=n+1$，计算斜率 $K_1=f(x,y)$、$K_2=f(x+h,y+K_1)$，节点值 $y=y+\dfrac{h}{2}(K_1+K_2)$，$x=x+h$，输出节点 (x,y)，返回第三步。

用二阶龙格-库塔公式求一阶微分方程的流程图如图 7-5 所示。

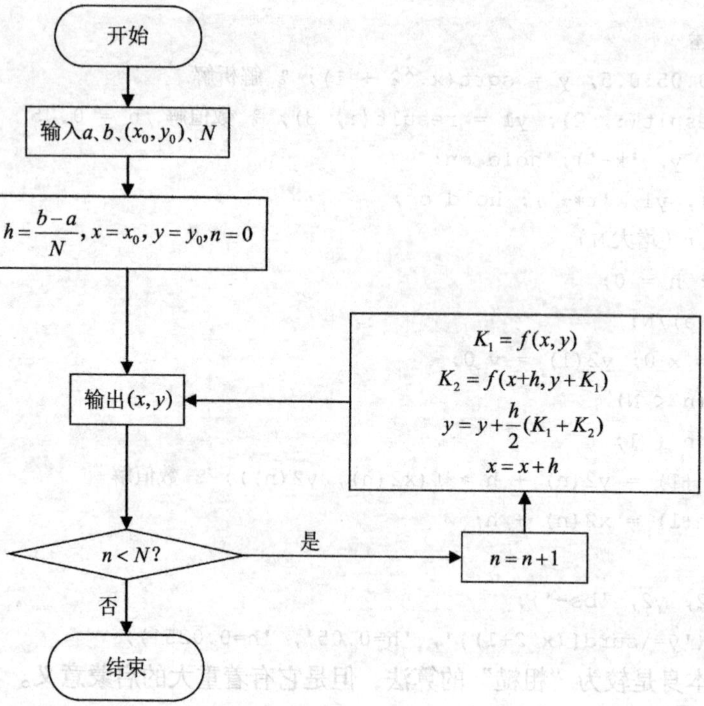

图 7-5

2. 四阶龙格-库塔公式

四阶龙格-库塔公式如下：

$$\begin{cases} y_{n+1}=y_n+\dfrac{h}{6}(K_1+2K_2+2K_3+K_4) \\ K_1=f(x_n,y_n) \\ K_2=f\left(x_n+\dfrac{h}{2},y_n+\dfrac{h}{2}K_1\right) \\ K_3=f\left(x_n+\dfrac{h}{2},y_n+\dfrac{h}{2}K_2\right) \\ K_4=f(x_n+h,y_n+hK_3)。\end{cases}$$

用四阶龙格-库塔公式求一阶微分方程的计算步骤如下。

第一步：输入区间端点 a 和 b、初值点 (x_0,y_0) 、插入分点个数 $N-1$。

第二步：初始化步长 $h=\dfrac{b-a}{N}$，初值 $x=x_0$、 $y=y_0$、 $n=0$，输出节点 (x,y)。

第三步：如果 $n<N$，跳转至第四步。否则，程序终止。

第四步：令 $n=n+1$，计算斜率 $K_1=f(x,y)$、$K_2=f\left(x+\dfrac{h}{2},y+\dfrac{h}{2}K_1\right)$、$K_3=f\left(x+\dfrac{h}{2},y+\dfrac{h}{2}K_2\right)$、$K_4=f(x+h,y+hK_3)$，节点值 $y=y+\dfrac{h}{6}(K_1+2K_2+2K_3+K_4)$，$x=x+h$，输出节点 (x,y)，返回第三步。

用四阶龙格-库塔公式求一阶微分方程的流程图如图 7-6 所示。

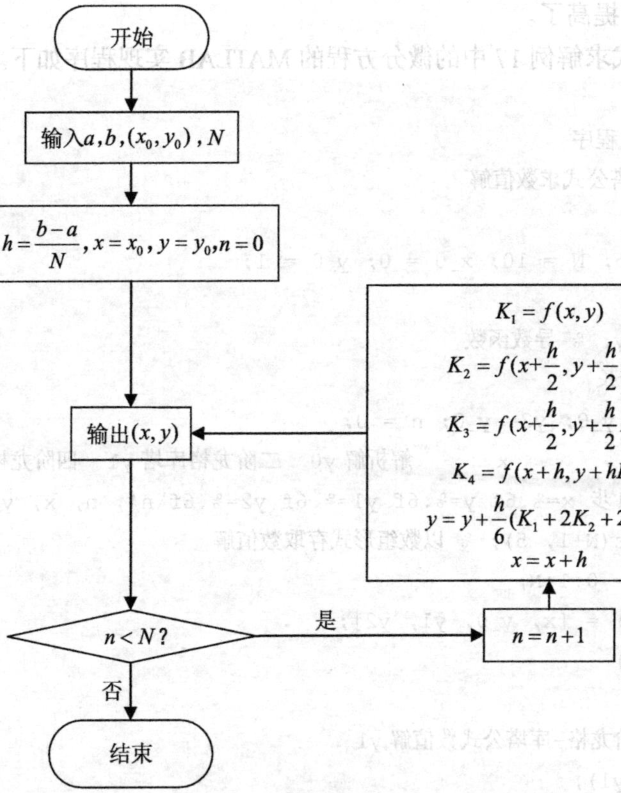

图 7-6

下面将介绍利用龙格-库塔公式求解例 17 中的微分方程，并将它与欧拉公式进行对比。

解 取步长$h=0.05$，代入龙格-库塔公式计算，将得到的数值解与欧拉公式的进行对比，龙格-库塔公式对应的数值解与解析解对比如表 7-4 所示。

表 7-4 龙格-库塔公式对应的数值解与解析解对比

n	x_n	解析解 $y(x_n)$	二阶数值解	四阶数值解
0	0.00	1.000000	1.000000	1.000000
1	0.05	1.001249	1.001250	1.001249
2	0.10	1.004988	1.004989	1.004988
3	0.15	1.011187	1.011190	1.011187
4	0.20	1.019804	1.019807	1.019804
5	0.25	1.030776	1.030780	1.030776
6	0.30	1.044031	1.044035	1.044031
7	0.35	1.059481	1.059486	1.059481
8	0.40	1.077033	1.077038	1.077033
9	0.45	1.096586	1.096591	1.096586
10	0.50	1.118034	1.118040	1.118034

从表 7-4 可以看出，用龙格-库塔公式所得的数值解比例 17 中用欧拉公式所得的数值解的精度要高很多，求解出的数值解更接近解析解，并且四阶比二阶的效果更好，这是由

于局部截断误差的精度提高了。

利用龙格-库塔公式求解例 17 中的微分方程的 MATLAB 实现程序如下。

```
>>clear; clc;
%% 龙格-库塔公式主程序
% 例题：用龙格-库塔公式求数值解
% 确定输入参数
>>a = 0; b = 0.5; N = 10; x_0 = 0; y_0 = 1;
% 初始化
>>f = @(x,y) x/y; % 导数函数
>>h = 0.05; % 步长
>>x = x_0; y1 = y_0; y2= y_0; n = 0;
>>fprintf('步 骤          x          解析解 y0   二阶龙格库塔 y1   四阶龙格库塔 y2\n');
>>fprintf('第%2d步 x=%.6f y=%.6f y1=%.6f y2=%.6f\n', n, x, y_0, y1, y2);
>>result = zeros(N+1, 5); % 以数组形式存取数值解
>>result(:, 1) = 0:1:N;
>>result(1, 2:5) = [x, y_0, y1, y2];
>> while (n < N)
     n = n + 1;
    % 方法一：二阶龙格-库塔公式数值解 y1
     K1 = f(x, y1);
     K2 = f(x + h, y1 + h * K1);
     y1 = y1 + h / 2 * (K1 + K2);
     % 方法二：四阶龙格-库塔公式数值解 y2
     K1 = f(x, y2);
     K2 = f(x + h/2, y2 + h/2 * K1);
     K3 = f(x + h/2, y2 + h/2 * K2);
     K4 = f(x + h, y2 + h * K3);
     y2 = y2 + h/6 * (K1 + 2*K2 + 2*K3 + K4);
    % 输出，并保存结果
     x = x + h;
     y_0 = sqrt(x^2 + 1);  % 解析解
     fprintf('第%2d步 x=%.6f y=%.6f y1=%.6f y2=%.6f\n', n, x, y_0, y1, y2);
     result(n + 1, 2:5) = [x, y_0, y1, y2];
>>end
>>result
```

实际上，针对难以求解析解的微分方程，MATLAB 中内置了 7 个求数值解的函数：ode45、ode23、ode113、ode15s、ode23s、ode23t、ode23t。下面，以 ode45 为例，介绍其用法。

ode45 求解器属于变步长类型中等精度解法，采用四阶—五阶龙格-库塔算法，表示用四阶方法提供候选解，用五阶方法控制误差，截断误差为五阶的。它的调用格式如下。

```
[X,Y]=ode45(f,xspan,y0)
```

其中，f 表示函数 $f(x,y)$，xspan 表示节点横坐标范围（是一个向量），y0 表示初值点的纵坐标，X 和 Y 分别表示用 ode45 求得数值解后返回的节点的横坐标和纵坐标向量。

【例 18】 用 ode45 求解例 17 中的初值问题。

MATLAB 求解代码如下。

```
>>clear;clc;
>>format long;  %设置 MATLAB 显示精度为 long 类型，默认为 short 类型
>>xspan = 0:0.05:0.5;  % 步长为 0.05，区间为[0, 0.5]
>>f = @(x,y) x/y;  % 定义函数
>>[X, Y] = ode45(f, xspan, 1);
>>X  % 输出结果 X
X =
        0
   0.050000000000000
   0.100000000000000
   0.150000000000000
   0.200000000000000
   0.250000000000000
   0.300000000000000
   0.350000000000000
   0.400000000000000
   0.450000000000000
   0.500000000000000
>>Y  % 输出结果 Y
Y =
   1.000000000000000
   1.001249219724325
   1.004987562110715
   1.011187420805906
   1.019803902716214
   1.030776406401810
   1.044030650888338
   1.059481005018157
   1.077032961424329
   1.096585609970697
   1.118033988747780
```

实训　利用 MATLAB 求解常微分方程问题的典型案例

【实训目的】

（1）掌握简单常微分方程模型的建立及 MATLAB 求解的方法。

（2）掌握利用 MATLAB 进行简单的模拟仿真的方法。

【实训内容】

在实际问题中，有许多表示“导数”的词，如生物学及人口问题中的“速率”“增长”，物理学及放射性问题中的“衰变”，经济学中的“边际”等，它们都强调“改变”“变化”“增加”“减少”等，对于这些问题的研究就需要用到微分方程。

实际上，利用“微元法”理清平衡公式：

变化 = 输入−输出，

就可以找到描述问题机理的等式，即在任何时候都成立的瞬时表达式，微分方程自然也就建立起来了。

【实训】 科学健身

“管住嘴、迈开腿”一度被誉为健身的“黄金法则”，更进一步说就是“合理的膳食加合适的运动并且长期坚持下去”。假设王女士每天摄入能量为 2500 kcal 的食物，其中 1200 kcal 能量用于基本新陈代谢，并以每千克体重消耗 16 kcal 能量用于每日锻炼，剩余的能量则转化为脂肪（假设每 10000 kcal 能量可转化为 1 kg 脂肪）。某一星期天晚上，王女士的体重是 57.1526 kg，随后的星期四她饱餐了一顿，共摄入了能量为 3500 kcal 的食物。现在请建立一个预测王女士体重函数 $W(t)$ 的数学模型，并回答以下问题。

（1）如果王女士保持平日的摄入量，那么在星期六王女士的体重将会是多少？

（2）为了实现不增加体重，每天王女士最多的能量摄入量是多少？

（3）假设从下周开始，王女士尝试节食，N 周后她的体重是多少？

第一步：王女士每日的体重变化=能量的摄入−能量的基本新陈代谢−锻炼消耗。

（1）当这个值为正值时，多余的能量将被转化为脂肪，体重增加；

（2）当这个值为负值时，将消耗脂肪，体重下降；

（3）此外，能量的单位是 kcal，体重的单位是 kg，建立平衡关系式时，单位应该保持一致。

第二步：根据问题表述，以“天”作为计时单位，并记 $W(t)$ 表示自星期天以来第 t 天时的体重，从而有 $W(0)=57.1526$ kg。显然，每天用于锻炼消耗的能量为 $16W(t)$ kcal，从而第 0～3 天，每天能量的净摄入量为 $2500-1200-16W(t)$ kcal，每天的体重满足关系式

$$\frac{\mathrm{d}W(t)}{\mathrm{d}t}=\frac{2500-1200-16W(t)}{10000},$$

积分后可求得其通解为

$$W(t)=81.25-C_1\mathrm{e}^{-0.0016t}。$$

再根据初始条件 $W(0)=57.1526$ kg 解出 C_1，得到 $W(t)=81.25-24.0974\mathrm{e}^{-0.0016t}$，则 $W(3)=57.268$ kg。

当 $3<t\leqslant 4$ 时，每天的体重变为

$$\frac{\mathrm{d}W(t)}{\mathrm{d}t}=\frac{3500-1200-16W(t)}{10000},$$

积分后可求得其通解为

$$W(t)=143.75-C_2\mathrm{e}^{-0.0016t}。$$

再根据初始条件 $W(3)=57.268$ kg 解出 C_2，得到 $W(t)=143.75-86.8981\mathrm{e}^{-0.0016t}$，因此 $W(4)=57.4063$ kg。

当 $t>4$ 时，王女士饮食摄入恢复正常，从而

$$\frac{\mathrm{d}W(t)}{\mathrm{d}t}=\frac{2500-1200-16W(t)}{10000},$$

并得到 $W(t)=81.25-23.9968\mathrm{e}^{-0.0016t}$。

综上，$W(t)$ 随时间变化满足关系式

$$W(t)=\begin{cases}81.25-24.0974\mathrm{e}^{-0.0016t}, & 0\leqslant t\leqslant 3\\ 143.75-86.8981\mathrm{e}^{-0.0016t}, & 3<t\leqslant 4\\ 81.25-23.9968\mathrm{e}^{-0.0016t}, & t>4\end{cases}。$$

于是，对于问题（1），王女士在星期六的体重为 $W(6)=57.4825\ \mathrm{kg}$。

对于问题（2），为了实现不增加体重，则每日最多的能量摄入量 m 应满足

$$m-1200-16W(t)=0。$$

在第 5 天，体重为 $W(5)=57.4444\ \mathrm{kg}$，从而 $m=1200+16W(5)\approx 2119\ \mathrm{kcal}$。

对于问题（3），到该周周末，王女士体重为 57.5205kg，假设下周开始，王女士不再进食，那么将会有

$$\frac{\mathrm{d}W(t)}{\mathrm{d}t}=\frac{-1200-16W(t)}{1000},$$

再根据初始条件 $W(7)=57.5205\ \mathrm{kg}$，从而 $W(t)=-75+134.0131\mathrm{e}^{-0.0016t}$。那么第 N 周的体重为 $W(7*N)=-75+134.0131\mathrm{e}^{-0.0112N}$，体重将逐渐下降（见图 7-7）。

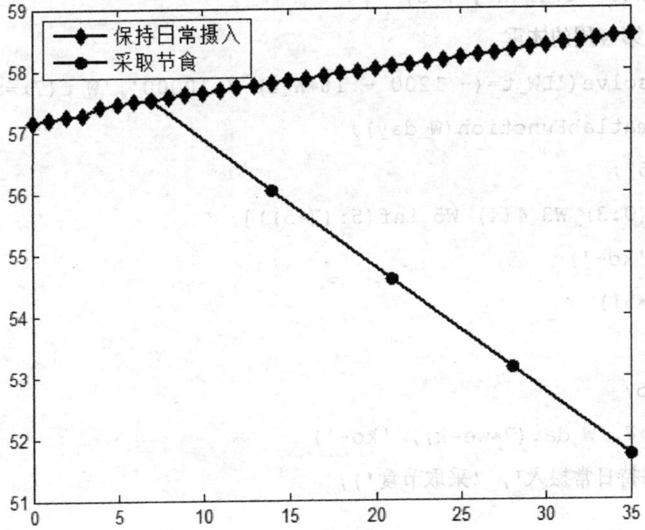

图 7-7

从图 7-7 中可以看到，如果按照目前的饮食每天摄入能量 2500 kcal，体重将呈上升状态。然而，在考虑身体健康的情况下，节食一周后仅减重 $W(7*2)-W(7)=1.4759\ \mathrm{kg}$，减肥效果并不明显。由此可见，减肥是一个日积月累的长期过程，完全靠节食来减重不但不能达到预期效果，反而会对身体造成不良后果。正是要“管住嘴、迈开腿”，树立正确、健康

的减肥观念并坚持合理的膳食和合适的运动才是长久之计。

本问题的相关代码如下。

```
>>clear; clc;
%% 0～3 天
>>W0_3 = dsolve('DW_t=(2500 - 1200 - 16*W_t) / 10000','W_t(0)=57.1526','t');
>>W0_3 = matlabFunction(W0_3);
>>W_3 = W0_3(3); % 第 3 天的体重
>>fprintf('W(3)=%.4f\n', W_3)
%% 3～4 天
>>W3_4 = dsolve('DW_t=(3500 - 1200 - 16*W_t) / 10000','W_t(3)=57.2680','t');
>>W3_4 = matlabFunction(W3_4);
>>W_4 = W3_4(4);
>>fprintf('W(4)=%.4f\n', W_4)
%% 4 天以后
>>W5_inf = dsolve('DW_t=(2500 - 1200 - 16*W_t) / 10000','W_t(4)=57.4063','t');
>>W5_inf = matlabFunction(W5_inf);
>>W_6 = W5_inf(6);
>>fprintf('W(6)=%.4f\n', W_6)
>>W_5 = W5_inf(5);
>>fprintf('W(5)=%.4f\n', W_5)
%% 不进食后，第 N 周的体重
>>W_day = dsolve('DW_t=(- 1200 - 16*W_t) / 10000','W_t(7)=57.5205','t');
>>W_day =  matlabFunction(W_day);
>>x = 0:(7*5);
>>W = [W0_3(0:3) W3_4(4) W5_inf(5:(7*5))];
>>plot(x,W,'kd-')
>>xlim([0,7*5])
>>hold on
>>week = 1:5;
>>plot(week*7, W_day(7*week), 'ko-')
>>legend('保持日常摄入', '采取节食');
```

拓展学习：人口数量增长的预测模型

【问题】

人类对自身的研究是科学研究的几大问题之一，而对人口数量增长的预测是对人类自身的研究的一个既古老又复杂的问题。人口的数量就总体而言，随着时间的推移在不断增长，人口数量的急剧增长与有限的生存空间、日益贫乏的自然资源的矛盾日益突出，这个问题已引起各国的高度重视。如何能够既简单又准确地预测人口数量的增长情况，是人口学家和各国政府必须面对的一个难题。因此，研究人口数量变化、预测人口数量增长趋势具有重要的现实意义。自英国人口学家马尔萨斯（Malthus）于 1798 年首先提出著名的人口指数增长模型以来，人口学家提出了许多更好的人口数量增长预测的数学模型。当然限于本书所介绍的数学知识，这里不能一一介绍，只介绍有关人口数量问题的常微分方程模型。

（1）指数增长模型（马尔萨斯模型）

英国人口学家马尔萨斯（Malthus）根据百余年的人口统计资料，于 1798 年提出了人口指数增长模型。

【模型假设】

假设 1：人口的增长率是常数，即单位时间内人口的增长量与当时的总人口数量成正比。

假设 2：在一个国家或地区没有人口的迁移。

【模型建立】

记时刻t的总人口数量为$x(t)$，当考察一个国家或一个很大的地区的人口数量时，$x(t)$是很大的整数。为了利用微积分这一数学工具，将$x(t)$视为连续、可微的函数。记初始时刻$(t=t_0)$的总人口数量为x_0，人口增长率为r，r是单位时间内$x(t)$的增量与$x(t)$的比例系数。根据r是常数的基本假设，t到$t+\Delta t$这段时间内人口数量的增量为

$$x(t+\Delta t)-x(t)=rx(t)\Delta t 。$$

于是$x(t)$满足如下微分方程

$$\begin{cases}\dfrac{dx}{dt}=rx\\ x(t_0)=x_0 。\end{cases}$$

【模型求解】

由于这是线性常系数微分方程，因此容易解出

$$x(t)=x_0e^{r(t-t_0)} ,$$

表明人口数量将按指数规律无限增长$(r>0)$。

【模型检验】

由指数增长模型，即$x(t)=x_0e^{r(t-t_0)}\ (r>0)$这一模型得出的数据，与 19 世纪以前欧洲一些地区的人口统计数据可以很好地吻合。一些人口增长率长期稳定不变的国家和地区用这个模型进行预测，结果也令人满意。但是当人们用 19 世纪以后许多国家的人口统计数据与由这个模型得出的数据进行比较时，却发现了相当大的差异。

表 7-5 列出了美国 18 世纪、19 世纪、20 世纪的人口统计数据与根据这个模型得出的数据进行比较的结果，表中第 3 列是用$x(t)=x_0e^{r(t-t_0)}\ (r>0)$计算的结果，其中$x_0=3.9\times10^6$为 1790 年$(t=t_0)$的实际人口数量，$t$以年为单位。用$t=0,10,20,\cdots,190$分别表示年份$1790,1800,\cdots,1980$，对应于这些年份的实际人口数量记作$x_i\,(i=0,1,\cdots,19)$。我们可以根据最小二乘法确定参数$r$的取值，即使得

$$\delta(r)=\sum_{i=1}^{19}(\hat{x}_i-x_i)^2=\sum_{i=1}^{19}(x_0\mathrm{e}^{10ir}-x_i)^2$$

达到最小值。利用 MATLAB 软件编程计算，求得 $r=0.02222$。

表中第 4 列是用该模型预测的相对误差，可以看出相对误差较大，说明预测精度较低，r 是常数的基本假设需要修正。

表 7-5 美国的实际人口数量与按两种模型计算得出的人口数量的比较

年份	实际人口数量（$\times10^6$）	指数增长模型计算的结果		阻滞增长模型计算的结果	
		$\times10^6$	误差（%）	$\times10^6$	误差（%）
1790	3.9				
1800	5.3	4.8703	8.1079	5.1669	2.5113
1810	7.2	6.0820	15.5284	6.8354	5.0642
1820	9.6	7.5951	20.8845	9.0253	5.9864
1830	12.9	9.4847	26.4754	11.8870	7.8530
1840	17.1	11.8444	30.7347	15.6048	8.7437
1850	23.2	14.7911	36.2452	20.3989	12.0735
1860	31.4	18.4710	41.1751	26.5214	15.5369
1870	38.6	23.0664	40.2425	34.2444	11.2839
1880	50.2	28.8051	42.6193	43.8363	12.6767
1890	62.9	35.9715	42.8116	55.5221	11.7296
1900	76.0	44.9209	40.8936	69.4296	8.6453
1910	92.0	56.0968	39.0253	85.5274	7.0355
1920	106.5	70.0531	34.2225	103.5717	2.7495
1930	123.2	87.4816	28.9922	123.0845	0.0937
1940	131.7	109.2461	17.0493	143.3825	8.8706
1950	150.7	136.4255	9.4722	163.6631	8.6019
1960	179.3	170.3668	4.9823	183.1262	2.1340
1970	204.0	212.7523	4.2904	201.0961	1.4235
1980	226.5	265.6830	17.2993	217.1042	4.1482

人们还发现，在地广人稀的加拿大领土上，法国移民后代的人口数量比较符合指数增长模型，而同一血统的法国本土居民人口数量的增长却远低于这个模型得出的结果。产生上述现象的主要原因是，随着人口数量的增加，自然资源、环境条件等因素对人口数量继续增长的阻滞作用越来越显著。如果人口数量较少时（相对于资源而言）人口增长率还可以被看作常数的话，那么当人口数量增加到一定量后，增长率就会随着人口数量的继续增加而逐渐减少。许多国家人口数量增长的实际情况完全证实了这点。

读者不妨利用表 7-5 第 2 列给出的数据计算一下美国人口每 10 年的增长率，可以知道其大致是逐渐下降的。当然，由于移民或战争等因素的影响，人口增长率会有些波动。看来为了使人口预测特别是长期预测更好地符合实际情况，必须修改指数增长模型中人口增长率是常数的这个基本假设。

（2）阻滞增长模型（逻辑回归模型）

【模型假设】

将增长率 r 表示为总人口数量 $x(t)$ 的函数 $r(x)$，按照前文的分析 $r(x)$ 应是 x 的减函数。一个简单的假定是设 $r(x)$ 为 x 的线性函数，即 $r(x)=r-sx$，$r>0$ 且 $s>0$，这里 r 相当于 $x=0$ 时的增长率，称为固有增长率，它与指数增长模型中的人口增长率 r 不同（虽然用了相同的符号）。显然对于任意的 $x>0$，增长率 $r(x)<r$。为了确定系数 s 的意义，引入自然资源和环境条件所能容纳的最大人口数量 x_m，称为**最大人口容量**。当 $x=x_m$ 时增长率应为零，即 $r(x_m)=0$，由此确定出 $s=\dfrac{r}{x_m}$。

【模型建立】

增长率函数 $r(x)$ 可以表示为

$$r(x)=r\left(1-\frac{x}{x_m}\right),$$

其中 r、x_m 是根据人口统计数据或经验确定的常数。因子 $1-\dfrac{x}{x_m}$ 体现了对人口增长的阻滞作用。$r(x)=r\left(1-\dfrac{x}{x_m}\right)$ 的另一种解释是，$r(x)$ 与人口尚未实现部分（对于最大容量 x_m 而言）的比例 $\dfrac{x_m-x}{x_m}$ 成正比，比例系数为固有增长率 r。

根据上述分析，指数增长模型应修改为

$$\begin{cases}\dfrac{\mathrm{d}x}{\mathrm{d}t}=r\left(1-\dfrac{x}{x_m}\right)x\\ x(t_0)=x_0\end{cases}。$$

上述模型称为**阻滞增长模型**。

【模型求解】

上式可用分离变量法求解，结果为

$$x(t)=\frac{x_m}{1+\left(\dfrac{x_m}{x_0}-1\right)\mathrm{e}^{-r(t-t_0)}},$$

计算可得

$$\frac{\mathrm{d}^2x}{\mathrm{d}t^2}=r^2\left(1-\frac{x}{x_m}\right)\left(1-\frac{2x}{x_m}\right)x。$$

总人口数量 $x(t)$ 有如下规律。

（1）$\lim\limits_{t\to+\infty}x(t)=x_m$，即无论人口初值 x_0 如何，总人口数量以 x_m 为极限。

（2）当 $0<x<x_m$ 时，$\dfrac{\mathrm{d}x}{\mathrm{d}t}=r\left(1-\dfrac{x}{x_m}\right)x>0$，这说明 $x(t)$ 是单调递增的，分析式子 $\dfrac{\mathrm{d}^2x}{\mathrm{d}t^2}=$

$r^2\left(1-\frac{x}{x_m}\right)\left(1-\frac{2x}{x_m}\right)x$ 知：

当 $x<\frac{x_m}{2}$ 时，$\frac{d^2x}{dt^2}>0$，$x=x(t)$ 为凹函数；

当 $x>\frac{x_m}{2}$ 时，$\frac{d^2x}{dt^2}<0$，$x=x(t)$ 为凸函数。

（3）当 $x=\frac{x_m}{2}$ 时，人口变化率 $\frac{dx}{dt}$ 取到最大值，即总人口数量达到极限值一半以前是加速增长的，经过这一点之后，增长速率会逐渐变小，最终达到零。

人们曾用阻滞增长模型预测美国的人口数量。为了与指数增长模型比较，将计算结果放在表 7-5 第 5 列中。

计算时 $x_0=3.9\times10^6$ 仍是 1790 年的人口数量，利用最小二乘法，可求得当 $r=0.02858$ 和 $x_m=285.9\times10^6$ 时，

$$\delta(r,x_m)=\sum_{i=1}^{19}(\hat{x}_i-x_i)^2=\sum_{i=1}^{19}\left(\frac{x_m}{1+(x_m/x_0-1)e^{-10ir}}-x_i\right)^2$$

达到最小值。

本问题的 MATLAB 求解代码如下。

```
%% 指数增长模型
>>clear;clc;
>>t=10*[1:19]'; %用 t=0,10,20,…,190 分别表示年份 1790,1800,…,1980
>>a=load('gtable7_5.txt'); %表中第 2 列数据
>>f=fittype('3.9*exp(t*r)','independent','t');
>>sf=fit(t,a(2:end),f,'start',rand)
>>xh=sf(t)  %求预测值
>>delta=abs(a(2:end)-xh)./a(2:end)  %计算预测的相对误差
>>xlswrite('ganli3_5_7_1.xlsx',[xh,delta*100]) %为便于做表,把数据保存在 Excel 文件中

%% 阻滞增长模型
>>clear;clc;
>>t=10*[1:19]'; %用 t=0,10,20,…,190 分别表示年份 1790,1800,…,1980
>>a=load('gtable7_5.txt'); %表中第 2 列数据
>>f=fittype('xm/(1+(xm/3.9-1)*exp(-t*r))','independent','t');
>>sf=fit(t,a(2:end),f,'start',rand(1,2),'Lower',[0,226.5],'Upper',[0.1,1000])
%非线性拟合比较困难，我们根据经验约束[r,xm]的下界和上界
>>xh=sf(t)  %求预测值
>>delta=abs(a(2:end)-xh)./a(2:end)  %计算预测的相对误差
>>xlswrite('ganli3_5_7_2.xlsx',[xh,delta*100])  %把数据保存在 Excel 文件中
```

练习7

1. 指出下列微分方程的阶数。

（1）$(x^2+1)\mathrm{d}x+y^3\mathrm{d}y=0$　　（2）$y^2y''-8y^4y'=4x^2+1$

（3）$x^2y''-x^6(y')^3+3x^3y^2=0$　　（4）$y'y'''-(y')^4=x^2+1$

2. 验证下列函数是否为相应微分方程的解，是特解还是通解，其中 C 为任意常数。

（1）$\dfrac{\mathrm{d}y}{\mathrm{d}x}+y=1,\quad y=1+C\mathrm{e}^{-x}$　　（2）$\dfrac{\mathrm{d}y}{\mathrm{d}x}=\dfrac{2xy}{2-x^2},\quad y=\dfrac{C}{x^2-2}$

（3）$x\dfrac{\mathrm{d}y}{\mathrm{d}x}=2y,\quad y=x^2$　　（4）$\dfrac{\mathrm{d}^2y}{\mathrm{d}x^2}=y,\quad y=C\mathrm{e}^x$

3. 求下列一阶微分方程的通解或特解。

（1）$xy'-y\ln y=0$　　（2）$\sqrt{1-x^2}\,y'=\sqrt{1-y^2}$

（3）$\begin{cases}2\dfrac{\mathrm{d}y}{\mathrm{d}x}+3y=4\\ y(1)=2\end{cases}$　　（4）$\begin{cases}-\dfrac{\mathrm{d}y}{\mathrm{d}x}+2y=8x^2\\ y(-1)=0\end{cases}$

（5）$y^2\mathrm{d}x-\dfrac{1}{3x^2}\mathrm{d}y=0$　　（6）$y'+\mathrm{e}^xy=0$

4. 利用 MATLAB 求下列二阶微分方程的通解。

（1）$y''-2y'=0$　　（2）$y''-2y'-3y=0$

（3）$\dfrac{\mathrm{d}^2y}{\mathrm{d}x^2}-8\dfrac{\mathrm{d}y}{\mathrm{d}x}+16y=0$　　（4）$\dfrac{\mathrm{d}^2y}{\mathrm{d}x^2}=-2\dfrac{\mathrm{d}y}{\mathrm{d}x}-5y$

5. 求微分方程 $xy'-2y=x^3\cos x$ 满足初始条件 $y\big|_{x=\frac{\pi}{2}}=0$ 的特解。

6. 利用 MATLAB 求微分方程 $y''-6y'+9y=0$ 满足初始条件 $y(0)=0$、$y'(0)=1$ 的特解。

7. 利用 MATLAB 求微分方程 $y''+4y'-5y=(2x-3)\mathrm{e}^x$ 的一个特解。

8. 求下列各微分方程的通解。

（1）$y''+4y'-5y=x$　　（2）$y''-2y'+y=\mathrm{e}^x$

（3）$y''+3y'=3x\mathrm{e}^{-3x}$　　（4）$y''+y=2\cos x$

9. 写出下列条件确定的曲线所满足的微分方程。

（1）曲线在点 (x,y) 处的切线的斜率等于该点横坐标值的平方。

（2）某种气体的气压 P 对于温度 T 的变化率与气压 P 成正比，与温度的平方成反比。

（3）一个 RLC 串联回路由电阻 $R=180\Omega$、电容 $C=\dfrac{1}{280}$ F、电感 $L=20\text{H}$ 和电压源 $E(t)=10\sin t$ V 构成。假设在初始时刻 $t=0$，电容上没有电量，电流是 1 A，求任意时刻电容上的电量所满足的微分方程。

10. 一物体的运动速度为 $v=3t$m/s，当 $t=2$ s 时物体经过的路程为 9m，求此物体的运动方程。

11. 已知一曲线在点 (x,y) 处的切线斜率等于 $2x+y$，并且该曲线通过原点，求该曲线方程。

12. 在一个 RL 回路中有电压源 5 V、电阻 50 Ω、电感 1 H，无初始电流，求电路中任意时刻的电流。

13. 利用欧拉公式求解初值问题。

$$\begin{cases} y' = -2xy^2, 0 \leqslant x \leqslant 0.5 \\ y(0) = 1 \end{cases},$$

取步长 $h=0.1$。

14. 利用欧拉公式求解初值问题。

$$\begin{cases} y' = -2xy, 0 \leqslant x \leqslant 0.5 \\ y(0) = 1 \end{cases},$$

取步长 $h=0.1$。

15. 利用四阶龙格-库塔法求解初值问题。

$$\begin{cases} y' = x^2 - y, 0 \leqslant x \leqslant 1 \\ y(0) = 1 \end{cases},$$

取步长 $h=0.1$。